本书获"上海工程技术大学著作出版专项基金"资助

社会转型期的孝道与乡村秩序

以鲁西南的G村为例

刘芳 著

上海社会科学院出版社

序　言

唐代的孟浩然在《过故人庄》中描述道："故人具鸡黍,邀我至田家。绿树村边合,青山郭外斜。开轩面场圃,把酒话桑麻。待到重阳日,还来就菊花。"无独有偶,南宋的陆游也在《游山西村》中素描了宋代的乡村生活："莫笑农家腊酒浑,丰年留客足鸡豚。山重水复疑无路,柳暗花明又一村。箫鼓追随春社近,衣冠简朴古风存。从今若许闲乘月,拄杖无时夜叩门。"这两首乡村田园诗词真实地再现了唐宋时期中国乡村绿水青山的宜居生态、丰岁殷实的农民生活、丰富多彩的节日文化和夜不闭户的治安环境,勾勒出中国乡村礼治与传统农耕文化滋养下的无为而治和诗意生活。

然自近代已降,西方的坚船利炮打开了中国的大门,紧随其后的廉价纺织品输入大潮,冲击了男耕女织、自给自足的乡村经济基础,基于此之上的各种乡土情结、伦理关系、道德观念、社会结构、宗教信仰、村社共同体意识等悄然而变,或碎裂而趋于式微,或重组而至于新生,由此形成了近代以来乡村治理空心化和内卷化的积弊。加上现代化和城市化的高歌猛进,乡村更多是作为城市发展的附属而存在,城镇化进程往往伴随着对乡村土地资源的征用和文化资源的汲取,乡村发展的差异性和独特性渐失。改革开放以来,市场经济深刻改变了乡村社会的人际交往模式,农民外出务工掀起了村民固有价值观念变革的浪潮,信息网络和智能手机的出现,一方面给乡村振兴带来了新平台和新机遇,另一方面,短平快的网络文化也在农村寻找市场。经济社会变迁正在重新形塑乡土中国的面子与里子,"转型乡村该往何处去？""如何对待本国传统文化"？成为时代之问。

习近平总书记在 2014 年 9 月纪念孔子诞辰 2 565 周年国际儒联第五届会员大会的讲话中指出:"只有坚持从历史走向未来,从延续民族文化血脉中开拓前进,我们才能做好今天的事业。"对于传统与现代之关系,早在 19 世纪末 20 世纪初,一些西方思想家就开始意识到理想的文明形态应当是现代与传统的互补。如法国社会学家涂尔干(Émile Durkheim)认为传统道德的退场是导致现代社会失范的重要原因;德国社会学家费迪南德·滕尼斯(Ferdinand Tönnies)提出,以家庭伦理为核心的传统文明对以契约关系为基础的现代文明弊病具有治疗作用,两者的融合才是理想的文明形态。美国社会学家希尔斯(Edward Shils)在其后现代主义的代表作《论传统》中同样指出:西方现代文明的代价是"实质性传统被许多人肆意破坏或抛弃,这导致了许多为良好秩序和个人幸福所不可或缺的事物的丧失,同时也造成了普遍蔓延的社会混乱"。因而主张"传统应该被当作是有价值生活的必要构成部分"。

孝道作为中国传统伦理文化的一个重要元素,它构成了中国人道德生活的重要维度,在传统社会中对于村庄秩序的规范和民众德行的引领作用重大。现代新儒学的代表人物梁漱溟先生在《中国文化要义》中如此写道:"中国文化自家族生活衍来,而非衍自集团。亲子关系为家族生活核心,一孝字正为其文化所尚之扼要点出。"对于现代乡村治理来讲,"孝文化"作为德治的重要内容和载体,其作用和意义依然不言而喻。

作为我指导的博士生,刘芳副教授多年来勤勉不息,孜孜以求,在博士论文写作期间即爬梳了大量的历史与档案文献,查阅了诸多的社会学与人类学书籍,并多次深入孝道文化的实践场域,对社会转型期的乡村秩序问题进行了较为系统深入的探讨。这本书是她几年来潜心研究成果的结晶。在作者的描述和阐释中,我们能感受到一种强烈的道德关怀,对于善的追求和对于乡村美好生活秩序建构的反思。在本书付梓之际,她又对书稿做了补充、修订与完善,从中可以看出作者严谨的治学态度和追求完美的职业伦理。

全书以鲁西南 G 村作为田野个案,以现场观察和深度访谈为主要研究方法,将孝道视为一种基于特定经济、社会、生态结构之上的社会生活方式,从社会学的视野考察社会转型期被调研村落各年龄段、各职业阶层对孝道的认知与践行,从历史学的视野探究孝文化的秩序内涵、运行网络、功能作用及其近现代嬗变,分析孝道认知与践行的偏差及其影响因素,并进而考察孝文化变迁下村落社会的权威与秩序变异、道德与话语变迁、礼治与法治更替。在考察乡村经济社会发展与伦理道德变迁之间的复杂互动关系的基础上,作者提出了新时期孝道重构的基本思路及新型孝道融入乡村治理的可行性对策。在本书的结语部分,作者对孝道流变与村庄社会秩序治理的内在影响机理、村庄未来的文化治理路径等提出了自己的几点想法,这些想法也是非常具有启迪意义的。

我认为本书在以下几个方面值得肯定:

其一,就研究视角而言,学界当前对乡村治理的研究成果丰硕,但从文化角度契入的相对较少,特别是对于孝文化功能的跨学科研究和孝文化与乡村治理互动关系的新视角探讨较为鲜见。全书聚焦于社会转型期的孝道与乡村治理,运用文化规范论、价值引领论和社会整合论,从历史社会学和文化社会学的双重视角将孝道的传承与乡村社会治理勾连起来,尝试构建立体、复合、动态的研究框架,解读孝道变迁与乡村社会秩序重构中的多维关系、存在问题及解决机制,这也是该研究不同于同主题的既有研究成果的突出特色和主要建树。

其二,就研究内容来看,全书围绕"孝文化"发挥乡村社会治理功能这一特定方向,从转型期乡村治理遭遇困境、面临挑战入手,对孝文化与乡村治理的关系与机理进行阐释。创新提出了"孝文化"不仅包括"孝"的观念、行为、符号及仪式,亦包括保障其有序运行的制度、路径和社会环境,进而就如何建构文化中轴式的乡村社会治理模式,在当前转型期的中国乡村如何发挥孝文化的社会治理功能进行了有益的探索,不仅丰富了乡村社会治理的研究范畴,也拓宽了乡村社会治理的研究领域。

其三,就研究方法而论,不同于从文献到文献的纯文本研究,也有别于对访谈或问卷的过度依赖,全书注重村庄为本的整体实证分析,尝试把孝道的伦理习俗置于现代化进程中的乡村这一文化原生态中加以考察。从社会结构层面深入心理层面,从社会转型看乡村社会农民的观念形成、认知方式、情感体验、风俗行为、生命意义的嬗变;从社会心理层面回归乡村社会日常生活,系统描述、理解和解释中国乡村社会中农民对孝道的所知、所感、所行;最终从心理秩序的塑造上升为制度设计层面,提出新时代新型孝道建构的机制、方法和路径。

当然,本项研究涉及的议题广泛,涉及的变迁时段跨度较长,涉及的学科多项交叉,特别是研究的主题"乡村孝道"不仅是一种文化体系,也是一个既复杂又微妙的关系实体,涉及农民日常生活的实践和农民诸多复杂的心理变化,需要运用跨学科的多维视角透视,并综合对大量史料文献和田野调查资料的分析整理,在有限的时间和篇幅里将这些议题完整清晰地展现出来实非易事。仍有些议题可待日后补充完善,比如如何处理"孝"与现代民主、法治观念的冲突?如何提取"孝"的公共性元素以与现代的法律、道德相匹配?如何进一步深化对"孝"与"德治"的关联性研究,并在此基础上回应乡村治理中自治、法治、德治"三治结合"命题?这些问题可成为后续进一步深入研究的重要课题,以进一步凸显本研究的新时代之问和现实意义。希望刘芳在今后的研究中,取得更加丰硕的成果。

是为序。

张文宏
2021 年 3 月

目录 | CONTENTS

序言 / 1

第一章　导论 / 1
　　一、研究的缘起 / 1
　　二、研究意义 / 6
　　三、研究回顾 / 10
　　四、研究思路、方法与叙述框架 / 18

第二章　变迁中的G村概况 / 29
　　一、由远及近的村庄坐标 / 29
　　二、G村的经济社会生态 / 31

第三章　"断裂"与"传承":新时期乡村孝道的话语与实践 / 47
　　一、传统孝道的内涵及其"秩序情结" / 48
　　二、错位与赓续:新时期老中青三代对"孝"的理解 / 56
　　三、需求与满足:当前老年人的"孝遇" / 61
　　四、小结:失落的孝道 / 68

第四章　孝与报:家庭伦理秩序中的孝道 / 73
　　一、家庭结构的变化与新格局的形成 / 73
　　二、反哺式代际互惠关系的异化 / 79
　　三、孝道场里的关键人物:媳妇 / 88
　　四、家国分离背景下脆弱的老人 / 105
　　五、小结:家和万事兴 / 118

第五章　孝与礼:社区礼治秩序下的孝道 / 122
　　一、传统的乡村"礼治"社会 / 122
　　二、传道与卫道:乡村孝礼的维护者 / 126

三、牵制与褒扬：礼俗社会对"孝"的控制 / 133

四、"清官"与"难念的孝经"——乡土"孝争"及其化解途径 / 145

五、小结：由道及行——公共舆论与乡村秩序 / 150

第六章　孝与法：国家行为干预下的孝道 / 154

一、法进礼退：乡村社会秩序重构 / 154

二、艰难抉择：国法与礼俗夹缝中的孝道 / 159

三、忠孝之间：国家政策控制下的孝道 / 179

四、小结：尺度与再造——法礼情融合视野下的孝道 / 187

第七章　新孝道与村社秩序重构 / 192

一、传统孝道与家国同构的治理秩序 / 194

二、转型期的孝道与村庄秩序的异化 / 201

三、后乡土时代孝道的重建与村社秩序的重构 / 209

四、小结：国家-社会变动视阈下的孝道再生产——兼论社会转型期的"孝道之争" / 225

第八章　文化重构与乡村治理 / 231

一、传统孝道生存的文化土壤：乡土中国 / 231

二、乡村社会转型中"事实的秩序" / 232

三、礼失求诸法？——从礼治向法治转型的困境 / 234

四、城镇化和乡村治理坐标下文化建设的方向 / 237

参考文献 / 241

后记 / 252

第一章　导　论

一、研究的缘起

"百德孝为本,百善孝为先",如果要寻找能够代表中国文化性格和社会特征的关键词,"孝"无疑将位列其中。德国哲学家黑格尔对中国文化曾如此评价:"中国纯粹建筑在这样一种道德的结合上,国家的特性便是客观的家庭孝敬。"[①]伟大的民主革命先行者孙中山先生指出:"讲到'孝'字,我们中国尤为特长,尤其比各国进步得多。"[②]国学大师梁漱溟亦提出:"孝在中国文化上作用至大,地位至高;谈中国文化而忽视孝,即非于中国文化真有所知。"[③]著名学者任继愈也认为,中华民族有两大基本传统道德行为准则,一个是孝,一个是忠。[④]但相较"忠"而言,"孝"无疑更贴近老百姓的个体生活。在中华民族漫长的文明进程中,"孝"不仅被赋予了独特而又丰富的内涵,也被赋予了超越亲子关系的伦理意义、社会意义与政治意义,成为一个可标记中国文化与社会本土特征的鲜明概念。

孝文化是中国传统文化的瑰宝,但随着中国社会在社会结构、社会生活、人们的人生观和价值观等方面发生的巨大变化,传统孝文化呈弱化之趋势,这在社会保障体系仍不完备的农村地区表现尤为明显。纵观学界近年来对农村家庭养

---

① 黑格尔:《历史哲学》,上海人民出版社1990年版,第232页。
② 孙中山:《孙中山选集》,人民出版社1981年版,第680页。
③ 梁漱溟:《中国文化要义》,学林出版社1987年版,第307页。
④ 任继愈:《谈谈孝道》,《光明日报》2001年7月24日。

老的诸多实证调研,一方面,许多年老的父母仍须不停劳作来为已经成年的儿女提供经济、生活、孙辈看护等多方面的支持,这被称为"逆反哺"①或者被喻为"恩往下流"②和"眼泪往下流"③;而另一方面,本该承担"代际反哺"责任的相当一部分年轻夫妇却以各种理由拒绝或逃避承担赡养义务,这种反向的"代际剥削"导致部分农村老人可获得性照料资源不足。④有学者提出:当前农村家庭伦理亟需解决的问题是老年人权力地位的迅速下降及赡养状况的急剧恶化。⑤有学者呼吁中国农村出现了"伦理性危机"⑥,也有学者认为是当前农村的家庭资源代际分配出现了"伦理转向",个体优先将家庭资源供给了自己的子女而不是父母。⑦不论是伦理"危机"还是伦理"转向",其出现均意味着传统的反馈模式已经发生了变迁,其实质映射出了当前农村家庭养老遭遇的种种困窘。兹举学界的数例调研为证:

2006年,《北京青年报》刊载了一篇名为《乡村孝道让我忧心如焚》的报道。这项针对全国31个省10 401名60岁以上农村老人的调查显示,对待父母如同对待自己儿女的占18%;对父母视同路人不管不问的占30%;诸多被调查对象认为,父母没冻着、没饿着,就是自己尽孝的最高标准。⑧

2009年,陈柏峰、郭俊霞对地处皖北的李圩村农民分家、赡养和家庭关系进行了实证调查,经验材料表明:在中国农村急剧变迁的大背景下,李圩村的父母恪守着严格的义务,竭尽所能要求自己为子女奉献。但子代对父辈的剥夺却越来越赤裸,越来越严重。在贫穷的李圩村,"代际之间的经济支持、日常照料、情感慰藉,总是从父代流向子代,子代的反馈如此之少,甚至没有。"⑨

---

① 钟涨宝、路佳、韦宏耀:《"逆反哺"? 农村父母对已成家子女家庭的支持研究》,《学习与实践》2015年第10期。
② 贺雪峰:《农村代际关系论:兼论代际关系的价值基础》,《社会科学研究》2009年第5期。
③ 刘桂莉:《眼泪为什么往下流?——转型期家庭代际关系倾斜问题探析》,《南昌大学学报(人文社会科学版)》2005年第6期。
④ 贺雪峰:《农村家庭代际关系的变动及其影响》,《江海学刊》2008年第4期。
⑤ 张建雷:《分家析产、家庭伦理与农村代际关系变动——一个浙北村庄的社会学诠释》,《中国乡村研究》2015年第12期。
⑥ 申端锋:《从治理性危机到伦理性危机》,《华中科技大学学报(社会科学版)》2007年第2期。
⑦ 狄金华、郑丹丹:《伦理沦丧抑或是伦理转向——现代化视域下中国农村家庭资源的代际分配研究》,《社会》2016年第1期。
⑧ 李彦春、翟玉和:《乡村孝道调查让我忧心如焚》,《北京青年报》2006年3月1日。
⑨ 陈柏峰、郭俊霞:《农民生活及其价值世界》,山东人民出版社2009年版,第131页。

2012年,黎永红、潘剑锋调查了湖南永州市农村的家庭养老状况,数据表明:有10%的老人物质和精神生活均未得到有效保障,只有5%的老人对目前的物质和精神生活均表示认可。其中永州市宁远县九嶷山的瑶族乡,被抽样调查的600位留守老人中,仍下地干活的占到了61.2%,为367人。这其中70～80岁仍外出劳作的有110人,占到了被调查人数的18.3%。在湖南永州市的部分农村,10%的年轻人倚靠"啃老"生活,30%的家庭存在"啃老"现象。①

2014年,文元对广西北部兴安县及灌阳县的部分乡村进行了调研,结果显示:关于儿女对自己的生活起居照顾方面,有30%的老人评价为孝顺,30%的老人表示一般,还有40%的老人认为儿女表现欠佳。当被问及自己重病儿女养老责任的履行情况时,30%的老人表示儿女承担了医药费并悉心照料,20%的老人认为既没担负医药费也未提供生活照料,另有50%的老人持中立态度,评价自己儿女承担了部分照料责任,但不周全。②

2015年,全国老龄办副主任吴玉韶在第四次中国城乡老年人生活状况抽样调查督导工作结束后,谈及当前农村的养老困境时说:"常有农村干部抱怨,人心不古了:子女在城市享受生活,把老父母孤苦伶仃地留在农村;在农村,还有不少子女让年迈的父母吃糠咽菜,自家却吃香喝辣。遇到卧床的父母,多个子女为了照顾老人互相推诿让人心寒,这是典型的孝道滑落现象。"③

2016年,王向清、杨真真先后分别对河南省鲁山县、湖南省嘉禾县、湖南省长沙县、湖南省凤凰县、吉林省乾安县、青海省化隆县等地相关乡村部分老人作了问卷调查和走访,从走访的结果看,只有少数子辈尚能恪守孝道,而大部分子辈则违背孝道,对父辈远没有达到"敬养"这一层次。④同年,张建雷、曹锦清对关中平原西部农村的田野调查显示,为了给儿子结婚攒下足够的财富,几乎每一个农村家庭都要竭尽全力,为此,父辈们甚至不惜对自己进行极大程度的自我剥

---

① 黎永红、潘剑锋:《传统孝道文化对农村家庭养老作用的局限性——以湖南省永州市农村家庭养老调研为例》,《中南林业科技大学学报(哲社版)》2012年第4期。
② 文元:《当前农村孝道存在的问题及对策——以桂北一些乡村为例》,《中共桂林市委党校学报》2015年第1期。
③ 刘鹏程:《弘扬孝道,重塑农村家庭养老的支撑功能——全国老龄办副主任、中国老龄科研中心主任吴玉韶访谈》,《中国社会报》2015年8月13日。
④ 王向清、杨真真:《我国农村地区孝道状况分析及其振兴对策》,《北京大学学报》2017年第3期。

削。年轻人欣然享受了这种权力,却把与权力相对应的义务交由自身父母来承担,权力与义务的不均衡打破了家庭政治的正义性原则。这种不公的代际剥削机制导致了家庭之不"义"并最终引发了农村老年人生活的全面危机。①

2019年,李俏在河南省新郑市新村的实地调查也发现:当前的农村代际合作以经济、劳务及抚育合作为主,父代多是从传统家庭责任伦理的延续角度去经营代际关系,秉承不拖累子女的责任伦理,不计回报地操心和付出,甚至以最大的体谅和宽容赋予子女"反哺不到位"行为以合法性;子代却由于个体自主性的增强和物质利益取向的影响,更加追求从自身利益角度来考虑代际关系,更加注重取得即时回报,一方面心安理得地接受了父辈为其生活提供的便利,另一方面却用自己认可的行为逻辑对父母进行回馈。无论是在经济支持、劳务活动还是在育儿方面,父辈的付出远多于子代。②

学界调研中所披露出的诸多农村地区家庭亲情淡漠,老人"居无所依、老无所养"的生存现状令人震惊与叹息,近几年诸如此类的有关子女不养老、不敬老的案例也不时见诸报端。③2020年5月6日,陕西靖边县更是发生一马姓男子将其79岁且行动不便、生活不能自理的母亲活埋进废弃墓坑长达3天的令人发指的极端恶性案件。④这种严重践踏法律法规、突破道德人伦底线的行为必将受到法律的严惩。笔者近两年在不少农村地区的调研也发现,当前的农村社会保障体系建设取得了积极成效,但存在的一些问题也亟待解决。随着生育率的下降以及人口预期寿命的提升,中国正进入一个快速老龄化阶段。2020年1月17日,国家统计局发布的最新数据显示,2019年我国16~59周岁的适龄劳动人口数量为89 640万人,占人口总数的64%;60周岁及以上的老年人口数量为25 388万

---

① 张建雷、曹锦清:《无正义的家庭政治:理解当前农村养老危机的一个框架——基于关中农村的调查》,《南京农业大学学报(社会科学版)》2016年第1期。
② 李俏、姚莉:《父慈还是子孝:当代农村代际合作方式及其关系调适》,《宁夏社会科学》2020年第1期。
③ 参见何可寒:《八旬老妪上法院告五子女,要赡养费还要常回家看望》,《广西法治日报》2015年9月11日A03版;刘瑞东:《不孝子女三大借口真靠谱?》,《山西法制报》2015年10月29日第003版;蒋周德:《农村老人赡养问题为何多发?》,《自贡日报》2018年10月20日第2版;赵玲,蒋逸希:《七旬老人为赡养起诉儿女,法官劝诫被告"常怀感恩之心"》,《江苏经济报》2018年9月5日第B04版;查小高:《儿子不尽孝道,老父要回两亩地》,《云南法制报》2019年11月7日第003版。
④ 杨迪:《国家卫健委、全国老龄办:"活埋"老人令人发指　必须依法严惩》,人民网(http://www.people.com.cn)2020年5月9日。

人,占人口总数的18.1%,其中年龄在65周岁及以上的老龄人口数量为17 603万人,占人口总数的12.6%。数据可见,人口的老龄化程度在持续加深。而农村地区由于不少年轻人搬迁到城镇居住,留居的老年人口比重大幅增加,老龄化的程度更快。有研究显示,由于人口的迁移趋势,在2040年之前,农村65岁以上的老龄人口占比每年均呈上升趋势,其老龄化速度是全国的两倍。①

"未富先老""未备先老"的严峻现实下,孝亲养老已远远超出单个人或单个家庭范畴,逐渐成为一个迫在眉睫的社会问题。卫计委家庭司2015年发布的调研报告称,有84.1%的农村老人感觉养老有困难,32.2%的农村老人担心子女不孝。②2018年一份涉及全国8个省份1 371份的调查数据也发现,74.2%的被调查对象担心自己的养老问题,87.3%的被调查对象认为家庭养老要发挥重要作用。③

百善孝为先,几千年儒家文化对"善事父母为孝"的强调,使得赡养老人已然内化为每个中华儿女自发的责任要求和自主意识,养老尊老也从简单的礼仪形式沉淀成了国人独特的文化现象和深沉的心理情感。历史的发展证明,传承千年的家庭养老是最基本、最可靠的养老模式。进入社会转型期,在素有"睦亲慈幼、孝老爱亲"千年美德的中国乡村,难道尊老爱幼、孝养老人的淳朴民风正在改变?那么,缘何改变?这种改变会对当前的乡村家庭养老模式带来哪些冲击?又会给长远的乡村治理带来哪些影响?我们又该如何采取措施改变?

2017年中共十九大提出了实施乡村振兴战略的宏伟目标:产业兴旺、生态宜居、生活富裕、乡风文明、治理有效。五位一体,相辅相成,短短20字的表述却寓意深刻,这是我们新时代推进农业农村改革和农民全面进步的方向标。近些年,在国家的惠农政策扶持下,乡村的经济实现了持续发展,但一系列转型期的社会问题也随之出现,比如因大量务工人员外流导致的田地荒芜、村舍闲置的"空心村"问题;因工业化和城镇化的过度扩张而造成的老人空巢、儿童留守问题;因灯红酒绿的城市生活风格影响而带来的年轻一代农民工消费主义文化兴起等问题在全国不少的乡村地区上演。有学者指出:"今天的美丽乡村,很大程

---

① 蒋妮:《2055年我国老龄化达到峰值65岁以上老人达4亿》,《京华时报》2016年12月12日。
② 国家卫生计生委家庭司编著:《中国家庭发展报告2015》,中国人口出版社2015年版,第88—89页。
③ 徐强:《脆弱性视角下家庭养老与社会养老的互动机制——基于全国8个省份1 371份调查数据》,《江西财经大学学报》2019年第5期。

度上是乡村美丽了,农民却不幸福。不幸福的原因是乡村没有文化之根。"①

如何寻回失落的"文化之根",如何在新的时代背景下"滋根养根",使乡村建设继续焕发出勃勃生机?这是当前推进乡村振兴战略亟需解决的深层次问题。文化承载着经济社会发展的道德力量,是人类社会前行的灯塔,也是经济社会不竭发展的原动力。中共十九大报告中对此提出:"文化是一个国家、一个民族的灵魂……它激励人们向上向善、孝老爱亲。"习近平总书记也非常重视优秀传统文化的国家治理功能,他指出:"要治理好今天的中国,需要对我国历史和传统文化有深入了解,也需要对我国古代治国理政的探索和智慧进行积极总结。"②"孝文化"自历史深处而来,却含有超越时空局限的文化基因,在传统社会中它教化育人、匡扶人心,有效地维护了家庭及乡村社会的稳定,是回归"乡土本色"的根脉所在。它所彰显的道德治理功能与价值对我们今天社会主义核心价值观的构建及乡村社会的有序治理均能提供重要启示和有益借鉴。

二、研究意义

(一) 理论意义

费孝通在《试谈扩展社会学的传统界限》一文中指出,社会学的发展应该重视对人的精神世界的研究。"孝"作为中国人精神世界的产品,自有其重要的研究价值。"精神世界"作为人类所特有在纷繁复杂的社会现象中具有某种决定性作用。忽视了精神世界这个重要的因素,我们就无法真正理解人、人的生活、人的思想、人的感受,也就无法理解社会的存在和运行。此方面的探索和研究是社会学人文价值的一个重要体现。而中国丰厚的文化传统和大量社会历史实践,包含着深厚的社会思想和人文精神理念,蕴藏着推动社会学发展的巨大潜力,是一个尚未认真发掘的文化宝藏。深入发掘中国社会自身的历史文化传统,在实践中探索社会学的基本概念和基本理论,是中国学术的一个非常有潜力的发展方向,也是中国学者对国际社会学可能作出贡献的重要领域之一。③

---

① 孙君:《重寻乡村文化之根——从郝堂村案例反思传统村落的保护与活化》,《世界遗产》2015年第11期。
② 摘自《习近平在主持中共中央政治局第十八次集体学习时讲话》,2014年10月13日。
③ 费孝通:《试探扩展社会学的传统界限》,《北京大学学报》2003年第3期。

费老还指出,"人"和"自然"、"人"和"人"、"我"和"我"、"心"和"心"等,很多都是我们社会学至今还难以直接研究的东西,但这些因素,常常是我们真正理解中国社会的关键,也蕴含着建立一个美好的、优质的现代社会的人文价值。社会学的研究,应该达到这一层次,不达到这个层次,不是一个成熟的"学"(science)。①"孝"背后纠结着人伦关系、利益分配、差序格局、面子人情等诸多隐性含义。将孝道置于转型时期的乡村"社会场",运用跨学科的研究方法进行深入考察,有助于我们勾勒出中国文化中大传统与小传统之间的关系,有利于中国传统文化的当代创新。

　　学术界对孝的研究也方兴未艾。谢幼伟在《孝与中国文化》一书中谓之曰:"中国文化在某种意义上,可谓'孝的文化'。孝在中国文化作用之大、地位之高,谈中国文化而忽视孝,即非于中国文化真有所知"。②"要了解中国社会系统的性格,特别是它的安定(或不安定)的原因,有一个可用的研究角度即是寻找社会中普遍流行而具有社会规范作用的文化概念"③,孝即是这样的一种文化概念,对孝的研究与学者对"关系""人情""面子""报"等中国文化本土概念的研究一起,构成了研究者了解中国文化,并试图以中国本土概念挑战西方学术主流话语努力的一部分。④

　　目前,我国正处于社会转型时期,这既是指从传统社会向现代社会变化的过程,同时也是一个现代化和世俗化的过程。社会转型不仅造就了社会阶层的多元化和人们之间利益的复杂化,同时也在改变着乡村的关系格局与治理逻辑。有学者认为,随着经济社会的发展以及现代化的推进,传统因素及其作用会逐渐减少以至消失,现代因素则日益增长,最终实现由现代对传统的取代。这种观点目前来看还太过于乐观。现代的中国在许多方面,在很大程度上还没有被"现代化",尤其是在广大的中国乡村。"一切信任、一切商业关系的基石明显地建立在亲戚关系或亲戚关系式的纯粹个人关系上面"。⑤"在历经了 30 年的国家对村庄

---

① 费孝通:《试探扩展社会学的传统界限》,《北京大学学报》2003 年第 3 期。
② 谢幼伟:《孝与中国文化》,青年军出版社 1946 年版,第 70 页。
③ 金耀基:《人情关系中人情之分析》,载杨国枢:《中国人的心理》,台北:桂冠图书公司 1988 年版,第 75—84 页。
④ 参见黄国光、胡先缙:《人情与面子——中国人的权力游戏》,中国人民大学出版社 2010 年版;翟学伟:《人情、面子与权力的再生产》,北京大学出版社 2005 年版;翟学伟:《中国人行动的逻辑》,社会科学文献出版社 2011 年版;杨国枢:《中国人的心理》,台北:桂冠图书公司 1989 年版。
⑤ [德]马克斯·韦伯:《儒教与道教》,商务印书馆 1997 年版,第 289 页。

社会半是成功、半是失败的强制性的'计划性变迁'之后,现代性和国家都力图在村庄中去重新寻找它们与村庄地方性知识互通互融的新的基础,在这个过程中,东方华人社会的伦理性资源大概是一个再也不容低估的因素了。"①

(二) 现实意义

1. 养老尊老

2020年,国家统计局最新发布的人口数据显示,截至2019年年底,我国65周岁及以上人口17 599万人,占总人口的12.6%。65岁及以上人口增加940万人,比重上升0.7个百分点,老龄化程度加深。②与之相对应的,是老年抚养比的不断上升。如下表所示,2010—2019十年间,我国老龄人口规模不断扩大,老年人口抚养比不断攀升。2019年年底,全国老年抚养比已经达到了17.8%,预计到2050年抚养比将达到27.9%,相当于届时3个年轻人就要承担起对1个老年人的抚养责任。我们在"未富先老""未备先老"的情况下迎来了人口老龄化,如何安排和解决好亿万老年人的养老问题,成为21世纪中国的重大战略任务之一。

表1-1 2010—2019年中国老年人口抚养比

年份	65岁及以上(亿人)	老年抚养比(%)
2010	1.189 4	11.9
2011	1.228 8	12.3
2012	1.271 4	12.7
2013	1.316 3	13.1
2014	1.375 5	13.7
2015	1.438 6	14.3
2016	1.500 3	15.0
2017	1.583 1	15.9
2018	1.665 8	16.8
2019	1.759 9	17.8

数据来源:根据《中华人民共和国统计年鉴(2010—2019)》整理所得。

---

① 吴毅:《村治变迁中的权威与秩序——20世纪川东双村的表达》,中国社会科学出版社2002年版,第196页。

② 数据来源:《2019中国统计年鉴》,国家统计局(http://www.stats.gov.cn)。

我国的老年人口70%以上生活在农村,大多数老年人的生活保障能力还比较低,他们中的绝大多数还必须依靠子女的扶助安度晚年。但现在农村老人的生存现状并不乐观。"城里的老人为长寿忙,农村的老人为活命愁。"正当城里的老人在"母亲节"捧着儿女送上的康乃馨、体检卡之时,一些处境凄凉的农村老人正守着面前空空的饭碗发愁……①据全国人大代表翟玉和自费出资10万元组织的3个调查组对中国农村养老现状的调查显示,10 401名调查对象中:与儿女分居的占45.3%,三餐不保的占5%,93%的老人一年添不上一件新衣,69%无替换衣服,小病吃不起药的占67%,大病住不起医院的高达86%,人均年收入(含粮、菜)650元,85%自己干种养业农活,97%自己做家务活,对父母如同对自己儿女的占18%,对父母视同路人不管不问的占30%,精神状态好的老人占8%,22%的老人以看电视或聊天为唯一的精神文化生活。而与之形成鲜明对比的是,很多老人的儿女生活水平高于父母几倍乃至更多。很多儿女认为,父母没冻着、没饿着,就是自己尽孝的最高标准了。翟玉和直言:农村孝道出了问题。

中国人的养老方式以家庭养老为主,这是几千年形成的传统模式。老年人不仅需要物质上的帮助、生活上的照料,更需要精神上的慰藉。家庭养老赖以存在的思想基础便是传统的孝道观念。不少人意识到,目前社会公德的滑坡在一定程度上与家庭私德的滑坡不无关系,而家庭私德的滑坡在一定程度上又与对家庭私德,尤其是对"孝"的忽视密切相关。因此在我国进入人口老龄化的今天,倡导孝文化便具有深远的社会意义和现实的指导意义。

2. 和谐社会

在传统的中国社会,孝文化渗透在社会生活的方方面面。在经历了由传统社会向现代社会的转变之后,孝文化已经不再是具有强大力量的道德统治工具,它在现代生活中更多地体现为家庭关系中子代与父代之间的情感联系和赡养关系。

当前中国家庭的这种代际关系正在经历着深刻的变化。家长权威下的家庭伦理,以及社会尊老敬老的社会秩序和风气,正转向以子女为中心的代际关系和

---

① 呼涛:《农村老人渴求孝道"复归"》,《瞭望新闻周刊》2007年第1期。

儿媳为中心的婆媳关系等,社会上也已崇尚年轻有为,崇尚挑战权威和竞争、个人崇拜等。当然,这种秩序的出现和市场经济、家族的消退、单位化与社区化改造、人口政策等紧密相关。但矫枉过正和颠覆性的伦常秩序,也带来了更多的问题和纠纷。

如何站在一个公允的和谐角度,从社会政策上保障老年人的权利,维系老中青之间的代际交流,尊重知识、尊重权威,如何从文化政策上来营造孝风、孝道、孝文明?这些都是我们需要面对并解决的重要问题。弘扬传统孝善文化,不仅有助于构建幸福和谐的家庭,而且有助于社会的稳定、国家的发展。

三、研究回顾

孝道作为中华民族的重要精神财富,曾在传统的养老和社会道德秩序维系中发挥过独特的作用。然而,当今农村养老观念淡漠,敬老传统正在逐渐流失,这不仅影响到乡风文明与社会和谐,而且影响到全民族的道德文化建设。

关于孝道的学术性研究,以往多是人文学者(如哲学、历史学、国学或汉学)的工作。过去的人文学者在探讨孝道问题时,所注重的主要是孝道的哲学本质、伦理价值及历史意义等,[①]而不是人们在日常生活中所持有的孝道观念、思想及行为。也就是说,人文学者所探讨的是孝道之理论层次的应然问题,而不是孝道之生活层次的实然问题。关于村庄的整体研究,学界已多有详细综述,但关于孝道与村庄秩序的整体研究则并不多见。按照研究视角的不同,择其最相关者综述如下:

(一) 关于传统"孝"的内涵

"孝"作为中国传统文化的重要内容和家庭伦理的主要规范,其内容是十分丰富的。

[①] 研究题域主要围绕孝的意义、孝的本质、孝的根源、孝的特征、孝的内容、孝的功能、孝的历史演变等,这些方面的讨论,大多从哲学与伦理的观点,而不是从社会及行为科学的观点。但这些研究对于从社会的视角进行研究却具有重要的参考价值。参见叶光辉、杨国枢:《中国人的孝道:心理学的分析》,台湾大学出版中心2008年版,第7页。

中国台湾地区学者杨国枢等人以记载于《礼记》《四书》《孝经》及著名家训中有关孝道的语句与事例为材料进行分析,发现以父母为对象的传统孝道的内涵大致有以下15项:敬爱双亲、顺从双亲(无违)、谏亲于理、事亲以礼、继承志业、显扬亲名、思慕亲情、娱亲以道、使亲无忧、随侍在侧、奉养双亲(养体与养志)、爱护自己、为亲留后、葬之以礼以及祭之以礼。杨国枢认为,在传统农业社会中,孝道的主要社会功能是促进集体主义化之家庭与社会的和谐、团结及存续。而在现代工商社会,生命价值与意义的中心不再是集团,个人取代集体成为主要的运作单位,传统的孝道逐渐转变为一种以个体主义为基调的新孝道。①

中国台湾地区学者黄坚厚对我国古籍中所言孝道作了归纳,认为孝的内涵包括:爱护自己、使父母无忧、不辱其亲、尊敬父母、向父母进谏、奉养父母6项。从现代心理学的观点分析上述行为,黄坚厚认为其意义体现在以下3点:第一,尽孝是要子女爱护自身,并谋求自我的充分发展;第二,尽孝是使子女学习如何与人相处;第三,尽孝是要使子女整个行为有良好的适应。②

国内学者骆承烈认为孝道有5个方面的内容:(1)养亲:子女对父母的奉养,它又包括4点内容:①子女对父母应负责赡养;②尽力为父母做事,满足父母的需求;③守候在父母身边;④关心父母身体健康。(2)尊亲:要在人格上对其尊重,思想上令其满足,使父母健康长寿。(3)顺亲:子女只是对父母奉养还不够,还要积极地顺从他们的意愿。(4)礼亲:要求对父母的奉养符合周礼。(5)光亲:主张入世治国,流芳百世。主张一个人要在社会上建立功业,以光宗耀祖。③

郑晓江则从孝的伦理内蕴方面研究孝的内涵,认为孝的伦理内蕴有3个方面:一是孝即奉养长辈。这是孝的第一要义,这层意义是人的报恩观念。二是孝即"尊亲",顺从长辈。所谓"大孝"者,其根本是顺亲,即不违背长辈的意愿,听从长辈的吩咐,遵从长辈的志向和爱好。三是孝即祭祀先辈。④

肖群忠认为孝道主要是由爱心、敬意、忠德和顺行构成的,爱生于自然之亲情,敬来自上下之伦理,忠为爱的奉献与体现,顺是敬之核心与践行。这4个方

---

① 杨国枢主编:《中国人的心理》,江苏教育出版社2006年版,第52页。
② 黄坚厚:《现代生活中孝的实践》,载杨国枢主编:《中国人的心理》,江苏教育出版社2006年版,第20页。
③ 骆承烈:《孝道新解》,《齐鲁学刊》1993年第1期。
④ 郑晓江:《孝的伦理内蕴及现代归位》,《南昌大学学报》1997年第4期。

面内含着注重群体本位、追求和谐的中国传统伦理道德的本质和内核。所以，爱、敬、忠、顺是孝道的伦理精神本质。①

李宝库把孝的含义回归到了家庭伦理的层次，他认为孝是人世间一种高尚的美好的情感，它的本质是亲情回报。②

姜志信、杨贺敏等则从孝的延伸性来论述孝的内涵，他们指出，先秦儒家所推崇的孝是由身而家、由家而社会、由社会而治国之道，其含义是逐步延伸、扩大和丰富的。所以，孝道内涵包括3层含义：孝对家庭关系的调整和规范，孝对社会关系的调整和规范，"以孝治天下"是孝的最高境界。③

综上，由于研究着眼点不同，目前学界对孝道的内涵还没有达成明确的共识，但其论述的内容实质均有交叉重叠的地方。即无论什么样的孝道，都应该蕴含传统孝道的精髓，应该是在传统孝道基础上的回归与升华。

（二）孝道与代际关系

代际和谐是孝道现代价值的一个重要体现，不少研究者将互惠原则运用于代际关系中，阐释孝道与代际交换的逻辑。

费孝通在比较了中国与西方的养老模式后指出，西方社会中子女没有赡养父母的义务，但在中国，赡养父母则是子女义不容辞的义务。如用公式来表示，西方的亲子关系公式是 $F_1 \rightarrow F_2 \rightarrow F_3 \rightarrow F_n$，即"接力模式"；中国的亲子关系公式是 $F_1 \leftrightarrow F_2 \leftrightarrow F_3 \leftrightarrow F_n$（F代表世代，→代表抚育，←代表赡养），即"反馈模式"。亲子关系的反馈模式可以说是中国文化的一大特点。儒家所提倡的孝道可以认为是这种模式的反映，转而起着从意识形态上巩固这种模式的作用。一个社会经济共同体要能长期维持下去，成员间和来往取予之间从总体和长线来看，必须均衡互惠。"养儿防老"便是均衡社会成员间取予的中国传统模式。④

杨联升认为孝道建立在家族系统中交互补偿原则的基础上，"即使以最严

---

① 肖群忠：《"夫孝，德之本也"：论孝道的伦理精神本质》，《西北师大学报》1997年第1期。
② 李宝库：《一颗闪耀人伦之光的璀璨明珠》，《人民政协报》2006年3月8日。
③ 姜志信、杨贺敏：《孝观念的产生及其内涵》，《河北大学学报》1997年第2期。
④ 费孝通：《家庭结构变动中的老年赡养问题》，《北京大学学报》1983年第3期。

格的交易来说,做儿子也应该孝顺,因为受到了父母如此多的照顾,尤其是在幼年时期。①中国有句俗谚说:"养儿防老,种树求荫",又说"养儿防老,积谷防饥"。在礼仪方面,孔子说明子女为父母守三年之丧是因为"子生三年,然后免于父母之怀"。

杨国枢也提出:孝道具有社会交换的动机或目的。其在亲子(女)关系中的运作,也必须在一定程度上符合"公平"的原则,如此孝道的行为才能持续长久。②这里所谓的公平,主要是靠子女的主观判断或感受。在亲子(女)关系中,孝道之社会交换的运作历程是长期性的,而且是兼有两种方向的——以孝换慈(顺向交换)与以孝还慈(逆向交换)。无论是顺向交换还是逆向交换,给与得的平衡是一项基本的原则。只有如此,子女才能觉得公平,孝道才能维持长久。

清华大学人类学家郭于华对河北农村养老代际关系中的公平逻辑及其变迁做了调研,研究表明:传统社会中代际传承和亲子间的互动依循着一种交换原则,它所包含的既有物质、经济的有形交换也有情感和象征方面的无形交换;其公正性在于每一个体在一生中的付出与他所得报偿基本相衡。代际交换关系的维系在于传统家庭中的男性长辈的权力、权威,也在于宗族制度和与之配合的道德伦理规范,同时作为国家正统意识形态的儒家思想更是为这一运作于乡土社会的规则提供了合法性与正统观念的基础。③

董之鹰则提出通过代际网络结构的整合给孝文化注入新的内容,他认为中国传统孝文化与代际网络关系的形成和变化具有相互作用、影响的关系,因此可以通过代际网络结构的整合给孝文化注入新的内容。传统社会中的代际网络关系排序主要按家庭成员的关系进行的,而现代社会的代际关系则远超出血缘和地缘及业缘意义,变成国家、不同社会群体和家庭成员之间的代际网络关系。因此,将各种横向和纵向关系相互交织构成的体系加以整合,才能形成现代社会的

---

① 杨联升:《"报:中国社会关系的一个基础"》,段昌国译,载杨联升:《中国文化中报、保、包之意义》,香港:香港中文大学出版社 1987 年版,第 49—74 页。
② 杨国枢:《中国人孝道的概念分析》,载杨国枢主编:《中国人的心理》,江苏教育出版社 2006 年版,第 54 页。
③ 郭于华:《代际关系中的公平逻辑及其变迁:对河北农村养老事件的分析》,《中国学术》2001 年第 4 期。

代际网络结构。①

与孝道的代际均衡交换观点不同,裴晓梅博士通过研究指出:建立在封建父权制基础上的传统家庭的孝是建立在不平等的代际关系的基础上的。老年人通过对家庭财产的控制和继承制度来保证子女对他们的服从和尊敬。儿子对父亲的孝顺和服从是和他在家庭中的物质利益相关的。如果他不孝,他的继承权就很可能受到威胁。在男尊女卑和长幼有序基础之上的家庭关系中,老年人的优越地位是一种以牺牲晚辈人的利益换来的特权。这种特权主要是因传统社会制度的保障而强加给对方的,往往受到年轻一代的挑战,历史记载中不断出现的所谓"不孝"案件就证明了这种挑战的存在。②

在关于中国养老的研究中,戴慧思(Deborah Davis-Friedman)指出传统的代际互惠关系的基础大概从1949年以后就开始动摇了。她认为城市与农村的成年子女在对于养老的态度上有明显的区别。农村人的养老义务观念更多地建立在理性计算的基础上,子女赡养老人的义务与财产继承联系在一起,他们认为自己与父母之间存在着一种金钱上的安排;而城市人的养老义务观念更多地建立在感情互惠的基础上,他们更多地强调父母早年对子女的牺牲与付出。③

(三) 孝道与社区建设

社区研究法在20世纪30年代由美国引进中国后即成为当时社会学、人类学者认识社会的主要研究方法。它以调查某一社区为例,将抽象的概念回归到具体的社会文化情境中分析,此种研究方法已引起越来越多学者的共鸣。

中南大学的黄娟在对河南省古寨村进行人类学的田野调查后分析到:孝道对于村民来说,是做人实践的一个重要方面,不仅关系到个人和家庭的延续,而且是人们在社区里为人处事、安身立命的根本。在这种共同理解的基础上,社区建立起了一套共同的意义体系,有效地维持着孝道的实践,并且借助舆论、象征、

---

① 董之鹰:《孝文化与代际网络关系结构变迁》,《中国社会科学院院报》2004年3月4日。
② 裴晓梅:《"传统文化与社会现实:老年人的家庭关系初探"》,载清华大学社会学系主编:《清华社会学评论》(特辑),鹭江出版社2000年版,第177—179页。
③ Deborah Davis-Friedman, *Long lives*: *Chinese elderly and the Communist Revolution*, Harvard East Asian series 100, Harvard University Press, 1983.

集体记忆、社区精英体现和强化。①

华中科技大学中国乡村治理研究中心的赵晓峰曾在全国六省市从事农村调查,他指出:孝道在中国历史上能够延续千年而不衰主要得益于两个因素:一是无论王朝如何更替,当权者始终充当了道德建构主体的角色。二是传统小农家庭的财富积累极其有限,任何个人要想脱离家庭而生存都非常不容易。但当人类进入20世纪90年代的市场经济后,道德建构的主体严重缺位。大规模外出打工的浪潮使得农民的收入结构发生了革命性变化,老年人在经济上处于被边缘化的地位,传统孝道的维系力量已经不再具备。与20世纪80年代的强大社区性压力相比,现代的村庄舆论机制已经消解,集体活动的场域有了很大幅度的缩减,村庄舆论已经日益"去生活化""去村庄化",已经不再具备对农民道德性越轨行为进行惩罚的功能,社区性压力体制逐渐地丧失功能,走向"死亡",没有外在约束的青年农民也就敢于将自己的无公德性在村落的日常生活中不加顾忌地予以显露。②

与农村的社区建设相对应,胡泽勇对城市社区的孝文化建设做了自己的阐述:社区文化建设是城市社区建设的一项重要内容。要增强城市的竞争力,首先必须增强城市的"软实力"。孝文化建设具有道德规范和道德建构的功能,基于亲子关系而发生的孝文化建设可以激发人们的孝心与责任感。如果社区的每一位成员都能够做到爱自己的父母,然后"爱屋及乌",爱别人、爱社区、爱社会、爱国家,愿意为别人多做"爱的奉献",那么一定会促进社区的和谐,提升社会的精神文明程度,从而使社会风尚敦睦淳厚。③

(四) 孝道与家庭养老

传统孝道的核心是家庭伦理中的养老和敬老。在经历了20世纪诸多变革的喧嚣之后,传统中国的家庭赡养体系受到了何种冲击?众多学者围绕孝道与养老问题做出了深刻阐述:

来自美国哈佛大学的怀默霆教授1994年将来自中国大陆与中国台湾的两

---

① 黄娟:《社区孝道的再生产:话语与实践》,社会科学文献出版社2011年版,第2页。
② 赵晓峰:《孝道沦落与法律不及》,《古今农业》2007年第4期。
③ 胡泽勇:《孝文化在城市社区建设中的复兴与重构》,《江西社会科学》2008年第4期。

组调查数据进行了考察与比较,结果发现:在20世纪90年代中期,两组数据都没有什么迹象表明孝心正遭受危机或侵蚀。无论是在河北保定还是在台湾地区,父母对于所获得的成年子女的赡养以及子女所表现出来的孝顺程度,一般都表示满意。因此,在社会快速发展时期,子女的赡养义务仍相当完好地保存了下来。不过在体系上,在当时经济发展程度更高的中国台湾地区却看起来更"传统",而保定看上去更"现代"。当然,赡养体系的生命力与形态应归功于在50年代确立起的社会主义的制度和惯例。但这些赡养制度如今正在面临威胁或业已被废除,这对赡养体系将产生无法预测的影响。①

郭于华教授从社会变化的角度考察了中国北方农村逐渐显现的赡养危机。她提出,赡养老人是成年儿女对父母的回报,但是在过去的几十年里,原来那种需要报答父母养育之恩的逻辑有了变化,使得传统的养老机制出现了危机。②

贺雪峰则从家庭经济的角度分析了20世纪90年代以来农村的代际关系变化。他认为代际关系正在由失衡状态向一种代际交换减少、代际期待降低、代际亲情较少的相对平衡关系发展。原因在于传统社会掌握土地权利的家长集体化以后不再具有资源优势。大量外出务工的机会使得年轻人反而比在家务农的父辈收入更多。③

阎云翔对黑龙江下岬村老年人赡养状况的恶化及孝道的衰落进行了调查。阎云翔认为,在传统中国,法律、公众舆论、宗族社会组织、宗教信仰、家庭私有财产这一系列因素在支持着孝道的推行。中华人民共和国成立以来政府对各种"封建思想",包括父权、族权、包办婚姻等的批判动摇了父母高高在上的形象与孝道的神圣性,这导致了祖先崇拜和宗教信仰的崩塌。父母权威的信念随着祭祖仪式的消失而逐渐消失,民间宗教的衰落使年轻一代再也没有对"超自然力量"崩塌以及对"来世"惩罚的恐惧。在赡养和孝道问题上,公共舆论日渐沉默。没有了一系列传统机制的支持,孝道观念失去了文化与社会基础。根据市场经济中流行的新道德观,两代人之间的关系更多的是一种理性的、平衡的交换关

---

① 怀默霆:《中国家庭中的赡养义务:现代化的悖论》,《中国学术》2001年第4期。
② 郭于华:《代际关系中的公平逻辑及其变迁:对河北农村养老事件的分析》,《中国学术》2001年第4期。
③ 贺雪峰:《农村家庭代际关系的变动及其影响》,《江海学刊》2008年第4期。

系,双方必须相互对等地给予。因为孝道与传统的养老机制从 50 年代到 90 年代一直受到批判,所以才有今天的养老危机。①

陈柏峰、郭俊霞对皖北的李圩村进行了调研,指出:当前孝道的衰落不仅仅是父权的衰落问题,也应该从价值和意义层面来思考这个问题。祖先崇拜、民间宗教信仰从本质上反映了村民的生活价值取向,涉及了村民对生命何去何从的归宿问题的思考和信仰。李圩村的家庭关系体现出来的是农民价值世界的崩塌。这进一步使村庄秩序遭到破坏,村庄舆论日渐解体,人们只关注赤裸裸的现实利益,村庄生活缺乏长远预期。显然,农民家庭关系的日益理性化、孝道的日益衰落,都应当放入农民价值世界的松弛这个范畴去理解。②

国外研究"孝"和"孝文化"相关内容的国家,主要集中在东亚和东南亚一带,如日本、韩国、新加坡等受中国儒家思想影响的亚洲国家。日本哲学家中江藤树教授所著的《翁问答》(1640 年)及《孝经启蒙》(1642 年)是研究孝文化方面的经典著作,他从实践层面具体阐明了"孝"的思想,并指出孝德是人的"本心",世间万物都"存在于吾本心孝德之中"。韩国崔圣奎先生在其《孝之延续》《孝学概论》《孝神学概论》等著作中深入探究了孝道文化的推广史,并从 7 个方面扩充了孝道的内涵。新加坡何子煌博士在其所撰《孝经的研究》中,根据我国儒家经典著作中的相关论述把孝道系统地概括为奉养父母、尊敬父母、让父母快乐、对祖先的追思、光宗耀祖、移孝作忠 6 个层次,并指出孝道最基本的要求就是奉养父母、维持亲子关系的和谐。

欧美等西方文献中没有"孝"的提法,但有着丰富的代际关系、家庭养老、社区照顾等方面的研究。如美国学者玛格丽特·米德(Margaret Mead)的《文化与承诺——一项有关代沟问题的研究》、劳拉·斯马特(Lara Smart)的《家庭——人伦之爱》、英国学者苏珊·特斯特(Susan Tester)的《老年人社区照顾的跨国比较》等,为我们解决家庭养老问题,构建符合时代要求的孝道实践模式提供了重要参考。

---

① 阎云翔:《私人生活的变革:一个中国村庄里的爱情、家庭与亲密关系》,上海书店出版社 2009 年版,第 208 页。
② 陈柏峰:《农民价值观的变迁对家庭关系的影响——皖北李圩村调查》,《中国农业大学学报》2007 年第 1 期。

上述研究给人以深刻启发,但整体而论,学界对孝道与农村家庭养老的关注较多,而孝道与农民道德生活、孝文化与农村人伦关系、孝文化与农村社区治理互动式的专题探究较少,诸多学者的分析散见于文章之中,不是文章的主题;且多数论著着眼于对孝文化的总体性和本体性研究,对孝行为和孝文化重构的微观实证研究尚不多见,这为后来的研究留下了空间。鉴此,本书选取鲁西南的 G 村为案例,拟对转型期的乡村孝道与社会秩序问题进行探究,力求在以上诸方面有所突破。

四、研究思路、方法与叙述框架

本研究将以中国乡村从传统向现代社会的转型为背景,以改革开放以来的乡村家庭、社会结构变革为切入点,以乡村孝道的变迁为主要视角,探讨当代乡村文化与社会秩序的转型和重建问题。

(一)分析框架

就一个具体的社会学研究来说,理论分析框架的选择或构成有两种不同的方式:第一种是直接来自一种或若干种理论模式,第二种是对于社会学理论中的某些"基本传统"或"最基本的组成部分"分析理解后形成。[①]本书的理论框架选取第一种。

借用布迪厄的实践社会学知识,探索"实践的逻辑",从实践中找出它的(常常是未经明确表达的)逻辑,由此提炼出理论概念。本研究采用"社会规范"及"社会失范"这组概念为工具,对乡村社会秩序进行"结构—关系"分析。

1. 规范

"规范"是一个舶来词,英文作"norm",在词源上可追溯到拉丁语中的"norma",本义指木工所使用的"规尺"。后来,社会学家们借用它来研究人的行为,用它来作为人的行为准则和评价标准,称之为"社会规范"。从社会学的角度来

[①] 杨敏:《社会行动的意义效应:社会转型加速期现代性特征研究》,北京大学出版社 2005 年版,第 10 页。

说,社会规范就是"人们参与社会性生活的行动规则。它是人们在长期社会生活中,根据人们普遍认可的社会价值观对特定环境中的人类行动所作出的、必须共同遵守的程序与规则"。①

(1) 社会规范是一种价值标准。所谓价值,是指人或事物向主体呈现的意义。作为社会规范的价值是指社会成员或团体在社会中存在的意义,其价值观念则是社会成员或团体对这种存在意义的认识。作为一种价值标准,社会规范是社会成员或团体对社会存在怎样才算好,怎样才是合理、正确和令人满意的问题上的一致性认识与看法。

(2) 社会规范是一种行为准则。行为准则是指社会主体在特定的社会情况下,应该做什么和不应该做什么的行为依据。

(3) 社会规范是各种社会关系的反映,是一种对社会关系肯定化和固定化的手段。社会的生产与生活具有社会性。规范是人们在社会生产与生活中创造出来的,用来指导和约束人们的行为、协调人们之间的相互关系、维系社会共同生活的行为方式与准则。

由此可见,社会规范是评价事实的基准,是社会行动一致性的基础,其本质是社会关系的反映,也是社会关系具体化的直接表达。它随着人类社会的产生而产生,随着社会的发展而不断丰富。从社会学的角度来看,"社会是按照一定规范整合起来的人类生活共同体,它按照既定的一套行为规范维持社会秩序,调整人们之间的关系,规定和指导人们的思想和行为方向"。②

社会规范涉及人们社会生活的方方面面,是一个十分复杂的体系,其表现形式也是多种多样,包括习俗、礼仪、戒规、禁忌、宗教、道德、惯例、纪律、荣誉、行规、会规、族规、家法、乡规民约、制度、法律等共同的生活准则。

2. 失范

"失范"在很大程度上可理解为原有的规范失去作用、没有规范或出现越轨行为。社会学中的失范理论研究者有很多,其代表人物有涂尔干、默顿等。涂尔干的失范理论是在"机械团结"和"有机团结"的理论之下展开的,"失范就是发生

---

① 郑杭生主编:《社会学概论新修》,中国人民大学出版社1994年版,第322页。
② 郑杭生主编:《社会学概论新修》,中国人民大学出版社1994年版,第71页。

在由以相似性为基础的机械团结的社会向以社会分工为基础的有机团结的社会的转变过程中。在这一过程中，以相似性为基础的机械团结的社会的集体意识（即其整合的基础）逐渐弱化，失去了维持社会整合的基础性作用；而通过社会分工形成的各有机组成部分在相互需要与依赖中逐渐形成了习惯，并在习惯基础上形成了规范，从而形成新的彼此协调的社会整合状况。问题在于，社会分工发展过快，远远超出了社会团结的发展水平，这时社会陷入失范（anomie）状态。"① 在运用失范（anomie）这一概念时，涂尔干更强调的是功能失调、社会失序的状况。

美国社会学家默顿继续深化了迪尔凯姆的失范理论，他把社会结构引入了社会失范的研究领域。默顿的"失范"（anomie）是指由文化目标和制度化手段的不一致导致的反常行为、越轨行为等状况，他将失范看成是一种结构性的崩溃。"我的主要假设是，可以从社会学角度将反常行为看成是文化规定了的追求与社会结构化了的实现该追求的途径间脱节的征兆。……由于对目标和制度化程序如此不同的强调，对目标的强调使后者遭到严重削弱，以至于许多个体的行为仅仅因为考虑技术上的便利性才受到了限制。……此过程的运行最终导致失范。"②

无论是涂尔干还是默顿，他们对社会失范行为的理论分析都着重强调社会转型期的社会道德、文化价值观的建构，目的是建立合理的社会结构和社会秩序，促进社会的整合和良性发展。当代中国社会正处于历史性转型过程中，在乡村这种转型表现尤为剧烈，所产生的问题也尤为明显和严峻。本书所要研究的孝道与乡村社会秩序便属于此类。

（二）核心概念

1. 结构与转型

在社会学、人类学乃至整个社会科学研究中，社会结构是一个常用的概念。

---

① ［法］埃米尔·涂尔干：《社会分工论》，渠敬东译，生活·读书·新知三联书店2000年版，第314—316页。

② ［美］罗伯特·K.默顿：《社会理论和社会结构》，唐少杰、齐心等译，凤凰出版传媒集团、译林出版社2006年版，第264—265页。

然而它又是一个很难界定的概念,以致英国社会学家洛佩兹和斯科特费墨十万余言,仍认为对此概念的综述难以周全。① 不过,尽管如此,社会结构的基本含义还是基本确定的,那就是指社会体系各组成部分或诸要素之间比较持久、稳定的相互联系模式。若粗略地划分,它至少可从 3 个层面得以理解:宏观层面指政治、经济和文化等系统如何构成社会,在中观层面指社会群体构成社会的方式,在微观层面指个体之间互动的关系模式。

社会转型是一个有特定含义的社会学术语,通常是指社会结构发生整体性、根本性的变迁,社会从低级阶段向高级阶段、从愚昧时代到文明时代过渡的特殊时期。近现代人们所经历的社会转型,主要是指从农业的、农村的、封闭的、半封闭的传统型社会,向工业的、城镇的、开放的现代型社会的转型。②

作为社会发展理论的一个基本范畴,社会转型包括两方面内涵:一方面是指社会发展处在"转"的状态,表现为新旧共存和新陈代谢;另一方面是指社会之"型"的重大转变,即整个社会系统由一种结构状态向另一种结构状态的过渡和变迁,而不仅仅是社会某个部分或层面的变化和发展。社会转型要经历一个过渡时期,这个过渡时期就是社会转型期。处在转型期的社会可称为转型社会,处在非转型期的社会称为常态社会。转型社会以其显著的特点区别于常态社会,主要表现在如下方面:首先,范围很广,包括社会生活的全方位的变化;其次,影响很深,不但涉及政治和经济,还引起社会和文化领域里的深刻变化;再次,作用很大,该阶段在历史发展中扮演着异常重要的作用,会对整个社会的发展方向产生重大影响。

具体到中国的社会转型,则是指 1978 年以来中国由计划经济体制向市场经济体制的转型。在这一时期,中国社会经历着 3 个维度的变化——从传统社会走向现代社会,从农业社会迈向工业社会,从封闭性社会走向开放性社会。在这一过程中,交织着梦想与痛苦、传统与现代,演绎着二者此消彼长的进化过程,牵动着社会系统内各个层面的整体性的不同步发展。社会转型不仅影响到每一个社会成员的行为方式和生活模式,而且在更深的层面上,会影响到人们的思维方

---

① [英]杰西·洛佩兹、约翰·斯科特:《社会结构》,允春喜译,吉林人民出版社 2007 年版,第 7 页。
② 郑杭生:《转型中的中国社会和中国社会的转型》,首都师范大学出版社 1996 年版,第 3 页。

式和价值取向，进而影响到人们的价值判断和理性选择，最终引起人们思想道德观念的深刻变化。本书主要从这一复杂而又变动的社会历史背景下，侧重于微观层面对孝道的变迁进行研究。

2. 孝道

《文化词源》中提到"关于孝的文化，是指中国古代文化的一种范式"。它是关于孝的观念、规范以及孝的行为方式的总称。在传统意义上，孝文化即指"孝道"，它所涉及的是子女对父母、晚辈对长辈的人伦关系处理问题，这既有理念上的，又有实践上如何具体操作的方式。

本书所要研究的"孝道"，实质上是一种根植于乡土社会，历经外来冲击仍绵延不落的文化与秩序。孝道不仅是一种人们如何认识和评价的被研究的客体，而且是一种如何改变人和影响人的作为主体性的客观存在；不仅是一种个人的道德层面的问题，也是一种社会风尚和风俗的问题，更是一个国家礼教合一的问题；不仅是一种孝的文化，而且是孝文化的社会化，是一种维系和支撑孝道的乡土网络，更是一种关涉家庭、社区权威结构和社会经济事务处理原则和逻辑的秩序。

3. 秩序

"秩序"一词在语言学中是"秩"和"序"的合成。秩者，常也，含有常规和规矩之义；序者，次也、列也，有次序之内涵。英文中的秩序概念"order"则有次序、顺序、有规律的状况等含义。

从词源学的角度来看，"秩序"一词在我国古汉语中，原属于伦理行为范畴，指涉辈分等级、亲疏远近，后来又由家族扩展至国家的政治层面，指涉尊卑贵贱、上下有别、内外有序的身份等级，近代以来才衍生为与社会生活、社会行动的规范、制度相联系的普遍性范畴。"秩序"作为社会科学领域的学术关键词受到关注，是从霍布斯提出了关于"在自由、自利的个人主义状态下，社会秩序何以可能"的秩序问题提出以来，人们始终在争论社会秩序的本质，以及如何建构和维持社会秩序等问题。这些基础性问题迄今悬而未决，成为社会学家以及其他社会科学家持续关注的议题。

尽管分歧较大，当前社会学界普遍认为，社会秩序应包括两方面的基本含义：一是系统秩序，即结构或系统水平上的社会秩序，指的是社会内部各个部分中体系之间的平衡与协调;二是行动秩序:行为或个人水平上的社会秩序,指的是在社会制度或规范的制约下,个人之间能够形成对互动和合作关系的合理预期。①

社会的秩序来源于正式制度和非正式制度的交互作用,传统中国乡村社会表现得更为明显。非正式制度是指人们在长期交往中无意识形成的规则,主要包括价值理念、乡规民约、道德观念、习俗惯例等方面。乡村社会的运作,更多的时候为这种非正式制度所支配。在曾经被国家权力广泛深入的乡村社会,非正式的治理实践不同于正式的治理实践,它无法制度化,却嵌于乡村的日常生活中,有其存在的合理性。②

社会秩序的形成和确立,不取决于社会个体自身的强力,而是取决于普遍适用并得到社会权威保障的规则和公理。在社会生活中,人们只有在社会规范明晰的前提下,才能避免利益冲突和社会紊乱,"没有行为准则的社会是无法生存的,行为准则使我们免于陷入那种可怕的、唯我独尊的无政府状态"。③

(三) 研究方法与资料来源

社会研究方法是一个有着不同层次和方面的综合体系,这一体系包含众多内容,其各个部分之间有着紧密的内在联系。通常可以分成3个层次:方法论、研究方式、具体方法及技术。④笔者就从这3个层面对本书所采用的研究方法加以说明。

1. **方法论**

本书倾向于以韦伯等古典社会学家为代表的人文主义方法论。人文主义方法论强调人们应该从日常的、平凡的事物出发,研究人类对社会现象做出的解释以及赋予它们的意义,而不是简单地还原于自然规律的水平。社会学理论研究的目的在于"理解"而非"说明",应该立足于微观层面对社会现象进行分析,站在对方的立场,来理解和解释社会现象出现的原因。用韦伯的话说,就是要"投入

---

① 童星:《现代社会学理论新编》,南京大学出版社2003年版,第234页。
② 吕德文:《简约治理与隐蔽的乡村治理》,《社会科学论坛》2010年第8期。
③ [美]丹尼尔·扬克洛维奇:《新价值观》,罗雅等译,东方出版社1989年版,第154页。
④ 风笑天:《社会学研究方法》,中国人民大学出版社2001年版,第6页。

理解",或者是赖特·米尔斯所说的"人对人的理解"。①

在本研究中,乡村孝道的话语与实践同乡村秩序构成了充满意义的互动过程,整个研究的过程也是笔者与调研村庄、与调研村民进行良好沟通和交流的过程。在笔者看来,他们并不是完全被动的被研究对象,他们的所思、所想、所言、所为也构成了乡村秩序的一部分。笔者也不想将所做出的结论进行推而广之的定论,只是希望在这里的一些探讨能够为今后的乡村建设、乡村发展课题研究提供一种思考的方向。所以,笔者认为人文主义的方法论研究更为合适。

2. 研究方式

研究方式指的是一项研究所采取的具体形式或方式。费孝通先生提出,"农村研究,可以采取多种方法,我经常采用并极力主张的是实地调查方法。研究者直接深入社会,亲自观察人们的实际生活,通过不同形式的深度访谈获取研究资料。这样得到的资料一般是比较客观的、可靠的,经过科学的整理和分析,就可能得出正确的认识和科学的结论。可以说,实地调查是符合马克思主义认识论的方法"。②

根据上述指导思想及客观实际,本项研究也拟采用定性的实地调查方法。定性研究方法是指"在自然环境下,使用实地体验、开放型访谈、参与型与非参与型观察、文献分析、个案调查等方法对社会现象进行深入细致和长期的研究;其分析方式以归纳法为主,研究者在当时当地收集第一手资料,从当事人的视角理解他们行为的意义和他们对事物的看法,然后在此基础上建立假设和理论,通过证伪法和相关检验等方法对研究结果进行检验;研究者本人是主要的研究工具,其个人背景及其与被研究者之间的关系对研究过程和结果的影响必须加以考虑;研究过程是研究结果中一个不可或缺的部分,必须详细加以记载和报道"③。

本项研究收集的资料来源于对鲁西南部一个村落的调查,因而,本研究具体来说是个案研究,它通常与描述性研究、探索性研究和解释性研究结合在一起。

---

① 风笑天:《社会学研究方法》,中国人民大学出版社2001年版,第7页。
② 费孝通:《中国乡村考察报告》总序,《社会》2005年第1期。
③ 陈向明:《社会科学中的定性研究方法》,《中国社会科学》1996年第6期。

个案研究如同解剖麻雀,研究者可以此了解其"社会结构里各方面的内部联系"及"产生这个结构的条件"。① 同时,对具有典型意义的个案进行研究,可以形成对某一类具有共性特征的事物和现象的较为详细、深入和全面的认识,可以帮助我们获得对某一类别现象进行定性(或定质)认识。②

在传统的人类学田野调查中,往往需要研究者和研究对象有长时间的接触,但现代社会中的人们,无论是研究者还是研究对象,在时间上都呈现出高度的片段化特征。而且本课题研究在社会上带有一定的道德评价。因此,在本研究中,笔者选择了深度访谈(In-depth interview)的方法来进行具体的资料收集过程。在这个过程中,可以选择使访谈对象比较舒适的时间和环境进行访谈,从中获取资料。麦克雷肯曾经指出,"深度访谈能将我们引入个体的精神世界,把握他/她用来看待世界的范畴和逻辑。它可以将我们带入个体的生活世界,以便我们理解其日常生活的内容和模式。深度访谈为我们提供机会,进入他人的心灵中去,像他们一样理解和体验这个世界。"③ 对于研究者来说,深度访谈是一种能够让研究者进入研究对象的精神世界,以研究对象的方式来理解经验的世界。而访谈也是一个互动的过程,在这个过程中,由于研究者的介入,就不再是研究者或者研究对象单方面看待这个世界、对这个世界的体验,而变成了双方的相互影响、相互理解。"进入"是双向的,理解是双方的,因而建构是"我"和"我"之间的。基于这样的一种理解,笔者相信通过深度访谈能够实现笔者的研究目的。

需要说明的是,本研究所涉及的村落是笔者生活和熟悉的社区,所以笔者能够和访谈对象建立起良好的谈话关系,这对于笔者更好地理解这里的生活场景、理解访谈对象的谈话内容都具有积极的意义。一方面,笔者作为当地人没有语言障碍,可以更加方便地"入场",与村庄里的村民进行沟通和交流,观察他们的言行举止,从他们的角度去感受和体验村里发生的诸多事情,尤其是有关孝的事情;另一方面,作为一名研究者,笔者也接受过多年严格的学术训练,在研究中也会尽量与村落保持一定的"距离",以"价值中立"的态度做到冷静、客观观察,以

---

① 费孝通、张之毅:《云南三村》,天津人民出版社1990年版,第7页。
② 王宁:《代表性还是典型性?——个案的属性与个案研究方法的逻辑基础》,《社会学研究》2002年第5期。
③ McCracken, Grant, *The Long Interview*, Newbury Park, CA: Sage, 1988.

深入了解和准确把握村民的社会生活。

2010—2013年,除先期进行历史文献的档案查阅及资料搜集外,笔者趁每年寒暑假两次回乡的时机进行了资料采集与实证调研,搜集了100多个相关案例。夏天的晚上,村里男女老幼会到外面乘凉,张家长、李家短地随意聊天,这正是笔者进行社会调研和信息搜集的好机会。乡村本质上仍是个熟人社会,仍保留有相互串门和聊家常(拉呱)的习惯,这也有利于笔者深入乡村家庭进行深度访谈。特别是在农暇或其他空闲的时候,村民也乐于坐下来与研究者敞开心扉进行畅谈。此后的2015—2019年,笔者每年都会两次再回乡村,观察乡村的细微变化,参与村民的日常生活,倾听村民的真实心声,同时对前期搜集到的调研资料进行不断充实与完善。这些文本及实证访谈材料[①]构成了本书撰写及分析的基础。

3. 具体方法和技术:深度访谈+参与观察

研究方法的选择很大程度上取决于我们所研究的问题和特定的情况,质性研究强调描述和解释某个特定的社会现象,重视理论的发展以丰富人类的科学文化知识。

本项研究属于质性研究,采用深度访谈为主、参与观察为辅的方式。"深度访谈和参与观察这两种实地研究方法具有定性研究的许多优点,在自然条件下观察和研究人们的行为和态度,使得实地研究易于获得关于研究对象的最真实资料。"[②]选择这样的研究方法基于本研究的特殊性:本研究的主要内容是"乡村孝道",这是一个既复杂又微妙的关系实体,涉及很多很敏感的话题和复杂的心理变化,尤其是在一个村落内部运用个案访谈能够了解到乡村孝道的基本情况,同时参与观察法又能够补充个案访谈中没有得到的信息,通过平时的相处了解更深层次的价值观,因此能够更全面获得访谈对象的基本资料。

(四) 叙述框架

"村落就像乡土中国的活化石,这活化石不仅蕴含着历史文化的积淀,还隐

[①] 本书案例均来源于2010—2019年笔者对G村村民的访谈记录和查阅相关卷宗。遵照学术惯例,书中对地名及相关人名做了技术处理。

[②] 风笑天:《社会研究方法》,高等教育出版社2006年版,第216页。

藏着解读中国深层社会结构的脉络。"① 从研究思路上来看,我们需要回答这些问题:"中国从哪里来？要去向何方？如何走？"现代化是历史发展的方向,中国特色社会主义是我们要坚持的发展道路。回到本书的研究主题上来,就是要弄清楚现在的孝道是什么,原因为何,未来它将指向何方,在社会变迁中它该如何重建。带着对这些问题的思考,本研究的思路——

第一章 阐述选题的缘起及意义,进行相关文献的回顾和梳理,提出本研究所运用的理论分析工具,进行关键词的概念界定,说明研究方法及资料来源,指出研究思路与叙述框架。

第二章 所调研村庄的经济、社会和文化介绍,阐明孝道所根植的乡土生态。

第三章 主要从历史的角度勾勒出传统孝道的近代嬗变过程,强调了新时期农村孝道的话语与实践。历史不能割断,社会的变迁导致了孝道的蜕变,孝道的蜕变加速了社会的变迁。新的时期,作为责任、道德与文明秩序的孝道,到底该怎样传承？

第四章 进入孝道生产实践的具体场域。首先是叙述家庭代际互惠关系中的孝道。孝在家庭养老中起着核心作用,反馈式的代际互惠关系如今表现形式如何？在乡村社会现代化的进程中,怎样通过重构孝道以应对当今乡村的家庭伦理危机？

第五章 叙述社区礼治秩序下的孝道。从乡村孝礼的维护者,到孝道社会里的生存规则。清官难断家务事,在"利进礼退"的市场化冲击下,乡村礼治秩序何以继续发挥作用？

第六章 叙述国家行为干预下的孝道。现代化的国家大法在乡土社会的行进并非一帆风顺,身处国家大法与乡村礼俗、现代理性与传统观念夹缝中的孝道,如何通过自我调适而获得新生？法礼情融合视野下的乡村孝道如何再造？

第七章 从孝道的演变和村庄秩序的互构中寻求二者之间的因应之道与控制机制。通过社会变迁的分段考察,梳理了传统孝道和家国同构的治理模式、转型期孝道与村庄秩序的异化以及后乡土时代孝道与村庄秩序的重构。

第八章 从所调研村庄延伸,在乡村治理现代化的大背景下,考量乡村小传

---

① 李培林:《村落的终结——羊城村的故事》,商务印书馆2004年版,第36页。

统中的"孝道"多重、多远,以及我们可以做出的努力,以期站在本土的立场上,实现现代化与传统的再造。具体的叙述框架列图如下:

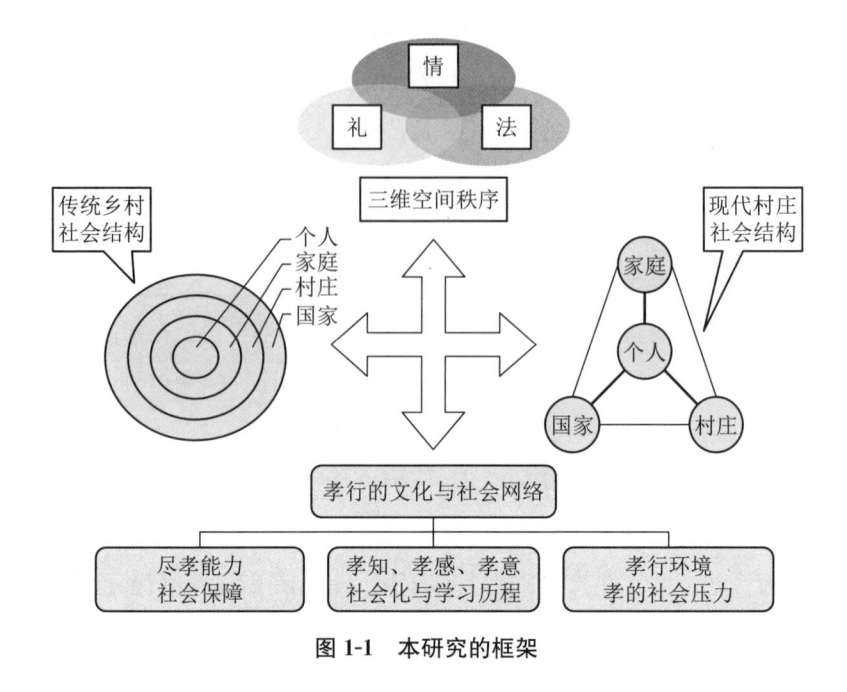

图 1-1 本研究的框架

需要说明的是,本书将立足于乡村社会的"小传统"来看孝道。①在这个层面上,"孝道是一种实践……它并不是恒久的和静态的……作为一个书面的定义,我们将它描述为一种制度,这可能使我们如是观之。它和其他许多中国文化传统,如婚姻、节庆一样,不断地适应着生活领域扩张、生活节奏加快和社会流动加快等要求。同时,又保留着它最本质的部分"。笔者认为,从乡民日常生活②的实践中来理解孝道和他们的生活,或许更有意义。

---

① 出自美国著名人类学家罗伯特·芮德菲尔德(Robert Redfiled)1956 年的著作 *Peasant Society and Culture*(《农民社会与文化》)。他提出"大传统"和"小传统"的区分。所谓"大传统"是指一个社会里上层的贵族、士绅、知识分子所代表的文化,这多半是经由思想家、宗教家反省深思所产生的精英文化;而相对的,"小传统"是指一般社会大众,特别是乡民或俗民所代表的生活文化,基本上是通过口传的生活实践在农村中传衍的,具有地域性特征。参见李亦园:《人类的视野》,上海文艺出版社 1996 年版,第 143 页。

② "日常生活就是社会生存者有意或无意地依情感、惯习、规则、制度,展开个人生命历程和社会交往关系的过程,是社会得以延续和发展的基本常态""这些小事件是绵延持续的生活之流不经意地跃动,是人们可观察到的日常生活的拐点,这些由拐点和相对完整的过程构成的小事件,恰恰是大制度、大规则、大传统、大文化、大历史最真实、生动而自然的表达。"参见孟伟:《日常生活的政治逻辑》,中国社会科学出版社 2007 年版,第 13 页。

第二章　变迁中的 G 村概况

乡村社会，也称乡土社会，是指建立在小农经济基础之上的以村落或宗亲为基本单元的没有陌生人的社会。分析和阐释乡村故事，不可能脱离对故事发生的乡村社会环境和历史时代背景的关注。因为故事是被特定的社会环境和历史时代背景所规定、制约、建构的。

一、由远及近的村庄坐标

曲阜市位于山东省西南部，北距省会济南 135 公里，西南距济宁 45 公里。北依泰岱，南瞻凫峄，东连泗水，西抵兖州①。"曲阜"之名最早见于《礼记》，因"鲁城中有阜，委曲长七八里，故名曲阜"。总面积 896 平方公里，现辖八镇五乡。山丘与平原之比为 3∶7，东北高、西南低，故当地人有"圣人门前倒流水"之谓，意指山东属华东沿海地区，地势西高东低，河流一般东流入海，而曲阜地形、地势则与此相反。最高点是北部的凤凰山，海拔 548.1 米；最低点在西南部的程庄，海拔 47 米；城区中心海拔 60.5 米。

春秋时期的鲁国国都即定位曲阜，这里枝繁叶茂，文化底蕴深厚，名人辈出。伟大的思想家、教育家、政治家、儒家创始人孔子诞生于此处。深受礼乐文化熏

---

① "曲阜在清时属山东省兖州府，民国以来府废，隶济宁道，十七年道又废，直隶于省治所。北距省城 350 里，南距京城 1 200 里，东至泗水县界 30 里，西至滋阳县界 25 里，南至邹县界 25 里，北至宁阳县界 50 里，计广 55 里，袤 75 里。"参见《曲阜县志》卷二，成文出版社 1934 年版，第 168 页。

陶的孔子勤奋好学,学识渊博,被时人称赞为"博学好礼"。当初孔子周游列国十四年,后潜心聚徒讲学,"传道、授业、解惑"培养弟子三千余人,其中精通六艺(礼、乐、射、御、书、数)杰出者七十二人。其弟子和再传弟子把孔子及其弟子的言行语录和思想整理汇编成《论语》一书,对后世影响深远。

"千年礼乐归东鲁,万古衣冠拜素王",作为孔子的故乡,这里历史悠久、文物众多、人杰地灵、民风淳朴,是鲁中南的一块宝地。目前全市共有文物保护单位300余处,重点文物保护单位112处。不少古代建筑气势恢宏,蔚为壮观。其中的"三孔"(孔府、孔庙、孔林)1992年被列入世界历史文化遗产,为曲阜旅游必到之地。1982年曲阜入选国务院首批历史文化名城。

G村位于曲阜城东略南,距离曲阜市区20余公里。从地形上看该村北面是丘陵,东面是凤河水库和远山,南面是起伏的山岭,只有西面是开阔的平原,而且一直延伸至曲阜城区的广袤平地。一条乡村公路由东向西把G村南和曲阜城区联系起来,而G村则居于该交通干道的末端分叉处。

G村对外交通主要依靠这条乡村公路,由乡村到曲阜城区,再经由曲阜汽车站、动车火车站或辗转至兖州火车站扩散开去。尤为重要的是,从曲阜城区到G村乡镇公路于1998年通了班车,从早晨7点到下午6点,每隔一个多小时发车,便利了附近的村民出行。此外,2008年建成的一条高速公路从G村村南半山腰穿越,不少村民外出打工即直接从高速路边拦车而行,减少了先去城里再转车的不便。由于G村地处曲阜和泗水县的边界处,和两者基本上等距离。有部分村民更倾向于到泗水县境内进行贸易。故G村的社会、经济、文化带有过渡性和混合性的特点,一方面由于地缘的关系,G村的贸易范围、通婚半径、人脉关系、种植结构与邻县村落有紧密关联,另一方面由于历史行政区划、人文风俗、方言俚语等的差异,使得G村与邻县村落的交流又保持着和而不同的特点。由于地处曲阜市的东南边陲,颇有点"天高皇帝远"的松闲,政令的传达和监督执行往往要比临近城区慢半拍,社会管理较为松散,再加上经济发展相对落后,上级领导似乎无暇顾及。在这样的环境下,G村的变化较为缓慢,变革的动力主要不是自上而下的改造,而是来自外出务工带来的由外入内的冲击,传统礼俗一方面在顽强地延续着,另一方面正面临着原旨被"偷换"乃至仪式断层的危机。

截至2020年的数据统计,G村共有人口943人,268户,可用耕地面积

1 420亩。这里是一个典型的熟人社会,大家彼此互相熟识,路上碰面会热情地打个招呼,张家长、李家短地聊上几句。打招呼的称谓还是以血缘纽带为基位,在同宗同姓之间,打招呼要严格按照儒家伦理排辈分,不分长幼,却严辈分之别。只要辈分高,尽管年龄小也不能直呼其名,反之只要辈分低,即使年龄大,也可以直呼其名。在同一辈分之中,又分亲疏远近,五服以内,红白喜事都要聚集在一起,体现了差序格局的农村人际关系特点。

二、G村的经济社会生态

(一) G村经济与农民生活

1. 种植作物变迁:市场经济的侵蚀与浸润

在20世纪90年代之前,G村村民世代以务农为业。从种植种类上看,农作物以小麦、玉米、红薯、花生、大豆、棉花为主,覆盖了除水稻之外的几乎所有的五谷杂粮。这些庄稼多是一年一熟,这种种植结构即与该村地形地貌有关。G村村东北为丘陵沙土土质,适宜种植花生;南面为山地,黏土土质,一般种植地瓜和棉花;西面为粮食高产区,是可以引水灌溉的平原地,一年两季,轮种小麦和花生。

G村的种植结构不但与该村的土质结构有关,而且与国家的农业政策紧密相连。在粮食饥荒的年代,大面积种植的是高粱、玉米等耐旱且丰产的粗粮,直至20世纪80年代,由于持续3年的旱情,G村小麦等细粮颗粒无收,转而改种一种耐旱性特强的荞麦。在1978—1990之间,该村村民主要以红薯(当地人称地瓜)加工制作"煎饼"为一日三餐的主粮,白馍则只在节日或客人来访时才舍得吃。

1990年以后,随着国家经济生活的整体好转以及惠农政策的出台,村民开始大规模种植小麦,为此村集体兴修早已年久失修的水利灌溉设施。一方面疏浚、利用村里的两个现有水库,并积极与岭村东村协商,引东风水库之蓄水灌溉村西平原。后因水利纠纷以及远水难济近渴之由,村委贷款在村西平原地打了一口大机井,遂改变了G村"靠天吃饭"的灌溉史。于是玉米、高粱之类的粗粮逐渐退出了村西平原这块弥足珍贵的产粮宝地。这点可以从住校学生的干粮袋里得到印证：

> 我们读初中时（大致在1988年，笔者注），在距离村庄25里的乡中心中学，那时候乡西半部的片区经济条件较好，且离家较近，条件好的可以在学校食堂用小麦换馒头票或用钱买粮票、菜票，条件稍次的也可以从家里捎带包子、馒头。而包括G村在内的乡东片区则显然不同，学生基本上带足一星期的煎饼，蔬菜很少能吃得上。到1991年我升入高中后，小麦种植已较为普遍，家里的经济条件逐渐改善。在城里一中住校读书，一开始还是带一半煎饼，带一半小麦换成细粮（馒头）票，交济度日。我还记得当时校领导为了核发我的助学金，还专程驱车到我家考察经济状况，返校后校教导主任还自己掏钱买了很多食堂里的馒头让我带回家。到1992年左右，我和同村的同学才彻底告别了带了多年的煎饼，改革开放的春风才正式吹进了我们G村的口粮袋里。①

1998年前后，随着市场经济对农村的冲击，"民以食为天"的农本观念逐渐向考虑经济成本和收益上转变，外出打工的浪潮已经席卷了整个村庄，"长江后浪推前浪"，个体经济、私营经济在G村开始潜滋暗长，这些观念和风气的转变，也间接地体现在农作物种植结构的变化上。最先村民把村西的粮食高产区平原地当成细粮仓库，舍不得种别的作物。但90年代中期以后开始大规模种植果树，结果遭遇果丰价跌的成本危机。现在尽管国家有一定的种地补贴，开始计算成本的农民仍然不愿种他们昔日的宝地，而是改种成材较快的白杨树。究其原因，一是种树比种粮节约成本，只需花费树苗钱，几乎不需要后续管理和维护；而种粮则从种到秧苗生长的各个阶段再到收割，需要很多的维护和管理环节，种子、灌溉、农药等都耗资不少。再加上，农民在市场化的环境下，也开始计算劳动力的成本价值，而此前农民多不把自身的劳动时间计算在内。二是随着国家建设和人们对住房装潢的要求提高，以及森林的减少等因素，木材成为紧缺的资源。农民腾出他们的宝地，不再种小麦，也不再种苹果树，而是种成材快的白杨树，以卖树得来的钱买进生活必需的主粮面粉。目前70%的村西平原地已是绿

---

① 摘自对G村毕业大学生KHC访谈。

树成荫,由于树荫的遮挡,就连愿意种粮的农户也已坚持不下去了。昔日G村最好的良田,再也看不到农民"稻花香里说丰年",更听不到"蛙声一片",满眼望去都是小白杨,有的农户已卖过好几茬了。

从种植结构的变迁可以看出G村市场经济的衍化和蔓延。村北的丘陵地是沙土地,适宜于花生的生长。村南的山地属于黏土质,适宜地瓜、棉花等作物的生长。G村种植花生和地瓜的历史已有几十年,1949年后地瓜曾经作为干粮而优先广为种植,20世纪五六十年代全国以修治淮河为标志,山东省也掀起了修河治水工程运动,G村的劳力也应征"出夫",据当事人回忆,G村的壮劳力基本上都参加了徐州段的治淮、尼山水库、凤河水库等大型的水利堤坝兴修工程,而当时的干粮就是地瓜干。G村人民公社化以后,在后来的大跃进运动中,地瓜更是被大量种植,因为地瓜的亩产量比其他作物要高。1958年G村粮食大丰收,但该年全民皆兵,大炼钢铁,大家都在集体食堂里吃"大锅饭"。1959年余粮吃光,人们开始普遍感受到饥荒的况味。这时候村民饥不择食,很多人想起了上一年烂在地里的庄稼。只有地瓜埋在土里经年依然可以食用,于是大家纷纷到地里挖地瓜糊口,就这样地瓜被赋予了"救命粮"的经济社会学意义。一直到20世纪80年代,分家分口粮时,还把地瓜干当成主粮。

联产承包责任制在G村实行以后,随着"大锅饭"的终结,人们对物质生活的追求逐渐提高,贫富差距出现。村里富裕人家开始吃白面的馒头,而且对食用油也开始讲究起来。于是随着改革开放的春风徐徐吹进古老的G村,人们厌倦了地瓜、玉米等粗粮煎饼,开始精心种植小麦、花生、棉花等植物,小麦加工而成的各种面粉制品成为农民餐桌上不可或缺的主粮,人工榨取的高品质花生油也是农民炒锅中的首选。而载入历史记忆的地瓜和玉米等作物,其利用价值逐渐由维持生计转移到经济价值。1990年后大部分农民用地瓜和玉米喂猪,2000年后,G村出现了专业养猪户,主要喂猪饲料。家家养猪的小农经济模式解体,地瓜和玉米的出路再次变革,农民卖给了酿酒或生产粉丝的厂商。这样,几经转折,地瓜和小麦、小麦和果园、"救命粮"和"摇钱树"之间的争夺战,终于告一段落。农民对于种地的观念也实现了从"民以食为天""土地是命根子"的务农思想到"种地不如打工""种粮不如种菜"的观念转变。土地功能的流转,土地制度的变化,这些都将会影响到老年人的经济生活来源以及他们在儿孙面前的受尊崇

2. 住房变迁:"三百年岭南,三十年岭北,三年村西"

G村的居住地形较为复杂,一半村落位于平地(南半),另一半在截然高出的岭地之上(北岭),而且北岭地势东高西低,延伸至村西头,始于南半部分的平地齐平。这一村落结构的形成与G村社会经济发展的历程紧密相关。在1980年以前的漫长岁月中,全部村民居住在南部平地,房子结构半数为泥坯草房,半数为石头青瓦房,堂屋(正屋)一般为三间,院子里的左边(东边)为东厢房和厨屋,右边为猪圈、牲口棚、茅房、鸡舍等。

在公社化时代,北岭的西半部为生产队的打谷场、仓库和机器磨坊、牛栏等村集体公共场地,而北岭的东半部分则为农田。70年代出生高峰以来(70年代农村计划生育尚未严格执行),一般家庭有兄弟姊妹2~3人,而且基本每家都有男孩1~3人,无论在村民的观念中,还是在当地的习惯政策中,一个男孩就可以申请一套宅基地,故膨胀的70年代出生率直接导致村庄的扩大。村西面为平原地带,是水浇地的细粮主产区,故选择往北岭扩展。1980年后,北岭上出现了清一色的石头墙、白水泥瓦、木头橼的房子,随着地势东高西低、北高南低,层级排列。随着岭南人口的迁入,很快这块本无人烟的地方就鸡犬相闻了。

70年代末80年代初,人民公社的解体和分产到户,村庄集体财产的私有化,使北岭的西部地带空置,在1981—1991年这10年左右的时间里,这里作为晾晒和堆积谷物的打谷场而空置,每逢收获季节,这里便闹忙起来。比如6月份变成了打麦场,7月份成为打谷场,8月份成为花生晾晒场,9月份让位给地瓜干专场,10月份以后堆起了各种庄稼秧,成为儿童捉迷藏的天然乐园,次年春天二三月份,空闲下来的人们在这开阔的场地上放风筝。这段看场和游戏的大场地在G村人的脑海里留下了美好的回忆。时间仿佛在这七八年的时间里停滞了。1990年以后,这块集体空地被村委卖给申请宅基地者,约有40处崭新的院落在1990—1996年如雨后春笋般地冒出来,基本上都是四间的青砖青瓦房,外墙用水泥涂了墙皮,内墙用白水泥粉刷。在这第二股建房热潮的推动下,村落突破了其固有的边界,北岭由东向西延伸近1公里,形成了与岭下旧村面积相当的半壁江山。

2000年后,在村西头小学操场以及附近良田(小学原来有个长宽各100米的操场)里又新批了十几处宅基地,清一色地建起了二层高的砖混结构的楼房。相对于北岭一波紧接一波的房屋兴建,村南半部的平地地带在完成了胡同打通、街道取直的拆迁以后,也渐次进入了旧房翻新和重建的阶段,目前流行青砖红瓦结构,有的还在外墙贴上了瓷瓦,远远望去颜色亮丽。

仅仅20多年的时间,G村的房屋就发生了几个阶段的变化,用村里人的话来说,"一个比一个高级",这从一个角度也反映了当地社会家庭经济发展的速度。其间我们不难看出两次重要社会生产方式变革对当地村民收入增长和生活预期的深刻影响。第一次是推行家庭联产承包责任制,第二次是农村劳动力外出打工。2006年国家免除农民粮食税和其他税收以后,村干部失去了借机提留的机会,随着国家各种惠农政策的完备,很多对农业和农民的支持直接打入农民个人账户,也使得村干部对国家专项扶农资金的截留、克扣越来越难以操作。在此情况之下,在村委的运转经费以及村干部趋利性的驱使下,他们动起了土地流转和买卖的脑筋。村西头的良田呈现住房化的趋势,村卫生所、村委办公院已相继搬迁至村西头的平原地带,商铺、修理厂、手工作坊、养殖场等经济能手和专业户逐渐落户于村西交通便捷地带。而东北岭上80年代建造的石头房子正在逐渐空闲出来,由于地势较高,道路不平坦,交通不便,很多人家宁愿花高价钱去买村西头新开辟的宅基地,也不愿在原址重建新房。于是这一块方圆一里多的片区人口稀少,要么是放置柴草,要么就是便宜卖给或租给独居的老人。在本书后面的章节中,笔者还将走进这些被年轻人遗弃的老房子,与乡村里的独居老人展开对话。

3. 村庄街巷格局:"从葫芦藤格局到经纬交错"

G村的街道随着村庄的扩展和改造而变化。在改革开放之前,村里人口较少,全部居住在岭南的平地,而且都是聚族而居,一个大家族往往居住在附近。如孔姓基本上集中在A区,吕姓集中在B区,张姓聚居在C区,徐姓聚集在D区,胡姓定居在E区,其他还有些小姓人家住在边缘的F区。当时村里只有一条东西贯通的北大街,一条东西走向蜿蜒曲折的南街,和一条东西走向未能完全贯通的丁字形中大街,构成了G村80年代初以前的村内交通干线。另外,南北走向的胡同(巷)有十几条,需要指出的是这些胡同半数以上是死胡同,也就是说从大街进去的胡同里面,经常会有东西并列的十几户同姓人家。胡同到底便是主干家庭。世代聚族而居,分家后依然就近而住,自然而然形成了这种南北走向的死胡同和东西贯通的大街相连通的交通格局。

人民公社时代集体公有制对家族观念的侵蚀,以及以小家庭为单位的联产承包责任制的推行,逐渐解构了大家族互助式的生产模式,家族在生产和家族成员的保障方面所承担的历史使命渐趋式微。加上人口的激增,原有聚族而居的胡同格局已经容纳不下同姓的新生代人口,溢出去的年轻家庭迁至北岭这块当时看来新辟的家园。而且,这次北岭作为80年代人口村内移居潮的新片区,打破了原来以同姓为原则的居住格局,不同姓氏的年轻家庭按照村里统一划定的街巷居住在一起,所以到这时,"远亲不如近邻"的俗语才真正名副其实。北岭的住房规划格局是,以南北连通的巷为主体,两家的房屋并排相邻,前后由3~4户组成,所以南北巷子隔两家就有一条,而东西街道则要隔3~4家的院落有一条,构成了"井"字形的村庄新格局。由于北岭的新村和岭南的旧村街巷格格不入,难以贯通,20世纪90年代,村里开展了街道疏通的拆迁工作,以尽量把岭南旧村的死胡同打通,并与北岭的新街道连通。街巷不仅是农民出行的通道,而且是农村公共空间的象征,当然也是乡村社会结构在空间上的外化。农村聚族而居的群落结构被街巷空间肢解,农民在方圆1公里的村落内通过居住地的变动实现了从族亲认同到邻里共处的诉求转变,远亲不如近邻,血缘趋向于地缘的关系。这点可以从春节拜年的习俗中得到印证,原来只在同宗、同姓中按照差序格局进行的拜年行为,如今发生了很多的流变。一方面,局限于"一家子"的拜年几乎要辗转至大半个村庄,体现了上述的同族居住分散化;另一方面,拜年也拜进了原来无太多交往的左邻右舍家里,人们的交际圈已经超出了"五服",演变为亲朋好友、左邻右舍各种关系网的会通。今天的G村,5条东西大街由北到南依次贯穿村庄的两头,其中中间的称为中心大街,在2000年左右铺上了柏油,路面宽约10米。北岭上的次中心大街,在2008年新农村建设中也用水泥铺砌平整,以防止夏天自高而下雨水汇流的冲刷。目前这两条大街上已安装上了路灯,显示了新农村建设的新气象。不过,路灯只在春节以及特殊的节假日里才会亮,更多时候成了一种摆设。6条北高南低的长巷纵穿村子的南北,村民称之为"经六纬五"的村庄街道布局。

G村的交通主要靠一条狭长的乡村公路通往曲阜市区,近些年,修建高速铁路的步伐加快,京沪高铁在曲阜设立站点。为了兴修京沪高铁曲阜路段,一些满载沙石的重型卡车时常从乡公路上驶过,于是这条唯一的乡间公路也年久失修,到处坑坑洼洼,车子经过都要小心翼翼,颠簸得厉害。村里的人们抱怨连连。2011年的夏天,乡里终于对这条遭受百般碾压的乡公路进行了整修和翻修,不过路面依然不宽,仅容两辆中巴对驶而过,这与近几年乡村日渐增多的车流量并不相称。

4."山不转水转,水不转人转"——外出打工经济的盛行

20世纪80年代以前,G村和全国其他各村一样,绝少人口的外出和流动,人们生于斯、终于斯,最大的活动半径就是到曲阜城区买卖东西。很多的农村妇女连方圆几十里的乡境都没有走出去过,"大门不出,二门不迈,整天围着锅台转"。三里路外的邻村,每5天有一次集市,附近村庄的农民都赶集来买东西,10公里开外的蔬菜种植农民和服装批发商贩均来此卖货。但这个农村集市基本上都是外部商品输入,本地的农产品则要远赴20公里以外的城区去销售,而且由于是农民个体经济,缺少规模经济的效益,交易成本很高。

多年来G村农民"窝"在这个自给自足的小农经济母体内,封闭落后,年轻人也是"家雀蜷身恋屋檐"。此处以村庄建筑队为例说明之:在1995年以前,村里没有建筑队。在1990年之前建造的老房子是石头房子,当时盖房,都要由户家"找人",也就是邀请具有泥瓦匠经验的村民来"帮忙",管吃管喝,每人每天两包香烟。所以,那时候还是完全的人情社会。建房子只要花建筑材料的费用,不用花费专门的人工费,村民还没有商品意识。

20世纪80年代,随着人民公社的解体、改革开放的深入、中国城市化进程的加速,农村剩余劳动力冲开了原来的城乡封闭体制,打工潮出现。蜗居在G村的青年人摇身一变,"大鹏展翅冲霄汉",来到城区、省城、沿海经济开发区,甚至北京、上海、厦门、广州、西安等远方的大城市。堪称G村第一代农民工的他们饱尝了拓荒者的艰辛。据调研,G村在1988—1998年曾经有过多个打工同伴网络,这些网络分布在济南、青岛、烟台、厦门、西安、北京等地,每个网络都有二三十人,联系纽带为亲戚、乡谊等,相互引领,相互关照。由徐氏兄弟开辟的济南洪联水泥厂打工队,堪称其中的一个典型。徐氏兄弟在该水泥厂打工近十年,他们已经在该厂做到车间主任和工段长,在他们的引领下,家乡有20多号人来此

长期打工。他们亲身经历了乡镇企业在1990—1995年间的辉煌,那时候他们每个月的工资加上加班费约有400~800元,相比家乡里的务农收入要高出一大截。由于徐氏兄弟的勤劳能干和好人缘,洪联水泥厂厂长等领导还几次开车来G村探访,一来为了给徐氏兄弟"面子",二来也是做招工宣传。徐氏兄弟一下子从穷兄弟变成了村民眼中的"打工皇帝",逢年过节家里来客络绎不绝。

1998年前后,随着乡镇企业的衰落,洪联水泥厂利润下降,工人福利直降,濒临破产。与此同时,建筑、装潢、服务业等行业逐渐兴盛,徐氏兄弟打工队被迫转移。有一些成员另寻高就,而徐氏兄弟核心成员则选择了返乡创业。多年在外打拼的经验和不安于现状的创业勇气,驱使他们思考探索一条因地制宜的、可持续发展的致富之路。兄弟二人相继从1998年开始贩卖当地的花生,当时用毛驴拉地排车到城区交易,两年后换成了手扶拖拉机,2003年又换成了时风牌的机动三轮车,2005年后,家里已经拥有了两辆大型的农用柴油三轮车,2010年在村西新建了花生米加工厂房,并在邻村设置分厂,成为一家集花生米挑选、压榨、贸易为一体的销售专业户,每年净利润二三十万元,成为G村的经济能手。兄弟俩以其资产和信誉为担保,乡农行贷给其近百万的扶农资金,厂房每天都有留守的老人和妇女前来"帮忙",以挣取每天一二十元的手工费。

而大部分的青壮劳力依然在村内找不到致富的出路,由于地理位置比较偏僻,G村没有村级的工业和企业,经济较为落后。

> 咱村人均年收入是3 000元左右。村集体经济薄弱,村里每年都在谋划,但是咱这里地偏僻,发展太难了。国家实行了农业补贴,现在农村种地一亩补贴90多块钱,一个四口之家有2亩多点地,也就补贴200来块钱,派不上大用场。现在人都舍地了,也就是50多岁的人在家种地,年轻点的大部分都出去打工了,在村里发展太困难了。人家来投资的,一看咱村里这个条件就不来了。①

留守在村里的年纪稍大的人,谈起年富力强的外出青年来还一脸羡慕:

---

① 摘自对G村村支书XGA访谈。

咱这出门打工的,能走的全走了,村里已经没有年轻人了,现在办个红白喜事的都找不到个年轻的帮忙了。听说外头有的窝一天能挣八九十块钱,还管三顿饭,隔上几天还吃一顿肉,可好了。①

据村支书透露,村里近两年外出打工的人数在 220 人左右。近的到曲阜、济宁、济南等处,远的则跑到青岛、威海、大连等沿海地区。近几年,"谁说打工女子不如男",妇女也加入了外出的行列。不但小姑娘早已成为服务业、轻工制造业、房地产中介等行业的熟练工人或"资深"闯荡者,40 多岁的妇女也会跑到烟台海边晒海带,女性对家庭收入贡献的增加,进一步扭转了重男轻女的观念,成为农村男权主义的解构者。

农忙的日子,外出的人们会赶回村里收割庄稼,收获完毕后又四散各方。村里剩下的多为 50 岁以上的中老年人和 10 岁及以下的孩子。"村庄",在某种意义上成为"从城市回来的人"与"去城市打工的人经常往来"的"空间"。年轻人上完初中,如果觉得考学无望,往往会中途辍学,然后外出打工。到了年底,分散在外面的年轻人都从四面八方赶回村庄过年,平日里稍显冷清的村庄终于有了些许年轻的气息。笔者留意观察过,近两年年轻人五颜六色的头发和奇形怪状的衣服逐渐增多。农村的集市 5 天一次,每到赶集的时候,抹着红嘴唇、穿着高跟鞋的姑娘和头发染成黄色的酷酷小伙时不时地从村民眼前飘过,脸上都带着骄傲的神情。尽管村里年纪大的人对年轻人的装扮还看不太惯,但村里的人却津津乐道于谁家的孩子在外面打工赚的钱多,谁家的孩子在外面混得不错,谁家的孩子有本事自己领回了媳妇。

年轻的男孩和女孩子们在外面"漂"着,虽然辛苦劳累,但他们有年轻的资本,有体力优势,比起闭塞的乡村、贫乏的日子,他们更向往并很快适应外面灯红酒绿的城市生活。未来在哪里这个问题并没有即刻摆上日程,可以不去想它。而一些年纪稍微长点的中年人就没有这种幸运了,在外面晃荡了几年后,他们体力逐渐不支,技能日渐缺乏,他们被甩出了城市化迅猛发展的轨道,只能再次回到久违的乡村,而乡村也以宽广的胸怀再次接纳了他们。30 多岁打工归来的 KXQ 如是说:

---

① 摘自 G 村街头闲谈。

我现在不想出去了,在外面上班撇家舍业的,工资不高,加班加点的受人家管制,也不自由,人家还不给好脸看。我现在在家里学种地呢,以前真没好好干过农活,得跟家里老头好好学着。……你问哪边好啊?呃,农忙嘛一阵也就过了,在家里咱自己说了算,想干就干,不想干也没人管。①

(二) G村政治

随着中国城市化进程的加速,国家建设的重心早已实现了从乡村到城市的转移,农村基层政权的民主选举,以及村官的投票选举等政治制度改革,引起了乡村地方势力之间的角逐和较量。宗族、现代乡绅、乡镇领导等不同的阶层和组织,各自利用自身的政治和社会资源展开博弈。中华人民共和国成立后,中国共产党借助于农会等革命组织,在农村站稳了脚跟,对农村的经济社会关系进行重新调整,发展积极分子为党员,把忠于社会主义事业的一批政治上先进的农民扶上村领导的位置。"文化大革命"期间,"破四旧"冲击了农民的家族观念和小农意识。人民公社化运动又从经济和社会层面解构了农民的个体私有经济,倡导并营造社会主义集体所有的公有制。这种社会运动型构了农民对于党和政府的绝对信赖,"有事找大队""到公社评评理"等成了农民的口头禅。这一时期家族、家庭在社会生活中的支配地位降低,党和政府在乡村政权和各种运动中取得了对农村社会生活的干预和支配权,"家事少了,国事多了;私事少了,公事多了"。养老、夫妻吵架以前这些"清官难断"的"家务"事,也纳入党和基层政权的关注视野。对于孝的纠纷原来都是在宗祠里由本族人按照族规家法论断,随着祠堂的拆除和毁坏,家族的部分管理事务被熟人社会组成的村基层政权接管和替代,后来的村民委员会成为代表政府与村民互动的制度载体,调解纠纷、维护社会风气的重任也就由家转移到了村社之上。

1978年改革开放以后,人民公社解体,家庭联产承包责任制重新奠定了家庭为单位的生产模式。家庭生产地位的回归,牵动了包括经济、分配、社会等关

---

① 摘自对G村KXQ访谈。

系在内的家庭场的变迁。同时,随着改革的深入进行,国家通过村民自治的方式实现了对乡村社会的有效治理和整合。计划经济时代的终结、市场经济的发展使得农民的个体化发展凸显,农民的个性增强。尤其自 2004 年废除延续 2 000 年的农业税后,农民不但不再交公粮,而且还享受种粮补贴。农民的人身自由和生产自主性得到了极大解放。很多老人在访谈中也感慨万千:

> 现在这个社会,没有的社会。现在这个社会好过啊,不纳粮不奉草的,种地还有补贴。门时(当地方言,以前的意思)你不吃也得纳粮去,还有四盒子队(土匪),带着枪,到处抢东西,你连觉都不能睡,得到处跑。现在你做买卖,做多大都没人管,那要放了以前就是投机倒把,全部给你拿走,一件都不给留。①

1949 年以来,经济社会体制的变革,也引起了农民观念的极大变迁。农民原来固守的"耕读世家"的农耕本体价值观渐趋式微,"一等人忠臣孝子;两件事读书耕田",随着"破四旧"和家族制度的解体,孝道沦落。读书以前被赋予很高的地位,"万般皆下品,唯有读书高;少小须勤学,文章可立身;满朝朱紫贵,尽是读书人",科举成名被称为跳龙门,"书中自有颜如玉,书中自有黄金屋",读书能给士人带来入仕的机会和富裕的生活。小农经济基础之上滋生的是对权力的顶礼膜拜,但是无权无势的弱势群体最渴望得到的依然是权力,他们真正敬佩的不是人才,重视的也不是知识,而是能够换来的财富和权力,而且在"权"和"钱"之间,倾向于权力的拥有。村中亲戚也曾对笔者说:"有机会还是考公务员吧!当个教师没啥大本事,顶多能照顾到自个家里;当官人人看得起,亲戚朋友都能跟着沾光。"近年来,随着国家的扩招,该村大学生人数进一步增加,1980 年以来 G村考上大学的人数在 40 人以上,2000 年以前毕业的大学生基本上都找了体面的工作,尽管不是传统社会的"跳龙门",但也至少"跳出了农业社"。"你们上学那么管,一个月得挣很多钱吧,这可是一辈子的铁饭碗了,不用再种地了,放个假也不耽误钓鱼。"②但 2000 年以后毕业的大学生,尤其不是名牌大学毕业的,国家已经不包分配了,自主择业,"百无一用是书生",这些毕业生在外面找不到体

---

① 摘自对 G 村 XGQ 访谈。
② 摘自对 G 村 XJ 访谈。

面的工作,又放不下大学生的架子,回家连个媳妇都难找。在这种"读书无用"的环境下,很多农民家庭选择了让孩子读完初中就辍学外出打工赚钱,回家盖新房娶媳妇。

(三) G村婚姻

G村近1 000口人,男女比例基本平衡,但G村的婚姻嫁娶却呈现出不平衡的诸多特点:

第一,农村重男轻女观念严重,但现实生活中女孩找对象比男孩容易得多,"有剩男无剩女"。"瘸腿的残疾和智障女都能找到婆家",但家里贫穷、"父母再不是个样"的小伙子可能在家里找不到媳妇,更不用说残疾男青年了。农村重男轻女的现象根源于父权制的遗留,在当今的G村,养儿防老,"十个插花女不如一个瘸腿的儿","嫁出去的女儿泼出去的水",给女儿的除了陪嫁的嫁妆以外,按照当地的礼俗便不再分享家里的任何房产和财产,包括父母的遗产。

第二,几十年过来,G村的通婚圈大致固定。其中的一个明显特征就是"人往富处走,东西一条线;姑妈带侄女,不出一大片"。具体来说,G村的姑娘出嫁要么在本村找个家境优越或有出息的好小伙,要么就沿着乡中心公路往西(城里)方向找对象,基本上没有偏离这一大方向。而本村的媳妇则与之相反,大部分从东乡或南面、北面的邻村出嫁而来。上一辈的姑奶奶,把家乡的外孙女、外甥女、侄女及其女儿介绍到G村来,久而久之,G村的媳妇很多都有点沾亲带故。

第三,外来媳妇。如上所述,本村女儿都往"西乡"嫁,而西乡的姑娘又进一步往城里嫁,造成了以城市为中心,优势人口资源的集聚。近年来,随着东面邻县经济的发展,交通的改善,东乡的女孩也把求偶的目光转向邻县的城市,原来历史上形成的"G村姑娘嫁西乡,东乡姑娘填G村"的婚姻格局被打破,相对偏僻落后的G村出现出多进少的人口倒流现象,由"有进有出"变成了"进少出多"的单向流动,男性"光棍"呈增多之势。本地资源的局限,使得很多在家娶妻无望的年轻人被迫走出十里八乡的通婚圈,告别"无缘对面手难牵"的无奈,转而在远走他乡的打工生涯中追逐"有缘千里来相会"的机缘。据调查发现,该村约有近

20位青年小伙在外出打工期间"讨到了老婆",成为村里十几岁左右辍学打工者艳羡和模仿的偶像。还有一批"既不帅,也不嘻(当地方言,嘴巴伶俐的意思),也不富"的G村青年,尽管有着多年的打工经历,也难以觅到"愿跟随回家过日子"的对象。于是,第三种出路浮出水面——到云南、四川等少数民族居住区去讨老婆。一般是给中间人(介绍人、媒人)几万块钱,再给女方父母一些钱,便可以带来一起领取结婚证。这种现象在G村附近很多,情况比较复杂:有的带有人贩子的味道,初来乍到的外地女孩往往半推半就;有的是利用这种买卖婚姻合伙骗财,附近几个村庄都有这种案例,"买"来的媳妇住上十几天甚至几个月后逃走,重新再去骗人诈财。当然,也有落后地区的少数民族女孩真心想在G村安居乐业、生儿育女。近十年以来,这些外来媳妇有几十位,她们带来的文化与本地媳妇自然不同,在G村生活久了以后,语言、习惯等也逐渐被同化。但她们毕竟给古老G村的社会生活和人际关系带来了一些"新奇"的元素。经常听到孔姓大妈夸其云南嫁过来的儿媳:"人虽然长得黑了点,但不丑,心眼实,而且勤快能干,懂得孝敬父母,我很知足。"

第四,权和势的结合,门当户对的联姻。如上所述,本村女孩也有留嫁本村男孩者。只不过,基本上都是门当户对的结合。比如村干部子女之间的联姻,生产队一队长的儿子讨二队长家的女儿做媳妇,尽管女孩比男孩大3岁,这门亲事依然成功。同样还是一队长的女儿则又嫁给了村支书的大儿子。又如,村里八九十年代的霸主KXM有3个儿子和1个女儿,3个儿子个个身强力壮,生性野蛮,父子四人均在村里干杀猪的行当,在当时赚钱不少,称得上"财大气粗拳头硬",动不动打架就动杀猪刀,村民一般不敢惹。他家的女儿就嫁给了村治保主任的儿子。

(四) 村庄里的老人

从普遍的意义上来说,"老年"并不单纯是年龄范畴的概念,在某种意义上,它还属于社会范畴或文化范畴。判断一个人是否进入了"老年",既取决于他的年龄状况,也取决于他所在环境对"老年"或"养老"的认同。而这些标准在不同的区域是不一样的。

学者郝瑞在对中国台湾地区乡村老年人的研究中,以注重人们晚年的"相对变化"为策略,采取了一种较为弹性的标准。他认为:当人老到八九十的时候当然属于"老"的范畴,但大多数人由中年向老年的过渡似乎发生在60岁中期,这期间包含了一系列相关的变化。男人在管理家庭的事务中的角色越来越小,女人们也将操持家务的责任交给了儿媳,尤其是当他们的孙子辈都已长大成人的时候。所有这些变化不是立刻发生在每个人身上的,但这些都是变成老年人的信号。①

上文说明:一个人是否被认为是老年人,不仅和他的年龄相关,也与他在家庭和社会关系中行为和地位的相对变化相关。

G村里的老人们同样如此,年龄上的60周岁对他们来讲仅仅是60周岁而已,并无其他特殊意义。在身体还能吃得消的情况下,G村的老人们依然需要参加生产劳动,为大家庭或小家庭创造力所能及的财富。农忙时节,笔者经常可以看见70多岁的老人也在田间劳作或傍晚劳作归来。孔家老奶奶年龄92岁,秋天农忙花生集中拉回家的时候,老人晚上摔花生果到12点钟才肯停歇。那么,一个人到底在什么时候才可以被其他村民接受是一位"老人"了呢?调研发现,现在的乡村老人多半是多子女家庭,帮每一个儿子成家立业并建立自己的小家庭,是他们自认为无可推卸的责任。在他们看来,在只有完成这些,他们才算尽到了做父母的职责。也只有这样,他们才会被村里其他人认为具备了"老人"的资格。

据村里资料显示,目前G村60周岁以上的老人共有300多位,占到了村庄总人口的近1/3。村里没有养老的社会保障,大部分的老人仍然倚赖着传统的养儿防老。

> 村里对60岁以上的老人没有啥补助,逢年过节的也没有啥表示,没有办法,村里的办公经费都很紧张,村里的老人养老就靠自己的儿了。本来80岁以上的老人,全国定的文件是有优惠政策的,有生活补助。这个报纸上也登了,可是还没落实到村里来。现在落实的只有粮食补贴和小麦补贴。②

---

① Garrell, Stevan, *Growing Old in rural Taiwan*, *Other Ways Of Growing Old—Anthropo-logical Perspectives*, Pamela T. Amoss and Stevan Garrelled. Stanford University Press, 1982.

② 摘自对G村村支书XHA访谈。

以上是笔者2010年回G村时的访谈。时过境迁,近几年来,国家对农村的经济发展、农民的日常生活方方面面都越来越重视,颁布了多项政策对农民进行补贴,而且直补到户。2013年春节回村,笔者在调研时听到了一个利好的消息。国家对60周岁以上的老年人有养老保险了,从2012年下半年开始,每月55块钱,每人一张邮政储蓄卡,在乡里的邮政局直接凭证件领取。2019年笔者回乡调研时,可以领取的养老金已经涨到了每月近150元,岁数大一些的,或者平时缴费多一点的老人甚至能达到每月近200元的数额。当然也有领取的条件,即老年人的子女每年须缴纳300块钱的养老保险金(这个保险金是未来保障其自身的)。大部分的年轻人都能够做到按时缴纳,也有极个别的年轻村民不缴纳,他们年老的父母也因此受到牵连,要么不能享受此项待遇,要么只好自掏300元交上。

时代见证了村庄居住条件的变迁,同样也记录了村人未雨绸缪提前为下一代所作的努力——在孩子未成年时即要盖好新房(婚房)。"在村庄中,住宅是社会地位的标志。"①在这个复合的居住群落里(笔者按照住房的地理分布和建筑条件把村庄分成几个群落),演绎着30年前后村人的梦想与追求,回报与寄托。壮年时曾建过2~3处新房的父母,目前多居住在最老旧的房子里。随着80年代计划生育在农村的强化,G村人口上升态势大减,再加上外出经商、读书、参军、打工留在外地(包括城市)的也有几十人,使该村人口由1 000多口降至目前的900多口。北岭东部的房子地势又高,交通不便,又是石头房子,故空置率逐渐上升。从居住群落角度来看,这里已变成一个"废弃"的房屋历史博物馆。住在里面的很多也是被遗忘和遗弃的老人。村庄的"房屋分配格局"实际上是中国乡村家庭变迁的缩影。"在所有制约个人行为和调适的制度中,可能以家庭最为重要,非其他制度所能与之相比。"②

于是,孝道便和村庄的社会经济变迁、和老人的创业史、和老人的养儿观、和老人对于家的理解、和村落村貌的变迁等牵连在一起。换言之,研究中国乡村孝道,必须要将其置于乡村的社会经济、居住群落、人脉关系、家庭结构、基层政权

---

① 杨懋春:《山东台头——一个中国村庄》,江苏人民出版社2001年版,第48页。
② [美]史密斯·布劳:《变迁社会与老年》(附录),朱岑楼译,世界图书出版公司1993年版,第273页。

结构、风俗习惯，乃至街头巷尾的社会场中进行。作为一个中国农村大系统中的小生态系统，笔者以为，以全息的视角来审视 G 村孝道变迁的时代背景、环境因素、支持系统，研判乡村孝道及秩序的未来走势及其因应扶持之道，可以为中国乡村社会文化的治理提供一个鲜活的实践案例。

第三章 "断裂"与"传承"：
新时期乡村孝道的话语与实践

　　孝道在中国具有深厚的历史根源和浓厚的社会基础，作为修身、齐家、治国、平天下的两大伦理准则，"忠"与"孝"在漫长的封建社会里曾发挥过重要的作用。近代以降，随着鸦片战争之后中国所面临的"三千年未有之大变局""四千年中二十朝未有之'奇变'"，中国的人伦政治、治理模式、思想观念等都在改变，清末新政和辛亥革命的发生，更是从制度层面上实现了新陈代谢，随后的新文化运动从思想根源和文化深层解构了君主专制制度的合法性与合理性问题，传播了民主的思想，根植了人权平等的观念，引起了思想上的解放。家庭伦理趋向于平权化。

　　"文化大革命"时期"破四旧"，主张阶级斗争，以"社会""阶级""集体""单位"等公有概念取代家庭和家族的私有观念，移孝为忠，培养对社会主义事业的忠诚和对党和政府权威的尊重。1978年的改革开放，是中国历史上又一次重要的社会经济和思想变革，市场经济的发展、民营经济的增长为民间社会奠定了基础，政府职能转变，社会自主管理，家庭在个人发展和养老等方面的重要性回归。国事、社事、家事逐级分工，国家的社会管理体制也在转型，但由于经济转型和社会转型的不同步，以及传统和现代观念的冲突，中国乡村孝道在名与利、自律与他律、个人与家庭、礼与法、情与理、现在与将来等不同的向度上呈现出失序与失衡的问题。本章将从文化断裂与传承的视角，对新时期乡村孝道的话语与实践进行全面扫描与深度分析。

一、传统孝道的内涵及其"秩序情结"

(一) 传统孝道的宗教含义:祖先崇拜与血脉相沿

在中国社会,家庭是个人生活世界的最主要组成,家庭伦理是中国人道德观的集中体现,而以孝为核心内容的祖先崇拜对中国人而言具有类似宗教的终极关怀意义。杨懋春在论及孝道时曾指出:"向来讲解此孝道者总是引经据典,以经解经,讲来讲去,更使人不了解其真意,作者不揣简陋,想抛弃旧的讲法,而用自己的观察和语言,作新的诠释。简单地说,孝是延续父母与祖先的生命。其整个含义可大约分为三层。第一层,即最基本的一层,是延续父母与祖先的生物性生命……孝的第二层含义是延续父母与祖先的高级生命……高级生命即具有社会、文化、道义等方面的生命……第三层的孝是作子女者能实现父母或祖先在一生中不能实现的某些特殊愿望,或补足他们某些重大而特殊的遗憾。"[①]杨宜音在其文章中指出:"对中国人而言,孝是一种终极关怀。中国人注重历史、崇拜祖先,时刻想到自己是从祖先那里来,要传到子孙那里去,于是,在'上有老,下有小'的血脉联系中,忠实于自己的家庭,心灵受到安慰,得到安顿。"[②]中国人从这种伦理生活中,深深尝得人生趣味。如孟子所说:

> 仁之实,事亲是也。义之实,从兄是也。智之实,知斯二者弗去是也。礼之实,节文斯二者是也。乐之实,乐斯二者。乐则生矣,生则恶可已也!恶可已,则不知足之蹈之,手之舞之!

敬老、孝老不仅具有社会延续的价值,而且具有文化信仰的意义。西方社会把生活与宗教信仰相联系,家庭中父亲在宗教上并无相对于儿子的优越权。中国人"未知生,焉知死""敬鬼神而远之"和"事死如事生"的世俗观念,使人更执着于现世生活,儒家思想便是显例,个人生存的价值不是在宗教上得到升华,而是在家庭中获得最大程度的实现。家庭即是现世生活的载体。中国人的家庭是

[①] 杨懋春:《中国的家族主义与国民性格》,参见李亦圆、杨国枢主编:《中国人的性格》,台北:桂冠图书股份有限公司1988年版,第133—179页。

[②] 杨宜音:《当代孝道蕴含何种内涵》,《北京科技报》2005年2月23日。

"血统的延续",就像是"从远古的祖先延伸到未来的一根绳索"。①祠堂里供奉的不是神像,而是祖先的牌位。中国人把祖先崇拜放在首位,强调父系血缘关系,生养儿子具有特别的意义,儿子成为祭祀祖先(包括自己年老去世以后)的守陵人,女儿则不具有这种祭祖的仪式继承人的资格。因此,"养儿防老"成为均衡社会成员世代之间取予的中国文化特质,已经远远超出养老的物质和社会意义。在中国人的家庭里,上一代以"不孝有三,无后为大"为训,下一代则以"光宗耀祖"作为毕生的奋斗目标。厚古薄今,崇拜祖先,把祖先神灵化,企图得到祖先神灵的保佑和荫庇。正因如此,传宗接代成为国人安身立命和实现终极价值的根深蒂固的观念。正如在采访村民中得出的共同观念一样,"人都是一辈一辈的,我已经完成使命了,至于孝顺与否就是儿子的事了,我反正操心给他盖了房子、娶了媳妇,对上(祖宗)对下(儿子)都有交代了"。可见,养老成为中国人家庭纵向联系价值链条中非常重要的一个环节,家庭养老的行动和过程在中国社会也因而具有了实现个人终极价值的功能。在实践中,它是通过生育儿子延续香火和儿子反哺养老这样前后连贯的续谱来实现。一个男人就是家族血统链条上的一环,当然在封建宗法社会中,要按照嫡庶长次确立不同儿子在继承家产和养老祭祖等方面的秩序。以父子关系为轴心组织起来的纵向式家庭成为一种普遍的家庭模式,在这种模式下,父母对子女的无私奉献和儿子对父母尽孝都是出于家庭延续的文化主义理想。加之家族本来就具有的学田、义田等族产,以及贫富相济、同姓相助的传统,使家庭养老成为人们的自觉行为。人们不仅出于自己的责任去赡养老人,而且更希望通过养老这种方式来使自己与祖先发生联系,于是养老成为家庭纵向联系中一个非常重要的中间环节。人们供养父母就像供奉祠堂里的祖先一样,这实际上是把父母提早升格为祖先。②老年人贴近神灵和祖先,相当于是儿孙们共同的、活着的祖先。只有生前对老人孝敬,死后才能庇佑自己及自己的后代出人头地、家族兴旺。

因此,对于古代中国人而言,孝道便具有一种特殊意义,起着类似宗教信仰的精神支撑作用。"中国自有孔子以来,便受其影响,走上以道德代宗教之路。"③"虽

---

① Baker, Hugh, *Chinese Family and Kinship*, London: The Macmillan Press Ltd, 1979.
② 李亦园:《李亦园自选集》,上海教育出版社2002年版,第161—162页。
③ 梁漱溟:《中国文化要义》,上海人民出版社2005年版,第95—96页。

然其中或有教化设施的理想,个人修养的境界,不是人人都能悟得其中滋味,但因其有更深意味之可求,几千年来中国人生就向此走去而不回头了。一家人(包含成年的儿子和兄弟)总是为了他一家的前途而共同努力,就从这里,人生的意义好像被他们寻得了。中国人生,便由此得了努力的目标,以送其毕生精力,而精神上若有所寄托,这便恰好形成一宗教的替代品了。"①故胡适在1954年春曾说:"我们中国是有宗教的,我们的宗教,就是儒教,儒教的宗教信仰,便就是一'孝'字。"②

(二) 传统孝道的世俗涵义:敬养兼施

中国传统孝道是一个复合概念,内容丰富,涉及面广。既有文化理念,又有制度礼仪。最早的"孝"意识可以追溯到原始社会。甲骨文中也有"孝"字,它的意思是小子搀扶着长满胡须的老人(《说文解字·老部》)。《尔雅·释训》云:"善父母为孝"。《孝经》上也说"夫孝,天之经也,地之义也,民之行也"。经过儒家思想2000多年的浸润,"孝"成为中国人最重要的行为准则,它的基本内涵包括:

第一,养亲与敬亲。"哀哀父母,生我劬劳";"哀哀父母,生我劳瘁";"父兮生我,母兮鞠我,抚我畜我,长我育我,顾我复我,出入腹我"。③父母含辛茹苦养育子女,子女长大成人之后,理应尽心竭力照料双亲,使他们安度晚年。养亲是孝最基本的含义,养亲为孝,不养亲即为不孝。④因此尽心照顾和赡养父母为儒家孝道最基本的要求。同时,《孟子·万章上》说:"孝子之至,莫大乎尊亲。"《大戴礼记·曾子大孝》里有"孝有三,大孝尊亲,其次不辱,其下能养"。把尊亲作为孝的最高层次。孔子说:"今之孝者,是谓能养。至于犬马,皆能有养,不敬,何以别乎?"(《论语·为政》)。对待父母不仅仅要提供充分的物质供养,更重要的是心中有爱,而且这种爱是发自内心的真挚的爱。孔子认为,没有爱的"养"和饲养牲畜没有什么区别。而对于子女来说,践行孝道最困难的就是时刻保持这种"爱",

---

① 梁漱溟:《中国文化要义》,上海人民出版社2005年版,第77—78页。
② 严协和:《孝经白话注释》,三秦出版社1989年版,第5页。
③ 高亨:《诗经今注》,上海古籍出版社1985年版。
④ 焦循:《孟子正义》,中华书局1980年版。

即心情愉悦地对待父母。

第二，赡养父母要能够尊重父母的意愿，以礼侍奉。用孔子的话说就是"无违"。"无违"有三层含义：一是无违于礼，二是无违于父道，三是谏亲。谏亲指即使父母有过错，也要讲究方式和方法委婉进行劝谏，不能陷父母于不义。纵使劝谏不成，仍要恭敬和理解父母，不能心生怨恨，等在方便的时候再开导父母。"父在观其志，父没观其行。三年无改于父之道，可谓孝矣"（《论语·学而》）。在父母死后，子女还要继承父母的遗志。

《孔子家语》里记载，孔子曾教导曾参如何应对父亲的棍责，做到"无违"。

曾子名"参"，字"子舆"，是周朝春秋时期鲁国人。他与父亲曾点都是孔子的优秀学生。曾子非常孝敬他的父母，尤其是他顺承亲意、养父母之志的孝行，成为后世普遍赞美和效仿的典范。

> 曾子铲瓜地，不慎铲断了瓜秧的根儿。曾皙大怒，拿起大棍子打曾子的脊背。曾子被打倒在地，不省人事，好久才苏醒过来。他高兴地站起来，走到曾皙面前说："方才，我得罪了父亲，父亲用力教导我，该不会累病吧？"
>
> 曾参回到屋子里，拿起琴边弹边唱，想让曾皙听到，知道他身体康复了。
>
> 孔子听到这件事很生气，告诉学生们说："曾参若来，别让他进来。"
>
> 曾参自以为没有过错，让人去向孔子请求。孔子说："你没有听过吗？从前瞽瞍有个儿子叫舜，舜服侍父亲时，父亲要使唤他，他没有不在旁边的；瞽瞍找舜，想把他杀掉，却从未曾找到。父亲用小棍子打他，他就等着受过挨打，用大棍子打他，他就逃走。所以瞽瞍没有犯下不行父道的罪责，而舜也没有丧失众多的孝道。今天你服侍父亲，舍弃身体来等父亲大发雷霆，死也不躲避，死之后就让父亲陷于不义之地，有哪一种行为比这更不孝的呢？你不是君主的子民！杀害君主的子民，这样的罪过有哪一种比得上呢？"
>
> 曾参听到这些话，说："我的罪大呀！"于是到孔子那儿请罪。①

从以上这则故事中我们可以看出，古人对父母的尽孝层次很高，形神兼备，

---

① "曾子受杖"，参见刘乐贤：《孔子家语》，北京燕山出版社2009年版，第103—104页。

不但提供父母的衣食住行所需,而且要顺从父母的心愿,以父母作为做事的出发点和核心。"小棰则待过,大杖则逃走","待过"是为了让父母解气,"逃走"是为了让父母免罪,可见两者均以父母为优先考虑的对象,孝和敬关联在一起,体现了中国古代孝的标准和内涵。

第三,孝敬父母要做到葬之以礼、祭之以礼。孔子说:"所重:民、食、丧、祭"(《论语·尧曰》);"生,事之以礼;死,葬之以礼,祭之以礼"(《论语·为政》)。主张丧事应有悲痛之情,而不应铺张浪费。孔子认为祭祀时关键在于虔诚与恭敬:"祭如在,祭神如神在","吾不与祭,如不祭"。这种事死如事生的态度,说明前人非常重视后事。而面对死亡这一悲剧性的事件,与宗教不同的是中国人更多关注的是现世生活,"敬鬼神而远之",通过血脉的延续,加上丧葬仪式,使祖先精神上获得不朽。在男权社会里,女性被排除在祭祀和养老送终之外,于是"孝"还派生出"不孝有三,无后为大"的子嗣观。

第四,孝以立身。《孝经》云:"安身行道,扬名于世,孝之终也"。即是说,做子女的要"立身"并成就一番事业。儿女事业上有了成就,父母就会感到高兴、感到光荣、感到自豪。因此,终日无所事事,一生庸庸碌碌,也是对父母的不孝。这点可以从中国人的成名意识里找到佐证。"了却君王天下事,赢得生前身后名。"(辛弃疾《破阵子·为陈同甫赋壮词以寄之》)。"叙穆叙昭,祖有德,宗有功,具见诒谋远大;伦常伦纪,孙可贤,子可孝,即能继述绵长"(徽州冯村冯氏宗祠叙论堂联)。还有人把后世子孙的成就和祖先积下的功德、祖坟的风水紧密联系在一起。这些都反映了始于"孝以立身",止于"忠以事君",直至恩荣世家,青史流芳。此之谓"孝之终也"。

由上观之,在五千年的历史长河中,孝文化和尊老文化是中华传统文化的重要内容之一。中国孝文化从家族衍生,以亲子关系为核心,以"孝"为传统伦理文化的支撑点。它大大加固了父母与子女的关系,增强了家庭和家族结构的稳定性。整个社会在崇尚"无我"精神的氛围中(重礼俗,厚情感)彼此相处和好。道德为礼俗之本,而一切道德又莫不可以从孝道引申发挥。孝道之民,构成礼仪之邦。也就是通常所谓的"国家即礼仪,礼仪即国家"。经由国家行政手段的推进,孝道的伦理和道德观念,深深地根植在整个社会意识之中,渗透在每一个中国人日常生活的各个层面。尽管几千年来的中国人际关系和代际关系有许多不尽合理的地方,但从历史的宏观角度看,它为社会的和谐运作,民族的生存、发展、团结作出了巨大的贡献。

(三) 孝道规范的礼仪化:社会秩序与社会控制

中国孝道始于家庭养老,止于忠诚事君。对尊、亲的敬与孝,树立了长幼有序、亲疏有别、忠孝一体的家天下格局,形成了孝治天下的德政、仁政社会政治秩序。香港中文大学社会学者张德胜认为:中国自秦始皇统一天下以来的文化发展,大抵是沿着"秩序"这条主脉而铺开。换作美国人类学家露丝·本尼迪克特(Ruth Benedict)的说法,则中国文化的形貌,就由"追求秩序"这个主题统合起来。儒家伦理千条万条,但归根究底,不外乎从一个"追求秩序"情结衍生出来。①道德文章总是联结在一起,以符合内圣外王的政治伦理秩序。

在社会学意义上,社会秩序的基础大致可以分为两类:第一类与规范有关,第二类则纯粹从利益考虑。如下图所示:

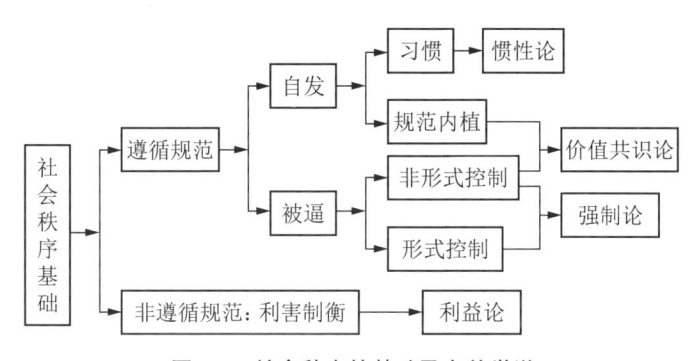

图 3-1 社会秩序的基础及有关学说

西方社会学者艾朗逊(Elliot Aronson)将遵循规范的动力归为三类:一是就范(compliance),专指在威逼利诱的情况之下的遵循;二是认同(identification),个人认同某人或某群体,从而遵循其所信守的规范;三是植入(internalization),通过教化过程,把社会的规范内植于个人心中。三种遵循动力之中,以植入最为有效,因为规范已经变成了个人之所欲,动力发自内心。反观就范的动力,完全

---

① 张德胜:《儒家伦理与社会秩序》,上海人民出版社2008年版,第3页。

是外来的，要在别人监视之下方始生效。认同并不像就范那样，要以赏罚作为后盾，然其对象毕竟存在于身外，故其效力介乎植入与就范之间。

在孩提及青少年时代，通过认同而遵循规范是常见的现象。长大之后，则并不普遍。所以对于成年人来说，植入与就范是遵循的两大动力。前者是自发的，后者是被逼的。在自发的遵循中，有时是意识着要这样做，有时则纯粹是习惯使然。至于被逼的遵循，就压力的来源可分为形式控制和非形式控制两种。前者指专门负责控制的机关，如警察、法庭、监狱等；后者则指民间的相互约束，以社会压力为主，常见的方式包括流言和闲话。①

按照上述社会秩序基础的有关理论，孝道在古代中国即是一种"植入性规范"，正是依靠一整套约定俗成的"礼"和"礼仪"，社会才确立起稳定的秩序。从社会控制的视角来看，"礼"不但直接参与维护社会秩序，而且还渗透到"法律"之中，影响法治的精神。如秦汉时期，国家律令体系开始奠基，"自汉萧何因李悝《法经》增为九章，而律于是乎大备，其律所不能赅载者，则又辅之以令。"②自此以后，在承认大一统王朝律令体系的前提下儒学者援礼入律，历经改造，至《唐律》时礼的精神在律法条文的解释中占了支配地位，《四库全书总目提要》评价唐律："一依于礼"，出入得古今之平，成为此后中国刑律之准则。这说明中国古代的王朝国家治理制度，主要依靠的不是"政"与"刑"，或者说它们不是其治理的理想诉求。而且，就其达到的"形式控制"之惩戒而言，也已经在"礼教"中得以体现，缺乏礼教指引的刑律在实践中不具备合法性。据此，孟德斯鸠指出："中国的立法者们主要的目标，是要使他们的人民能够平静地生活。他们要人人互相尊重，每个人时时刻刻都感到对他人负有许多义务；要每个公民在某个方面都依赖其他公民。因此，他们制定了最广泛的'礼'的规则。……中国的立法者们所做的尚不止此。他们把宗教、法律、风俗、礼仪都混在一起。所有这些东西都是道德，所有这些东西都是品德。这四者的箴规，就是所谓礼教。中国统治者就是因为严格遵守这种礼教而获得了成功。中国人把整个青年时代用在学习这种礼教

---

① 但社会秩序的基础并不全然建立在规范之上，有时只是通过利害制衡约束。这类控制手段与被逼性遵循的原动力一样，都来自压力。不同之处在于，后者仍有规范可据，前者则无规范可言。譬如冷战期间美苏两国互不攻击、相安无事，并非因为某方受到对方的压力而依从一套规范，而是以实力互相牵制，以致彼此不敢造次。此处参见张德胜：《社会原理》，台北：巨流图书公司1986年版，第239—240页。

② 薛允升：《读例存疑》自序，光绪26年。

上,并把整个一生用在实践这种礼教上。文人用之以施教,官吏用之以宣传,生活上的一切细微的行动都包罗在这些礼教之内,所以当人们找到使他们获得严格遵守的方法的时候,中国便治理得很好了。"

对于中国人如何实现了宗教、礼仪、风俗、法律的这种结合,孟德斯鸠认为,中国的立法者们认为政府的主要目的是帝国的太平。在他们看来,服从是维持太平最适宜的方法。从这种思想出发,立法者认为应该激励人们孝敬父母。他们集中一切力量,使人恪遵孝道,并且制定了无数的礼节和仪式,使人无论双亲在世与否,都能恪尽人子的孝道。……老吾老以及人之老,幼吾幼以及人之幼。由此推论,老人也要以爱还报青年人,官吏要以爱还报其治下的老百姓,皇帝要以爱还报其子民。所有这些都构成了礼教,而"礼教"构成了国家的一般精神。①

由上可见,尽管孟德斯鸠对中国政体人伦关系推论之基础并不完全可靠,而且对中国宗教之复杂特点并不了解,但其对于礼教与国家、孝道与社会秩序之间关系的洞察却颇有见地。孝道在整个礼教中占据了核心位置,而家庭则是安邦立国的基础。在人伦关系中注重的是个体之于别人、家族、国家应负的责任和义务,是一种为他性的道德准则。而国家的法律也是法、理、情的统一体。该种治理结构可用图 3-2 表示:

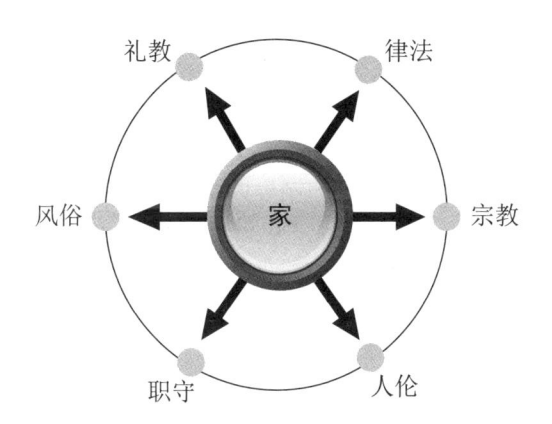

图 3-2　法、礼、情统一的治理结构图

漫长的中国封建社会奠基在小农经济的基础上,以三纲五常的伦理秩序维

---

① [法]孟德斯鸠:《论法的精神》,张雁深译,商务印书馆 1987 年版,第 312—316 页。

持着士农工商的社会阶层和家国同构的社会政治结构,王朝国家周而复始地循环更替,只有经世安邦的儒家学术依靠"半部《论语》"治天下,并且经过程朱理学的改造,以学辅政,外化形成一系列的礼教规范。"礼失而求诸野",在中国的乡村社会中,普遍存在着礼俗的维护者——乡绅和礼教的审判者宗祠,在徽州、山西乔家大院、山东曲阜等地,今日依然可以窥见"一等人忠臣孝子,两件事读书耕田"的持家文化。

孔子的思想为中华民族确立了道德规范的基础,也确立了以道德的秩序来实现国家秩序的基本政治路线。张岱年先生说:"儒家学说中确实具有一些微言大义,'微言'即微妙之言,'大义'即基本含义。微言大义即比较具有深奥精湛的思想,亦就是儒学的深层意蕴。"①

鸦片战争之后,中国遭遇了"三千年未有之大变局"。而且,此次入侵的西方列强不同于以往的北方蛮族,而是文明程度高于我们的现代民族国家。古老中国被裹挟着半推半就地进入全球化进程,中国的政治体制、文化精神、道德法制如何因应这种挑战和冲击?中国经历了中学为体、西学为用的探索阶段,"立国之道,尚礼义不尚权谋,根本之图,在人心不在技艺。读孔孟之书,学尧舜之道,明体达用,规模宏远足以应付,外人自会避而远之","夷人之奇技淫巧,学之则乱纲纪,败乡俗。……以夷为师,恐数年之后,中国之众咸归于夷矣"②。但对外开放的大门一经打开,西学东渐的思潮迅速蔓延传播。西方自由、平等、民主的观念在经历与中国传统守旧思想一次次的思想交锋和论战之后,逐渐占据了上风。新文化运动中,对孔孟儒学的抨击和封建礼教的指斥使得家庭伦理发生了根本性的转变。中国以孝传家、以孝治天下的制度断裂,家天下的大一统思想碎裂,体现在清末新政和对民国初期法律制度的修订中,即以法律移植与西方法理知识体系将原有之亲亲尊尊的礼教原则挤压出去,以现代法理取代了传统的教化刑律。

二、错位与赓续:新时期老中青三代对"孝"的理解

1978 年改革开放以来,农村发生了两大变化:一是党和政府权力在农村的

---

① 张岱年:《张岱年全集(第 7 卷)》,河北人民出版社 1996 年版,第 2 页。
② 宝鋆等编:《筹办夷务始末(同治朝)》卷四十八,中华书局 2008 年版,第 202 页。

收缩,让渡出空间试行乡村民主选举,最终目的是乡村自治,同时往农村输入财力资源,但结果出现了乡村政权的内卷化和痞化;二是市场经济直接或间接对乡村社会的冲击,彻底改变了人们的观念。大家庭向核心家庭过渡,农村家庭代际关系变动,赓续了几千年的孝道,从内涵到形式也都发生了裂变。"物理的因素越使人类倾向于静止,道德的因素便越应该使人类远离这些物理的因素。"① 可惜的是,新时期以来农村经济社会的转型,缺少了国家文化政策和道德高地的引领,利益博弈与"物理因素"主导了孝道文化的演绎,使孝道在脱离传统制度保障的前提下,并未获得现代法理的机制保护,而是和老年人的生理功能衰退一样,孝道也渐趋式微,其所捍卫的人伦关系也随之发生失序和错位。老中青三代对于孝的理解和观念大相径庭,孝道碎裂之现状于此可见一斑。作为"社会人",每个人都是活在文化、传统和习俗中的,这些文化、传统和习俗潜移默化地影响到每个人的生活,影响到每个人生活的态度和行为。

2010—2013年的夏天和冬天,笔者对调研的G村进行了深入走访,从看似不经意的聊天中了解老年人群、中年人群和青年人群对"孝"和"孝道"的看法和理解。调研从自上而下和自下而上两个角度进行设计。

(一) 老年人心中的孝子贤媳

什么是孝? 不同的时代对孝有不同的理解。孔子的得意门生曾子说:"孝有三:大孝尊亲,其次不辱,其下能养。"儒家的另一个代表人物孟子认为"不孝有三,无后为大",把传宗接代看成是孝的最重要的内容;厚葬也是儒家所提倡的孝的内容,孔孟都主张"三年之丧";顺从是传统孝道所强调的内容,有所谓"天下无不是的父母"说法;悦亲被认为是传统孝道的重要内容。古人所说的孝,有精华也有糟粕。那么现代的人是如何理解孝的呢?

访谈中,笔者问起一些上了年纪的人"儿女怎样做才算孝"时,他们的回答很简单,也很淳朴:

> 你要说孝顺,我跟你说吧,给老的点吃的喝的,不惹乎你生气,这就算孝

---

① 孟德斯鸠:《论法的精神》,张雁深译,商务印书馆1987年版,第232页。

顺了。咱一庄户人家,你要天天肉啊鱼啊的,你叫做儿女上哪儿弄去?①

啥叫孝顺?儿女每年能给点够吃的粮食,等我干不动了每个月能给我和他老娘点零花钱,逢年过节的能够回家看看我们,等我们年纪大了有病了能够尽心伺候,这就算是孝顺的了。②

可见,老人们对儿女的尽孝要求并不高,只有最基本的生活要求,包括吃饭、看病等基本保障和"不惹生气""节日团聚"等亲情要求。而且老人在表达这样的要求时,仍然为儿孙考虑,尽孝只要量力而行,"有这个心就行了";当孝顺儿女真破费为自己买东西时,他们又心疼得不得了。俗话说:"滴水之恩,当以涌泉相报。"根据人情文化的道德标准,每个人在其一生中都受惠于许多人、许多制度,或者说是欠下了人情。人情是个复杂的概念,其中既包括道德上的义务,又包括情感上的牵扯,还包括物质上的考虑。在所有各种类型的人情中,恩情是最重的人情,它使人毕生受惠,须以毕生偿还。更重要的是,普通的人情是可以还的,但是恩情却无法完全报答。最大的恩情是父母的养育之恩。养老的义务和孝道就是儿女报答父母的养育之恩,而因为恩情是无法完全偿还的,所以儿女对父母的报答也就没有尽头,孝敬更应毫无条件、自始至终。在感情上如此,在物质上也是如此,这是人情文化的道德基准。③

对老年人来讲,辛苦操劳一生,最重要的是能够老有所养、老有所依。目前来看,国家的社会养老保障制度在G村全面发挥养老作用还不太现实,因此,村里的老人们仍然沿袭着传统的"养儿防老"观念,这从村民对生男生女的偏好中便可窥见一斑。虽然大家会议论和叹惜着村里谁家的儿子又不听话,净惹老人生气,还是闺女贴心,但这种想法很快又被一种传宗接代的"虚荣"和老来无靠的"无奈"所改变。谁家的媳妇添了个大胖小子,那一大家人肯定会激情振奋,挑往来人多的时候,在村口的显要位置放上几串鞭炮以示庆贺。因为生儿子一来说明祖上积德,后人很有面子;二来觉得以后自己老了也有了依靠。一些第一胎不是男孩的人家也暗中较劲,想着今后憋足劲儿也要生个男孩传递香火,不能被别人落下。

---

① 摘自对FM乡敬老院里老人的访谈。
② 摘自对G村XH访谈。
③ 阎云翔:《礼物的流动》,上海人民出版社1996年版,第122—146页。

但时代在变迁,环境在变化,社会流动在加速,现在的老年人对自身权威的下降和今后的生存境况也表示出了某种担忧和无奈:

现在的年轻人,给点吃的,给点喝的,不打你骂你,就是好的了。这世道变了,不跟以前!①

现在农村里拉呱叫倒过来了,门时(以前)穷,你想烧点玉米糊糊都没有,但穷归穷,那个时候打骂老的的很少。一大家子人住在一起,抬杠(吵嘴)很正常,但没有现在这样老的不是老的,小的不是小的,胡骂乱赶不像话的。②

(老人)年轻的时候抢老人不是福,是让你给她干活去,看孩子去。到(老人)老了还抢,这边给你口饭吃,那边给你点钱花,那才是真正的福呢。现在白搭,现在是俺们还有用处,以后还不知道待俺们俩老的咋样呢。现在社会都这样,没有办法。不去想那么远了。③

"这世道变了"背后折射出的是"最后一代传统婆婆"的深深无奈。以前的媳妇对婆婆唯命是从,一切得按礼数来,"老的是老的,小的是小的",各安其位,不能轻易造次。现在的媳妇则因为解放后的"妇女解放运动"挣脱了这种束缚,更随着家庭结构、生活方式、价值观念的改变而凌越了这种束缚。"老的不是老的,小的不是小的,胡骂乱赶"。老人的养老需求被降至了最低点——"能给点吃的,给点喝的"。访谈中我特别留意到,G村老人经常提起,现在老人的晚年幸福不幸福关键看儿媳妇,有了一个"明事理"的儿媳妇"那真是前世修来的福","有好儿媳比好儿还强百倍"。

(二) 儿孙辈对孝道的理解与标准

父母为了子女不停地"操心",对子女要求甚少,那么反过来,子女们又是如何对待老人的呢?又是如何理解和看待孝道呢?笔者就这个问题走访了村子里年龄在18~45岁的中青年人群,他们有的在家务农,有的外出打工暂时回乡农忙。被访者给出的答案众多:

---

① 摘自对G村FXS访谈。
② 摘自对G村ZRS妻访谈。
③ 摘自对G村治保主任ZYS访谈。

啥叫孝顺？我个人理解就是不惹老的生气，有好吃的东西不能忘记老的，精神上要让老的高兴，物质上要满足老的需求。①

我觉得孝的重点在顺，顺即是孝。天下无不是的父母，有时候老的说的可能会有点问题，你不能怪他，不能不乐意。作为小的不能跟老的顶嘴。②

孝，一个人一个理解，顺着老人的意思，尽量不惹他生气，有稀罕的东西，多想着他就是孝。③

凭自己的能力照顾好父母，对待老的真心实意，不外着他们，对得起咱自个良心就是孝了。④

由上观之，两代人在看待何为"孝"的角度上基本相同，不论是老人还是年轻人，在认知时都提及了最核心的一点，那就是行孝要"顺"，足见即使时至今日，"顺"依旧是行孝最看重的方面。"尊重老人的意思，尽量不忤逆老人，不惹老人生气才是孝。"从前文老人的话中也不难看出，很多老人都非常体谅孩子生存的不易，对自己的吃穿并无特别的、非分的要求，都更加期待等自己年纪大了孩子能够照顾自己，能够陪护自己。

2003—2004年，山东师范大学齐鲁文化研究中心进行了一次"山东农村孝文化调查"，对境内204个村的居民抽样调查也显示：传统的孝文化并没有随着时代的变迁而消失，经过嬗变后正以新的形式留存下来，并影响着人们的行为。被调查者同意"赡养父母是子女应尽的道德义务"的占到了100%，所有的被调查者都认同目前在农村地区有必要提倡孝。将"能尊敬父母"作为孝的一项重要内容的占到了91.4%，这说明传统孝文化在当今的农村还有很大的影响，农村居民也对传统孝文化的价值有一定的认识。另外，在调查"孝是不是一切都要听从父母亲的"时，有77.6%的人选择"不应该"和"父母说的对就顺从，不对就不顺从"。说明大部分人尤其是年轻人能够坚持独立的人格、独立的意志，已经抛弃了传统孝文化中的"无违"的观念。在"为父母操办丧事、祭祀父母"等方面，所有的被调查者都认为父母去世后应该适当（不过分花钱）操办丧事，有48.9%的人

---

① 摘自对G村XJ访谈。
② 摘自对G村ZW访谈。
③ 摘自对G村KXJ访谈。
④ 摘自对G村YJM访谈。

认为并不是操办丧事花钱越多就越孝,这说明一部分当代农村居民有选择地继承了传统孝文化中这方面的内容,既主张为父母操办丧事,但又不主张奢侈浪费。另外,传统的生育观念在当代农村也发生了变化。据调查,100%的人认为在当今社会不生育儿子并不是不孝,传统的"不孝有三,无后为大"观念已被基本抛弃。①

2005年,中国人民大学曾经对1 200名不同学历、不同婚姻状况者进行孝道观念的调查,结果显示,"孝"仍然是绝大多数中国人明确坚持的亲子关系原则,但是在具体内容的理解上大家却发生了分歧。在绝大多数人看来,尽孝就是要"关心父母的健康和起居";但是,认为"尽孝就是要对父母表示尊重和景仰"的却只占极少的比例。②

阎云翔20世纪90年代末在下岬村的调查也显示,80%的父母认为儿子、媳妇不够孝顺。老人与年轻人之间的争吵、冲突甚至打架发生得越来越频繁。父母抱怨最多的,是儿子、媳妇不尊重、不关心老人,而且他们总是责备媳妇不孝顺。但是,已婚的儿子认为父母的说法不公平,他们坚称,他们努力赡养父母,这就是孝顺。他们认为根本性的问题是老一代人的封建思想。显然,两代人在什么才算是孝顺老人的看法上有很大区别。③

古时,孔子如此定义他心目中的"孝":"无违",即孝顺;"能养",即孝养,供养父母;"敬",即孝敬,对父母有崇敬、恭敬之心。而对于现代的人来说,有些孝道也许不能如古时那样。在笔者看来,孝敬父母的传统美德要想践行与传承,既需要孩子抱着感恩的心去尊敬、关爱父母,还需要孩子和父母间的相互接纳、理解和包容。

三、需求与满足:当前老年人的"孝遇"

一些研究老年学的学者留意到,工业化带给大多数人的是便利和快捷,但带

---

① 张仁玺:《传统孝文化在当代农村的遗留与变迁——山东农村孝文化基本状况调查》,参见王志仁、张仁玺主编:《传统孝文化在当代农村的嬗变》,山东文艺出版社2005年版,第101—104页。
② 李萍:《中国道德调查》,民主与建设出版社2005年版,第85页。
③ 阎云翔:《私人生活的变革》,上海书店出版社2009年版,第192页。

给老年人的在一定程度上却是悲哀与无奈,他们被抛弃在快速发展的工业化轨道外。这并非危言耸听,当置身于村庄情境,看到当前老年人在家庭和村庄中的处境,就会发现这些理论在当今的乡村多少已成为现实。这从目前对老年人的经济供给、生活照料、老年人在家庭与村庄中的权力和话语权等方面也可见端倪。

(一) 经济供给

经济供养是养老内容中最基本的一项。目前,G村绝大部分老年人的养老是靠家庭支持。其中最主要的一部分依靠老人自己的种地劳动所得,其余或多或少的有一些来自子女的补贴。G村没有工厂,大部分老人的劳动主要是种地,或者是养些牛羊猪之类的牲畜。尽管国家取消了在中国延续几千年的农业税,给农业和农村的发展注入了新的活力,但调研发现当前农业的收入依然不可观。有老人给笔者算了一笔账,这些年化肥、种子价格愈涨愈贵,农产品卖出的价格却未见大涨。每年天旱时得浇水,农忙时还要请人用机械收割小麦等庄稼,除去必要的开支,一年到头辛辛苦苦忙活下来,能有几千块钱的收入就已经很不错了,这还不包括自身的劳动力开支。

子女对老人提供的经济支持可分为两类:一类是物品支持,如粮食、柴火及其他生活必需品;第二类是金钱支持,供给形式为数额不等的现金。调研得知,目前G村契约式的经济供给类型屈指可数,村民普遍认为,订立契约不利于家庭内的关系和谐,"一家人家,还要写字立据的,给人感觉不好"。仅有的几例订立契约式的也是因为家里兄弟多,关系处得不够好,于是兄弟几个便订好一人一年给父母几百块钱、几百斤粮食(玉米、小麦等),谁也别攀比谁。

近些年,随着村庄年轻人在外打工流动性的增强及孝道观念的淡化,给予父母的零用补贴越来越缺乏稳定性且标准较低,在父母过生日或春节时寄带千把块回来的已经是比较孝顺的子女了。大部分的年轻人将赚到的钱用在了自己或自身小家庭的开销上。一来打工的钱不好赚;二来年纪轻的基本月光族,"赚多少花多少",一年下来所剩无几,更谈不上留给父母的;三来年老的父母也不忍心跟儿女多要,"孩子在外面闯也不容易"。

访谈中根据村民的反映,目前这项经济赡养义务的供给情况并不太好。G

村有地,大部分老人也都能参加劳动,所以口粮基本还问题不大。金钱支持则没那么理想,很多儿子要么给很少,要么不给,总之全靠个人自觉。尤其是遇到几个儿子互相攀比的话,这个养老钱交纳的日子就更要拖长甚至遥遥无期了。为了弥补儿子养老的不足,多数老人在身体状况还允许的情况下,通常参加诸如种田、饲养家畜、手工劳作等类的劳动,甚至外出打工。如果老人劳动能力完全丧失,只能依靠儿子提供的口粮和金钱过活,而儿子和儿媳又不够孝顺,那么老人的生活就会非常窘迫。

(二) 生活照料

G村中60周岁以上的老年人,只要是自己身体状况还允许的,绝大多数的供养方式是子女提供钱粮,父母单独生活。也有少数子女为父母代耕承包田,收获时一部分归父母养老之用。需要特别说明的是G村的"轮养"和父母两人分别由子女"包干供养"这两种方式。

"轮养"就是老年父母或其中之一者,在几个已分家并独立生活的儿子家,按一定时间轮流吃或吃住的一种供养方式。这主要是一些年事已高且身体状况不佳的老年人无奈选择的方式。"谁愿意看媳妇脸色过日子啊,实在是年纪大了,饭也不能自己做,没有办法了"。这种供养方式虽然也可以解决老年人的基本生活问题,但容易使老人产生如同过路客而受到摆布的感觉。如果轮流供养的儿、媳有意搪塞应付,故意将伙食开差,很容易使老人生气。

> 我在两个儿子家轮着住,一个儿家住5天。时间长了就住臭了,一个月太长,5天正好。①

这是笔者G村采访过程中发现老人"被轮养"时间最短的一例。旁边的邻居大娘在老人走后悄悄告诉笔者,说老人的大儿媳脾气很"厉害",经常不给老人做饭吃,在她家如果住得时间太长,老人甚至能被饿死。

而父母分别由儿子"包干供养"这种方式,笔者在G村仅见一例。村民普遍认为,把父母人为地分开,不利于老两口的感情交流和互相照顾,会影响到老年人的婚姻和生活质量。采访中有村民悄悄告诉笔者:

---

① 摘自对G村MKS访谈。

> 前头德胜家,俩兄弟把俩老的一家分一个,老大家养男老的,老小家养女老的。这老两口的到老了还不能住一堆互相有个照应,看着也真不是个事。①

笔者未找到机会采访被分开的老两口,但从诸多村民的反映来看,这种"包干供养"的方式有悖常理,不被众人所接受,在 G 村也仅有一例。

(三) 医疗保障

对于 G 村的很多老年人来讲,衣食住还不是最头疼的问题,他们最头大的是生病了怎么办的问题。农村老年人特别是一些高龄老年人由于机体的衰老,再加上不少老年人年轻时辛苦劳作落下了一身的毛病,患病率高,存在的问题更加突出,治病就医成为老年人最担心的问题。

> 我一直有高血压的毛病,喘。那个降压药一小瓶得 70 多块钱,吃不了几天,还不少花钱。医生一天叫吃两回,我就吃一回。太贵了。儿女们过得也不宽裕,跟他们伸手要钱总不是个事。年纪大了,早活一年晚活一年的也没有什么意思。②

上文是 2010 年的王姓老奶奶与笔者的交谈,那时的老人还可以坐在小板凳上与笔者聊。2012 年的夏天,由于高血压引发的其他病症,王姓老奶奶卧床不起,生活也不能自理。儿女在城里上班,照顾她的只有身边 73 岁高龄的丈夫,两个老人的生活场景令笔者唏嘘不已。笔者与村卫生所徐医生的交谈得知,村卫生所的效益并不好。大部分人仅从这里拿点应急的药片,或者挂个消炎的针。老年人一般都很节省,很多老人即使有需要长期治疗的慢性病,比如说心脑血管疾病、支气管疾病、骨科疾病等,但只要是暂时无妨大碍,他们多半是能拖则拖。尽管村里也搞了合作医疗,农民可以按比例报销一小部分,但看病总是得花不少钱,尤其是住院花费更加巨大。于是大部分人小病能拖就拖,仗着身体底子厚实能捱就捱过去,实在不舒服了才买点药或者吊个针。徐医生告诉笔者,村里老人们每年花在医疗上的费用大部分在 500 元以下。究其原因,有很多老人认为家

---

① 摘自对 G 村 KXT 访谈。
② 摘自对 G 村 WXS 访谈。

里不宽裕而不愿多花钱,有很多老人认为老年病不好治,也不想花冤枉钱。

(四) 精神慰藉

如果说生活上的种种不便 G 村的老人们还可以独自忍受的话,那么精神上的无助和无靠则让他们饱尝辛酸:

> 我一个人在这屋里住了十七八年了,住习惯了,儿子和媳妇也过来,早上牵过来驴我给喂上,晚上他们来牵走。3 个孙子在城里上班,过年时才回来一家人吃顿团圆饭。开始我还想他们这个不来,那个不来的,时间长了就不盼了,盼也盼不来,一个人慢慢就习惯了。晚上不得劲了(不舒服)怎么办? 死了就拉倒了。人老了年纪大了,年轻人都嫌老妈妈脏,娶了媳妇都嫌碍眼,都要单过……他们家里有电话,我这啥也没有,光有电(笔者注:一顶电灯泡),想看电视就去别人家看看,不看就到外面街上去坐坐,回来就睡了……你说洗澡啊? 我自个洗,锅里煨点水,用毛巾拧拧就算完了……我自己种的菜,养的鸡,菜没断过,我什么都能吃,馍馍,面条,包子,煎饼。自己做,一个人吃饭好糊弄。①

现实中笔者所看到的场景、所听到的老人的声音,与访谈中青年人所传递给笔者的信息——对孝道的理解及界定多少有些出入,这个中的原因不能不引人深思。都说知易行难,一个很有力的解释便是青年人在思想上赞成孝敬父母但在实际生活中却少有体现或没有做到。访谈中,G 村的老人告诉笔者,村里也很少有子女公开不赡养的,"老人自己种点地,光收的粮食就吃不完,年纪大了吃得不多喝得也少,随便给点就够用了",再说"代价太大,全村人不笑话他啊",因此"做得特别过分得很少"。但是"表现特别好的也没有几个","也就那样吧",伴随着的往往是老年人的一声叹息。对于不少老人而言,他们不仅仅需要经济上的支持,也需要生活上的照料和精神上的沟通、慰藉。但是随着社会的发展、人们流动的增强及思想观念的改变,如今的子女与父母共处的时间越来越少,对父母的关怀和照料也越来越少。面对父母的无私奉献,子女们少有亏欠、愧疚和报恩的心理。

2009 年 2 月 20 日,黑龙江省鸡西大学的田景军、付玄、王彪三人以"中华孝

---

① 摘自对 G 村 YZS 访谈。

道调查"之名开始了山东曲阜南辛镇之行。43个村庄2 000多个家庭1 186名受调查者的老人中,与儿女分居者占72.2%,三餐不饱者占5.6%,衣着破旧者占85%,生活必需品不全者占90%,丧失劳动能力者占89%。而受调查的300多个子女中,56%的人认为孝与不孝与经济有关,13%认为无关,31%认为父母无冻馁之虞就算孝。

千百年来,"善事父母"的孝道理念犹如精神纽带,牢固地维系了和谐的家庭关系。传统孝道中有"大孝尊亲,其次弗辱,其下能养"的层次划分,能敬,能养,二者并行,才是孝之真谛。然而,近年来子女不尽赡养义务,老人居无定所、老无所养的现象在农村频频出现,不尊敬父母的现象更是普遍存在。那么,我们必须深思,是什么原因导致了当下农村的子女经济上不愿赡养、生活上不愿照顾、精神上不愿慰藉老人?这种嬗变背后的逻辑又是什么?

改革开放以来,市场经济渗入乡村的每片土地。在提高了农村的生产效率、提高了农民的收入与生活水平的同时,也悄然改变着农村传统的经济关系、社会关系及农民传统的人生观和价值观。追求金钱居于人们精神的中心位置,当下的物质利益成为很多农民一心追逐的价值理念和行为取向。正如王思斌所担忧的:"一种功利主义文化正在城乡兴起,部分人对道德和传统价值的漠视引起人们深深的忧虑。在一些人眼中,个人成就评价的主要尺度只有财富与权力,这样一种价值观对城乡社会和家庭会产生了不可低估的影响。"①G村的调研也发现,年轻人对孝道实际上有着正确的判断,他们也知晓应该尊老敬老,应该善待老人,应该传承中华民族的传统美德。但这种判断在现实的冲突中往往让位于利益、戾气或其他某种现实的东西。年轻人都懂得被人指称不孝是不好的,但大多数人却不孝,并且没有人会因违背孝道在村庄中丧失很大的名誉或丢面子,其余的人也会纷纷效仿。②

2005年10—12月,黑龙江省人大代表翟玉和和他的课题组对全国31个省市10 401名老人生活状况进行了调查,统计结果显示:孝18%,一般52%,不孝30%;好8%,较好39%,差53%。被调查者人均收入650元,自养者78%,儿女

---

① 王思斌:《社会学教程(第2版)》,北京大学出版社2003年版,第132页。
② 陈柏峰:《农民价值观的变迁对家庭关系的影响——皖北李圩村调查》,《中国农业大学学报》2007年第1期。

供养22%。调查组总结:"吃得最差的是老人,穿得最破的是老人,住得最小的是老人。空巢老人大多没精气神,眼神茫然空洞,脑筋迟钝,面无表情。家里清风冷灶。有电不使,有电视不开,不烧煤……这些得不到物质赡养的老人,更难得到精神赡养。"比较而言,调查组反倒感觉"少数民族地区老人过得不错"。以下是翟玉和课题组调查中老人们的"养老"语录:①

能干,俺是儿女的劳力;不能干,咱就成了人家的累赘。

穷的富不得,一富就了不得。这儿女有了钱就没了心,除了钱就谁也不认了。

人可别老啊,老了难过呀!

孝,是一辈讲给一辈听,一辈做给一辈看啊,没啥大道理,全凭良心。

老话说:家有一老,如有一宝。现在呢,是家有一老,如有一草。

中国几千年的文化沉淀,形成了人们心中一种富有中国特色的观念。上有父母,下有子孙,人们用自己的血缘关系构筑起了另一条"前生后世"的血脉之链。宗教的"前生后世"是虚幻的,而中国的孝慈观念下的"前生后世"却实实在在摆在每个人的面前。中国人是重亲情、重血缘的。然而,在国家推动的社会转型和市场化改革中,维系中国传统文化养老机制的一系列因素——法律、公众舆论、宗族社会组织、宗教信仰、家庭私有财产等都受到了根本性冲击,孝道观念失去了文化与社会基础。②

其中最让人忧虑的是,随着现代性因素的持续浸入,农民流动的增加,村庄的传统伦理受到冲击,代际关系的价值基础日渐削弱,年轻一代过多地关注自己的生活,孝道由此衰落。年轻人对老年人的重视与否取决于老年人是否能帮他们过上更好的生活。然而对于老一代农民来说,在他们心中,过去的价值观念仍然占有相当重要的地位,"他们总是为子女着想,对于子女在'孝'的方面未能尽到的责任给出自我满意的解释,所以他们决不会挑剔自己的子女;而子女只要在这方面做了一点一滴的事情,他们就会非常感激非常满意"。③他们尽管看到年

---

① 李彦春、翟玉和:《乡村孝道调查让我忧心如焚》,《北京青年报》2006年3月1日。
② 阎云翔:《私人生活的变革:一个中国村庄里的爱情、家庭与亲密关系》,龚小夏译,上海书店出版社2006年版,第208页。
③ 杨善华、贺常梅:《责任伦理与城市居民的家庭养老——以"北京市老年人需求调查为例"》,《新华文摘》2004年第10期。

轻的一代越来越缺乏孝道,却仍然选择了对自己高标准要求并对子女持宽容态度。而长期来看,这是不可持续的,一旦不堪重负,他们将找不到生活的意义。调查发现,在农村导致老年人自杀事件屡屡发生的一个重要原因,是家庭养老生活照料和精神慰藉功能的严重弱化。因此,孝道的没落既是社会性,也是情感性危机。

当然,传统价值中心的坠失,不是中国所独有,而是现代化过程中一个常见的现象,Walter Lippmann 就指出科学理论、工业成长与都市社会,对绝对信仰的丧失,应负大部分责任。随着中国社会的进一步现代化,人类家庭生活的模式将继续沿着由纵向以亲子关系为主向横向以夫妻关系为主的模式发展,社会将由家族本位模式向个体本位的模式继续转化,这些都是不可逆转的历史潮流。由是观之,社会的转变必将带来中国传统文化中的核心理念孝道文化的变革。①

四、小结:失落的孝道

> 十月怀胎娘遭难,坐不稳来睡不安。儿在娘腹未分娩,肚内疼痛实可怜。一时临盆将儿产,娘命如到鬼门关。儿落地时娘落胆,好似钢刀刺心肝。把屎把尿勤洗换,脚不停来手不闲。每夜五更难合眼,娘睡湿处儿睡干。倘若疾病请医看,请愿替儿把病担。三年哺乳苦受遍,又愁疾病痘麻关。七岁八岁送学馆,教儿发奋读圣贤。衣帽鞋袜父母办,冬穿棉衣夏穿单。倘若逃学不发奋,先生打儿娘辛酸。十七八岁定亲眷,四处挑选接姻缘。养儿养女一样看,女儿出嫁要妆奁。为了儿女把账欠,力出尽来汗流干。倘若出门娘挂念,梦魂都在儿身边。千辛万苦都受遍,你看养儿难不难?
>
> ——曲阜孔庙《劝孝良言》

曲阜孔庙的劝孝良言,细腻而生动地描写了父母对儿女的那种无私的爱。小羊跪乳,乌鸦反哺。反过来敬老养老也是孝文化的题中应有之义。学者殷海光指出:"在中国社会文化里,长老享有特殊的地位、权力和尊敬。老人是父亲意向(Father-image)之活生生的发祥地,而父亲意向又回过头来营养、加强、扩大

---

① 肖群忠:《孝道养老的文化效力分析与展望》,参见张志伟主编:《在人大听国学》,江西人民出版社2009年版,第244页。

和巩固老人的地位和权力。"①可见,敬老养老与孝敬父母是紧密相连的,是互相促进的。《礼记·祭义》中说:"虞夏殷商,天下之盛王也,未有遗年者。年之贵乎天下久矣,次乎事亲。"

但现实很严峻,人类学家郭于华慨叹道:"我近年在农村从事调查研究的过程中经常有这样的感觉:老人受到的待遇和生活境况,与我们通常印象中的'尊老敬老''善待老人'这类我们民族的传统美德并不相符。"②阎云翔也指出乡村有"孝道失落"的现象。③乡土社会正在进行的这场现代化变迁使得民间的孝道也经历了变化。整个调研的过程中,"孝心"和"孝行"的相对衰落的确是让老年人和人类学者产生怀旧情绪的原因之一。问起现在的老年人以前怎样对待父母,村里年纪最长的孔老奶奶总是很慨叹:

> 我那会来(出嫁)的时候才17岁,你姥爷15。婆婆那时候规矩多啊,又得端盆子,又得洗衣服,啥都得干。我那个时候又小又瘦,那个棉裤浸了水我洗的时候真是提不动。婆婆的、老婆婆的衣服,你给她混倒一个盆子里她都不愿意,得一个一个地分开洗。每年婆婆、公公穿的袜子、鞋我都得一包袱一篮子地做。要是出门得给婆婆请示,她不答应你就不能走,要是从娘家回来得给婆婆请安,还得给婆婆带些吃的东西。过年过节的小的辈都得给老人磕头。有东西不舍得吃你也得给她吃。④

村里的一些七八十岁的老人回忆道:

> 我们年轻的时候,大事小事都是家里的爹娘说了算,自己不敢有啥想法,那会你有想法也没用。爹娘让你干什么你就得干什么,不能说"不"。自己想做些什么事情也得先得到爹娘允许才能做。那时的媳妇更是一点地位也没有,得听婆婆的,常常受气,受气你也得忍着,老的就是老的,这个有规矩的,小的就得听老的的话。⑤

---

① 殷海光:《中国文化的展望》,中国和平出版社1988年版,第140页。
② 郭于华:《国家力量·民间社会·文化象征——从养老看文化变迁中的农村国家力量》,载马戎、周星主编:《田野工作与文化自觉》(下),群言出版社1998年版,第793页。
③ 阎云翔:《私人生活的变革:一个中国村庄里的爱情、家庭与亲密关系》,龚小夏译,上海书店出版社2009年版,第202页。
④ 摘自对G村KGS访谈。
⑤ 摘自对G村LLX访谈。

访谈中一些50多岁的准"老年人"也表达了相同的看法:

> 那会时(老年人)行。有儿女的儿女照顾,没有儿女的过继个侄来照顾。那会你伺候老人,吃穿住行医都得管,以前一个15米长的小院里能住八九口子人。多的像弟兄四个的有二十几口。老的住堂屋,小的住偏屋。这个是规矩,绝对不能动的,否则人家笑话。堂屋的东边是上首,得给老人住。那个时候人都觉得伺候老的是应该的,是天经地义的事。①

美国社会学家英格尔斯在很早以前就曾预言,现代化过程中最普遍也是绝不可避免的趋势,就是助长一种年轻的文明。在这种文明里,老年人不再是受尊重的对象,年高也不能成为受尊重的理由。这种情况已经真实地发生在了我们眼前。可以断言的是,在老人社会终结过程中农村老人的边缘化却不是现代化的积极成果,而是现代化不成熟的表现。

"从基层上看去,中国社会是乡土性的。"②"稳定的乡土经验塑造了农民特有的生产与生活习惯及其相应的社会秩序。"费孝通曾对中国传统乡村社会基本性质做出精辟判断。这缘于农民居住的空间和依赖的生计,缘于村落社会的低流动性和地方性,缘于熟人社会的信任关系。然而,时代的变化、社会的转型不仅从根本上改变了农民生存所必须的收入来源,也深刻地改变了对他们同样具有赖以生存意味的社会关系网络和文化环境。

现在的乡村,越来越多的年轻人在镇上接受九年制义务教育,除了节假日放假回趟乡,基本上不与村庄发生接触。不少初中毕业的年轻人见升学无望即外出打工赚钱,在工厂这些人所接受的是与乡村规范差异极大的训练和生活方式,他们也越来越不习惯乡村的生活习惯,比如乡村里的公共设施不够完善,乡村里的生活不够便利,乡村里的卫生环境很差等。逢年过节回趟家,多数年轻人住个十天八天然后又赶往外面的大小城市。打工若干年,到了结婚年龄回村或相亲或定亲,结婚生子不久将孩子丢给年老的父母照料,自己(夫妻)再行回到异乡的城市打拼,一直到年老体衰难以找到较高报酬工作的时候,再次回到村庄中来。

整个过程中,接受过现代教育和社会流动的农民,就有了与留守乡村普通农

---

① 摘自对G村XGY访谈。
② 费孝通:《乡土中国》,上海人民出版社2006年版,第5页。

民完全不同的经历和处境。他所接受和面对的是城市社会的生活习惯、行为方式与思想观念,他因长年在外务工而与村庄失去了联系,村庄对于农民工尤其是新生代农民工而言,成了"他者的世界"。因为外出务工与村庄联系、村民互动的减少,其生活面向不再朝向村庄内部,而是日渐转向村庄之外,日渐演化为"向外发力的人生"。实地调查发现,多数年轻的村民以搬出村庄、迁居城市为人生目标,越来越多的他们开始到城区、集镇购买商品房,村庄作为"他者的世界"正在离他们远去。他会依照自己的人生经历与处境来作出选择,他会根据自己的人生经验来获取人生目标和行事规范,他会理性地安排自己的人生。如阎云翔所言,年轻人"对浪漫爱情与夫妻亲密关系的重视,这符合的是个人而不是家庭的利益"。①

然而,他们那些一直在村庄中生活的父母辈们却仍然固守着传统的观念,要为子女盖新房,要为子女讨媳妇,要为子女带孩子。总之要为子女"操心"和"尽义务",如果这些个任务没有完成或者完成得不好,父母就会被别人评价为"没本事""没能力"。在村庄里非常没面子,时间长了连自己也会心怀愧疚。这项"人生任务"已经内化为农民人生意义的重要组成部分,深刻地影响到其当下的行为逻辑,以及对未来的长远预期。可是,村庄社会结构及其道德秩序变化的速度远远超过了社会继替的速度。其结果正如很多中老年人所感叹的"看不穿",不少老年人已开始对人生乃至生命的意义感到困惑,甚至表现出对晚年日常生活的惶恐。长远来看,这种不平衡的代际关系可能使传统的构成农民安身立命基础的"传宗接代"观念失却根基,中国农民的价值危机(关于生存意义的危机)凸显。在这种情况下,西方基督教就有了乘虚而入的机会。②

改革开放以来,农村的基督教从无到有,在短短 30 年间已经大成气候且发展势头强劲。数据显示,改革开放之初,我国仅有不到 1 000 万基督教徒(包括新教和天主教)。但据中外学界都比较认可的数据,截至 2014 年,中国基督教信徒人数在 2 300 万~4 000 万之间,约占我国总人口的 1.7%~2.9%。③华中科技

---

① 阎云翔:《私人生活的变革:一个中国村庄里的爱情、家庭与亲密关系(1949—1999)》,上海书店出版社 2006 年版,第 250 页。
② 贺雪峰:《乡村社会关键词——进入 21 世纪的中国乡村素描》,山东人民出版社 2010 年版,第 262 页。
③ 姜泓冰:《中国基督教信徒人数在 2 300 万至 4 000 万之间》,《人民日报》2014 年 8 月 6 日。

大学中国乡村治理研究中心在全国不少乡村的调研也证实,地下基督教的发展相当迅速,在一些北方的乡村,基督教徒已占到总人口的10%~15%。[①]小小的G村,信教的人数也达到了五六十位,且这些基督教徒大都有着强烈的传教冲动,以传教作为拯救自己灵魂的手段。

笔者认为,基督教在不少乡村的潜滋暗长,并非是缘于村民信仰西方舶来的宗教,而是和目前农村价值信仰混乱、正义流失、传统缺失有着密切关系,人们需要寻找一种传统道德的替代品:教人向善,敬父母,博爱人。而宗教以其下层路线收拾人心、整合碎裂的信仰。鉴此,笔者并不同意有些学者借以指责基督教在乡村的传播是不利于稳定的,是别有用心的,而是认为基督教的传播恰是乡村文化失序、文化机制断裂的预警,是一种民间补救的草根文化。换言之,即便没有基督教,人们也会创造出其他的神出来,以试图匡扶和填补乡村流俗之弊。

沧海桑田,非一日之功。代际间的均衡反馈模式已被打破,传统的家庭养老模式现阶段遭遇严峻挑战。在农村现代化的进程中,怎样通过孝道重构以应对当今农村的家庭伦理危机,成为摆在我们面前亟待解决的问题。

[①] 董磊明、杨华:《西方宗教在中国农村的传播现状——修远基金会研究报告》,载习五一主编:《马克思主义无神论研究(第4辑)》,中国社会科学出版社2016年版。

第四章 孝与报:家庭伦理秩序中的孝道

传统社会以孝治家、家国同构,孝道为国之大体,孝礼为首要礼教,"百善孝为先,百德孝为本",上自皇帝大臣,下至读书士人,皆重视孝道。而且,尽孝面前人人平等。这样发生在一个家庭内部的孝行为,其实不仅是家事、私事,而且是事关风俗教化的国事、大事。

民国已降,政制、官制、法制、称谓等均学习欧美体系,政教分离,移风易俗,社会发展,家族弱化。原来政治、教育(德育)、信仰、礼教四位一体的治理体系发生碎裂,孝道已经不再是"事关人心风俗"的大事和国事,而消退为个人和父母之间的关系,从教化还原为家庭纠纷。当前,随着家庭结构的变化,老人往往被迫选择独居,或事实上成为空巢老人。青年人的价值观和信仰与其父母乃至祖父母渐行渐远,乡村调解委员会和地方法院也倾向于"清官难断家务事",而亲戚和家族格局中的孝道监督机制也日渐萎缩,街坊邻居的舆论监督愈来愈少,儿女不孝的行为缺少约束和惩戒,儿女孝道的行为也成为"孤芳自赏"的个人素质或操行。一言以蔽之,新时期孝道呈现出了"私人化"现象。

一、家庭结构的变化与新格局的形成

(一) 农村家庭结构的小型化①

改革开放后尤其是 20 世纪 90 年代以来,农村家庭结构迅速核心化,据统

---

① 所谓家庭小型化包括两层含义:(1)家庭结构简单化,即核心家庭、夫妻家庭与单亲家庭(转下页)

计,农村家庭的平均人口规模在1980年为5.54人,2009年为3.98人,2015年为3.56人,30多年间减少了1.98人。①且根据人口学家的预测,这种不断下降的趋势在一定时期内还将持续下去。

然而,家庭规模的不断缩小却伴随着家庭内老年人口数量的逐年上升。2005年,平均每个农村家庭负担的老年人口数量约为0.31个,即约每4个家庭中就有1个老人家庭;而预计2050年,这一数据将上升至0.51人,即约每2个家庭中就有1个老人家庭。

表4-1　　　　　　　　　　农村家庭人口结构的变化趋势

类别 年份	农村家庭户数(千户)	农村家庭规模(人/户)	农村家庭0~14岁人口(人/户)	农村家庭15~64岁人口(人/户)	农村家庭65岁人口(人/户)
2005	193 873.8	4.08	0.85	2.92	0.31
2010	217 280.5	3.65	0.71	2.66	0.28
2015	228 633.3	3.47	0.73	2.45	0.29
2020	236 674.4	3.31	0.68	2.30	0.33
2025	240 743.3	3.16	0.62	2.20	0.34
2030	239 210.5	3.05	0.53	2.12	0.40
2035	235 483.2	2.98	0.49	2.00	0.49
2040	239 231.8	2.83	0.47	1.84	0.52
2045	239 001.6	2.74	0.47	1.76	0.51
2050	236 417.0	2.67	0.47	1.69	0.51

资料来源:基于全国"五普"相关数据,利用PEOPLE软件预测得到。

老年抚养比是人口学中经常会提到的一个概念,它是体现家庭代际负担的重要指标,用全社会65岁及以上老年人口总数占15~64岁劳动年龄人口的比例来估算。表4-2可见,2000年农村家庭老年抚养比仅为11.2%,即约9人抚养一个老人;而到2035年这一抚养比将达到24.45%,即届时需要将约4人抚养一个老人;到2050年,这一比例将继续攀升至30.39%,意味着届时约3人即需负担一个老人的养老问题。数据分析可见,农村的代际养老压力将非常沉重。

(接上页)所占比例日益增长,在联合家庭趋于消失的前提下主干家庭的比例逐渐降低;(2)在每种家庭结构中,其家庭人口容量都向组成这种家庭结构所需的最低限度的人口接近(比如组织一个核心家庭最少需三口人)。

① 国家卫计委:《中国家庭发展报告(2015年)》,2015年5月13日。

表 4-2 农村分年龄人口及老年抚养比预测

年份\类别	0~14岁人口（千人）	15~64岁人口（千人）	65岁及以上人口（千人）	农村总人口（千人）	农村老年抚养比(%)
2000	199 577.5	523 859.8	58 679.5	782 116.8	11.20
2005	164 726.3	566 256.4	60 022.4	791 005.1	10.60
2010	155 097.1	577 067.1	60 909.7	793 073.9	10.56
2015	166 924.8	559 513.8	66 919.0	793 357.6	11.96
2020	160 777.1	543 628.1	78 987.2	783 392.4	14.53
2025	149 015.9	529 986.6	81 746.4	760 748.9	15.42
2030	128 219.2	506 461.2	94 911.5	729 591.9	18.74
2035	115 445.1	471 091.7	115 203.0	701 739.8	24.45
2040	111 315.0	440 663.8	125 047.2	677 026.0	28.38
2045	113 354.1	420 333.2	121 177.2	654 864.5	28.83
2050	111 355.2	398 714.2	121 164.1	631 233.5	30.39

资料来源：基于全国"五普"相关数据，利用 PEOPLE 软件预测得到。

与此同时，大量青壮年劳动力外出打工。数据显示，2019 年我国农民工总量达到 29 077 万人，其中 80、90 年代的新生代农民工占到全国农民工总量的 50.6%。[①] 劳动力外流改变了家庭结构，打破了家庭成员原有的养老资源的平衡，从而对家庭养老也产生了深刻影响。一方面，外出造成了家庭结构的变化与核心家庭的增加，代际的地理分离削弱了家庭养老功能；另一方面，打工的收入首先是以个人收入的方式进入小家庭，这就使以大家庭为单位的统收统支被削弱甚至名存实亡。老年人在家庭中的"当家人"权力于无形中被剥夺了。显然，这是对父系父权家庭制度基础的侵蚀，而长期看，这种侵蚀或许是颠覆性的。

现代化的发端必然伴随着对于传统社会政治、思想、文化的批判，现代的社会制度在形式上异于所有类型的传统秩序，它以前所未有的方式把我们抛离于所有类型的社会秩序的轨道，这种断裂正在改变我们日常生活中最熟悉和最具个人色彩的领域。现代化带来的个性发展，也削弱了人们的家庭责任感。近两个世纪以来，作为社会日益城市化和工业化的一个反应，家庭的规模变小了，"穷养多生"的观念被"富养少生"的观念取代，"养老男孩女孩一个样"，男女平权化，导致孩子越来越少，亲属关系变得不再像以前那样重要。中国社会经历着的这

---

① 中华人民共和国国家统计局：《2019 年农民工监测调查报告》，2020 年 4 月 30 日。

种变迁已经深入每个村落，G 村当然也不例外。

表 4-3　　　　　　　　　　G 村的家庭类型统计

家庭类型	核心家庭	主干家庭	联合家庭	总数
家庭数目（户）	207	58	3	268

我国台湾地区的《时报杂志》20 世纪 80 年代曾刊登了一项有关台湾家庭状况的统计，里面提到的一些指标可以作为家庭变化的晴雨表。如以夫妻及未婚子女组成的家庭增多，传统式大家庭相对减少；父权夫权趋向于平权家庭，长辈权威趋于低落；职业妇女增多，妻之经济依赖减轻，家计趋于共同负担；传统家庭伦理发生变化，祖先崇拜不如过去受重视；传统孝道日趋淡薄，家庭不像以往以父母为中心，而以子女为中心；传宗接代观念减弱，家庭人数减少；养儿目的不再是为了防老；单身家庭及有子女而不在身边之家庭增多，年老父母乏人奉养，孤单寂寞；老人问题趋于严重；家庭成员由相互负有无限责任转为有限责任等。这实际上可以作为 20 世纪以来全球现代化过程中家庭变动趋势的总结。[①]

根据家庭现代化理论的预测，随着一个社会现代化进程的深入，扩展的亲属关系纽带将被弱化，传统的家庭形式将变得更为松散，核心家庭将成为独立的亲属单位，这些变化必然导致代际（尤其是亲子）之间凝聚力的相应削弱[②]。与此同时，夫妻关系开始在家庭内部占了中心地位，这是自 20 世纪 50 年代早期以来中国农村家庭结构的又一个重要变化。笔者在 G 村走访中发现，几乎 99% 的青年夫妇结婚后都选择与父母分开住，也就是"分家"，而且分家的意愿多半由媳妇最先提出。大部分原因是分家之后，媳妇才能取得自己小家庭的财政控制权力，才能随心所欲地确定自己的交好邻居，才能在回娘家时凸显出一个当家女人的自豪。少数不分家的青年夫妇，多数是由于父母有能力、有经济实力，过早地分家只会削弱大家庭的整体实力，所谓"分则俱损，合则两利"，这是羽翼未丰的年轻媳妇明智的选择。对于这一现象，很多 G 村的老年人表示无奈：分就分了吧，分了还少些矛盾，现在的社会都这样。陆益龙在安徽省 T 村的调查也同样证实了这一趋势：年轻的一代越来越看重自己小家庭的利益，虽然年轻人成家要父母花费不少。但一旦结婚成家，年轻人的核心家庭就相对独立，父母为孩子们的婚

---

① 廖奔：《爱的困惑》，国际文化出版公司 1988 年版，第 160—161 页。
② Goode William J，*World Revolution and Family Patterns*，New York：Free Press，1963.

事所举的债务由父母来承担,这是年轻夫妇要求独立的重要原因。①

(二)"宠小轻老"的家庭新格局

不同于西方发达国家家庭以夫妇关系为轴心,我国的家庭关系中是以亲子关系为核心。②以往的大家庭或联合家庭,一般都是三世或四世同堂,家庭代际结构如图 4-1 所示,处在金字塔塔尖上的是德高望重的祖父母或曾祖父母,以下论资排辈,儿孙众多。在这一树状的谱系结构中,维系着家长或族长长老至高无上的地位,父慈子孝。

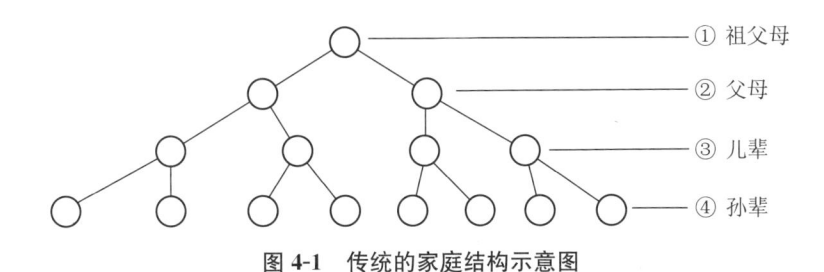

① 祖父母
② 父母
③ 儿辈
④ 孙辈

图 4-1 传统的家庭结构示意图

自 20 世纪 80 年代初期以来,随着家族制度的瓦解和计划生育政策的推行,现在的农村家庭多为独生子女家庭模式,即"父—母—子"的家庭基本三角关系。独生子女成为家庭的中心和重心。上述金字塔的内容重新改写,变成了四个老人两个儿女一个(外)孙子(女)。这是一种近似于失衡倒悬金字塔模型的"4-2-1"家庭结构。

现代社会竞争激烈,很多农民在自己努力奋斗打拼的同时,由于现实中身份、职业、

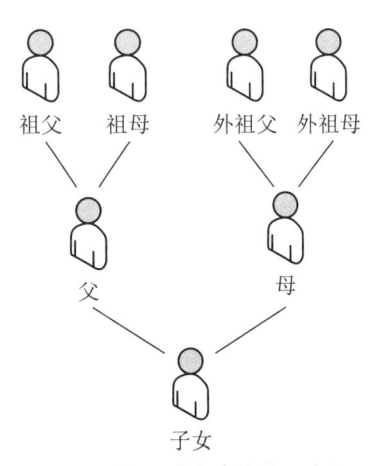

图 4-2 "4-2-1"家庭结构示意图

---

① 陆益龙:《农民中国——后乡土社会与新农村建设研究》,中国人民大学出版社 2010 年版,第 105 页。
② 徐琅光认为家庭成员关系的特性才是影响文化的关键所在。他在对世界各种不同民族家庭成员关系的特性进行研究后发现,家庭中成员关系的主轴可以分为四个不同的类型:一是以父子伦为主轴者,以中国家庭为典型代表;二以夫妻伦为主轴者,以欧美民族的家庭为代表;三是以母子伦为主轴者,以印度家庭为代表;四是以兄弟伦为主轴者,以东非洲及中非洲若干部落社会的家庭为代表。

待遇的巨大落差,对后代的子女寄予厚望,期冀自己的子女日后能够出人头地、光宗耀祖,于是不自觉地对子女会过分重视乃至达到溺爱。而这样做很容易直接导致子女以自我为中心,自私和自利,这对将来依靠其养老是非常不利的。另一方面,家庭代际伦理的缺位或错位,传统的家庭伦理道德教育失去了依托和基础。当今很多的农村老人在养大自己的儿女之后,往往还需要帮助子女完成对第三代乃至第四代的抚养。可见,农村"重幼轻老"的代际倾斜现象变得越来越普遍。不少年轻父母往往"把小的视为千斤重,把老的看作几两轻",把有限的时间、精力和财力都向子女倾斜,对子女的照顾无微不至,对老人的衣食住行、病痛疾苦、忧伤烦恼很少关心,甚至不闻不问。①"从代际的角度来看,孝道的衰落和养老问题的凸显使得大家对于家庭代际之间的紧张关系深感不安。"②

中国传统中"家"的观念根深蒂固。然而市场经济高速发展的今天,尊老敬老的基础开始解体。

首先,科技的发展破解了生育的奥秘,它不再被视为神圣的、神秘的"奇迹",也不再被认为是父母的恩德,在大多数人的心目中,它只是一个自然的生理过程。甚至有人,比如胡适就认为:父母生子不曾征得子女同意,也不是有意要给他这条生命,因此,父母于子无恩,只有抱歉,而且应对子女以后在社会生活中的行为负一部分责任。③其实,这并非只有大思想家胡适才会有如此"奇谈怪论",采访中,一位 30 来岁的年轻人就曾亲口对笔者说:"我老妈老是念叨,把我生下来拉扯大不容易,如今娶了媳妇忘了娘,说我不孝。其实,又不是我让你生下我的,我还不想生在这穷地方呢。嫌养我不容易,当初别生我就是。"④

其次,由于 1949 年后批判父权族权,强调忠于国家而不是父母,动摇了传统父母的形象:先是舆论趋于保守,不再过问家事,使家庭失去了社会支援,孝顺不再被视为较高层次的美德,年轻人也不愿服从管教,于是信仰世界倒塌,最重要的是经济剥夺,市场逻辑代替了道德逻辑,使得亲子关系从道德转向物质。阎云

---

① 叶敬忠等:《静寞夕阳——中国农村留守老人》,社会科学文献出版社 2008 年版,第 130 页。
② 阎云翔:《私人生活的变革:一个中国村庄里的爱情、家庭与亲密关系》,上海书店出版社 2006 年版,第 181 页。
③ 胡适:《我的儿子》,载《胡适文存》卷四,上海书店出版社 1989 年版,第 101 页。
④ 摘自对 G 村 KFJ 访谈。

翔认为:"因为孝道与传统的养老机制从 50 年代到 90 年代一直受到批判,所以才有了今天的养老危机。"

因此,当下农村社会的现状就是,父慈子孝的代际伦理规范仍然存在,仍然对人们的行为有一定约束作用,但这种作用已悄然发生变化。子代只是在形式上或口头上还遵循这些伦理规范,但实际上却是以判断是否对自身有利来利用这些规范,传统代际伦理规范的文化内涵已经丧失。访谈中很多 G 村的老人提起现在多数老年人的境遇,很是慨叹:"现在的年轻人,对待自己的老的,有对待自己小的一半的好,我们这些老的就心满意足了。"①

二、反哺式代际互惠关系的异化

张岱年指出:"在人类社会中,父母与子女的关系是一种自然的关系。子女是父母所生,靠父母的抚养而成长。'子生三年,然后免于父母之怀'。及父母年老,体力衰退,则有赖于子女的辅助。子女对父母尽孝,这是一种最基本的道德。"②

中央电视台有一则公益广告,讲述的是一个有关家庭(FAMILY)的故事。故事将 FAMILY 的每个字母都拆开来,F 代表父亲,M 代表母亲,I 代表孩子(我)。故事中的 F 和 M 在 I 小的时候极尽呵护,捧护幼苗成长。可及至孩子长大,他渐渐有了自己的想法、有了自己的主张,于是与父母之间的冲突不断。倔强的 I 企图挣破束缚自行成长,这让深爱他的 F 和 M 非常伤心。后来,I 慢慢长大了,知道了生活的不易,也体会了为人父母的艰辛。而这时的 F 和 M 已经年老体衰,容颜不再,行动迟缓。长大的 I 主动承担起照顾 F 和 M 的责任,让年迈的 F 和 M 有个温暖的依靠。广告的最后把 FAMILY 的每个字母展开,即 Father And Mother I Love You——父亲母亲我爱你们。言简意赅的广告,可内涵却极其深厚,看后让人倍感温馨。这则广告演绎了"孝"与"报"的深刻内涵,体现了反哺式代际互惠关系的深层意蕴。

---

① 摘自对 G 村 KXZ 访谈。
② 张岱年:《中华孝道文化序一》,载万本根主编:《中华孝道文化》,巴蜀书社 2001 年版,第 1 页。

(一) 反哺式的代际互惠关系

中国传统的代际关系是权利和义务对等的父慈子孝的互惠关系,按照费孝通的说法"甲代抚养乙代,乙代赡养甲代,乙代抚育丙代,丙代又赡养乙代"。下一代对上一代都是反馈的模式。①"反馈模式"呈现给我们的是一种代际间均衡、互惠、和谐和温情脉脉的景象,这种模式也得到了中国传统文化的支持和社会民众的认同。在文化上它被凝结为伦理义务"父慈子孝",民众认为"养儿防老"就像"积谷防饥"一样是天经地义的。它不仅反映了父母与子女之间自然、深厚、淳朴的爱,还体现了父母与子女之间"反哺"式的双向义务伦理实质,是父子血缘天性的伦理升华。②尽管G村的孝道规范趋于式微,孝风大不如从前,但反哺互养的观念依然存在,"虽然和以前没法比,但养老儿孙还是得认这个账的。"

反哺式代际互惠关系的维系,根植于中国古代落后的生产力基础之上,除了传统文化的支持以外,还与家庭结构有关。帕森斯的著名假说认为,"家庭会经历从扩大家庭到核心家庭的转变,同时我们也可以把这个过程概括为从亲子轴为主的家庭向夫妻轴为主的家庭的转变"③。传统社会,"父母在不分家",大家庭便成为一种理想的社会状态。根据王跃生在河北的调查,1949年前冀南地区联合家庭要占家庭总数的15%左右,而考虑到联合家庭人口较多,则生活在联合家庭的人数就会更多。④即使父母健在而兄弟分家,这种分家也会充分考虑父母的权益,比如,分家后家庭的主导财产仍然归父母掌握,只有在父母去世后,诸子才能来分割父母的财产。父母健在的分家,往往只是分家的儿子从老家中分出去,而非父母从老家中搬出去。父母在世时主要是分灶而不是完全分家产的分家,这种分家被称为分爨型分家,并非完全的分家。⑤

对于孝与报的伦理关系,民国时期沪上闻人冯炳南在纪念母寿词中指出,站在父母的角度来理解,父母对于儿女的期望心理,正如"一个艺术家所以专心致

---

① 费孝通:《家庭结构变迁中的老年赡养问题——再论中国家庭结构的变化》,载《费孝通选集》,天津人民出版社1988年版,第467—486页。
② 洪彩华:《试从"反哺"与"接力"看中西亲子关系》,《伦理学研究》2007年第2期。
③ 杨善华:《家庭社会学》,高等教育出版社2008年版,第177页。
④ 王跃生:《民国年间冀南农村家庭形态研究》,《中国社会经济史研究》2003年第3期。
⑤ 王跃生:《20世纪三四十年代冀南农村分家行为研究》,《近代史研究》2002年第4期。

志于他的作品,目的就是要他的作品成功"。只不过父母望子成龙的心情更恳切。"生儿育女,抚养成人,是一件最复杂,最不容易,最苦痛,最要耐性,最要小心负责的事。尤其是做母亲的,在怀孕和生育时间的痛苦,所以不辞痛苦而生育儿女者,为的就是有一个期望在后头。如果儿女不尽孝,则父母的这种期望,成为空虚,于是,做父母的都会感觉得所吃的痛苦,为不值得,而且无意义,不特对于自己不值得,无意义,就是对于社会,对于人类,也益不值得,也是无意义,于是人人都想避免痛苦,及一切负担,而不生育儿女"。在节育技术出现并风行以后,养儿防老观念遭到解构,很多妇女为了保持自身身材而节育,或者雇人哺乳,引起了时人对孝道的担忧,"人类若不提倡孝道,则种族转有灭绝之虞,所以孝道不止关系自己的良知良能,简直是关系全民族全人类的存亡问题,不止是伦常道德上的问题,简直是很现实的社会大问题,国家大问题,民族大问题,全人类的大问题"。①

为了弘扬孝道,民国时期除了提倡尊孔读经以外,还借鉴西方传进来的母亲节纪念日,利用节日来重新建构孝道的实在内涵。1932年,中华妇女节制协会为庆祝母亲节以发扬以爱诚为基础的孝道,定于5月8日举行母子同乐会,并规定种种方法,借以表示下辈敬爱母亲之心意:(1)物质方面,是日当请母亲游览公园名胜及赴筵宴,或赠奉平日母亲所爱之物件;(2)精神方面,立志做一个有完整人格的子女,如在异地,是日当写信回家;(3)亡母追念,当携带鲜花或他物去坟地慰望,著作关于母爱等之论文、诗歌或捐金钱作慈善事业,建筑慈母纪念堂等,以资永久纪念。②此外,该会将本月会刊改为"母亲节专号",开展征文纪念活动,刘湛恩博士所著《我的母亲》、吴和先生的《新中国应否提倡孝道》等分别获奖。③

为重整道德,改革世风,1947年上海发起隆重纪念父亲节活动。上海市各界组织父亲节推行委员会,于8月8日在青年会举行纪念父亲节大会。到各界300余人。由陆干臣代表主席团主持行礼,并致辞说明父亲节之意义及发起经过,称:"世界各国有母亲节,上海忠义之士于沦陷期间发起提倡父亲节,以示崇

---

① 冯炳南:《纪念母寿词:阐扬八德精义归于至孝,勤俭与自助为八德基础》,《申报》1940年6月29日。
② 本埠新闻:《妇女节制会筹备举行母亲节》,《申报》1932年5月4日。
③ 本埠新闻:《"母亲节专号"》,《申报》1932年5月7日。

德报功反抗敌伪之意。"会中周椒青提议由上海市参议会与教育局商以孝经列为各校读物,潘公展议长表示可以参考。利用征文征歌比赛,颁发奖金,并与主席团合影,通过东方华美电台向全市广播。①除联名呈请上海市社会局转呈中央,准予备案并通令全国道行以外,同时又联名致函英、美、法、苏四盟国驻华大使,转告各盟国人民共同提倡,希望"8月8日"成为一个国际性的父亲节。②然而,随着不久后中华人民共和国的成立,民国社会与政府试图加强孝道教育、提倡以孝为根基的"八德"文化建设宣告终结。

1949年中华人民共和国成立,"妇女解放"运动进入了新的发展阶段。妇女地位的崛起与中华人民共和国的一系列制度改革一起,对乡村的家庭结构和代际关系产生了深刻影响。1949年前后在全国广泛进行的土地改革,使得很多占有土地较多的地主、富农失去了土地,他们的大家庭也就失去了经济基础,后来土地从农民私有又被改造为社会主义公有制,尤其是"大跃进"的人民公社时代,主张"一大二公",农民的命根子,支撑联合家庭的地基——土地已经从可以子孙相传的财产资本转化为集体所有,而渐失其大家庭维系繁衍的纽带作用。1953—1956年随着国家对农业的社会主义改造,从家庭生产到互助组再到合作社,直至形成了以乡镇为单位的人民公社。除了土地,就连耕牛、生产工具也变成了公有,甚至农民自身也成为公社的生产"工具"。这就使得传统的大家庭因"无家产可分"而失去了存在的必要,家庭尤其是大家庭也不再作为参与社会经济事务的单位,家庭成员个人直接与村集体、人民公社发生联系。如第二章G村的街巷格局所述,G村原来以家族为单位的划片聚居的巷子格局被打破,更多核心小家庭在分到"口粮和锅碗瓢盆"生活必需品之后,离开了原来的片区而在新的片区建房,开始一种新的两代人的家庭生活。

人民公社时期的家庭不再承担生产职能,但在人口生产方面,在养老和育小方面仍然担负着非常重要的功能。同时,国家政策及主导意识形态仍然强调子女有赡养父母的义务和道德责任,并将孝作为正面的价值导向来宣传,乡村中的不孝子女可能会受到宗族组织诸如"游街"之类的惩罚因而颜面尽失。不少老人

---

① 《重整道德改革世风,隆重纪念父亲节》,《申报》1947年8月9日。
② 《社论:今天是第三届父亲节》,《申报》1947年8月8日。

忆起往事总是唏嘘感叹:"那个时候(人民公社时期),谁家七十岁以上老人跟儿子、儿媳之间起纠纷和冲突了,先不论对错,别人总是指责犯事的年轻人'七十不打,八十不骂'、'找大队,找公社,不怕儿孙不孝,总有地方管你'。"① 足见公社时代对人伦秩序的强有力干预。尽管"文化大革命"时期农村也经历了"破四旧"的洗礼,传统孝道思想受到冲击,但作为家庭养老功能体现的"孝"依然具有现实的意义,"在村落社会中传统伦理道德仍然以其强大的生命力影响着人们生产生活,很大程度上影响了国家政权的下渗深度。村落固有的那些秩序、礼仪、风俗、习惯等在日常生活的细枝末节中精巧地调节着村内的人际关系,缓解着村内的家际冲突,维系着村落的秩序,实现着村落的整合。"② 这也就是为何在集体化时代农村的孝道并没有衰微的原因。

稳定的代际关系,"三纲五常"内化的人伦规范,使父子及婆媳之间都可以按社会为自己设定的角色来做该做的事情。父母要为子女"操心",将子女养育成人,为他们娶妻生子或创造娶妻生子的条件。如果父母不尽全力为子女"操心",就会出现儿子讨不上媳妇从而香火不继的大问题。而子女如果不尽全力孝敬父母,就会被村里人耻笑和疏远,就会良心上遭受不安和道德上负疚。而且,做得太过分的子女最终甚至连父母的财产都无权继承。这种传统反馈式的代际关系可以调动父子两代的积极性,合力将延续香火、光宗耀祖、造福子孙的事业做好。这种代际关系是"我们"的双向负责的代际关系,是一种相对平衡的代际关系,也是可以最为有效地以合力来应对生产生活事务、以最有力的整合形式来达成家庭共同目标的代际关系。这种代际关系在经济条件比较简陋、生产力水准较为低下的社会对于增进家庭的合作、降低社会成本,具有十分重要而正面的意义。

(二) 反哺式代际互惠关系的异化

20世纪80年代初期,中国广大的农村推行了家庭联产承包责任制,这是中国农村土地制度的一次重要转折,以家庭为单位向集体组织承包土地等生产资料和家庭对生产合作的需要,使得短时期内一些地区的家庭平均人口数急剧增

---

① 摘自对 G 村 MCY 访谈。
② 董磊明:《宋村的调解——巨变时代的权威与秩序》,法律出版社 2008 年版,第 171 页。

长,同时,以兄弟家庭为基础的农业生产合作(尤其是农具和耕牛的合作)也较为普遍。①但很快,因为生产合作需要而对家庭结构产生的影响,就因为众多其他更重要因素的介入而变得不那么重要了。经济的发展、技术的进步、社会的流动、现代意识的冲击、国家政策的介入,诸多因素的影响下,当前的农村家庭代际关系发生了新的变化,且这个变化仍在进行当中。

G村也不例外。从家庭结构上看,20世纪90年代以来,G村的家庭结构迅速小型化。家里弟兄多的人在结婚后很快就会搬出去居住,年纪大了的父母也往往在最小的儿子结婚后与其分开单过。即便是独子家庭,儿子结婚后,父母也越来越普遍地选择与儿子分家单过。"对于自由独立的私人空间的追求,是促使当代农村青年夫妇与老人分家的主要社会原因"②。用G村年轻人的话解释就是"日子总是自己过才方便、舒心。分家单过了就可以自己有决定权,不用啥事都被父母管着"。而年老的父母总是一脸无奈:"分就分了吧,现在都流行这样,不分儿子媳妇的也不愿意。"

访谈中,常听到村里老一辈的村民讲到"操心"一词。这大致包含了两层意思,一是将子女抚养成人,二是为子女完成婚嫁,尤其是要帮儿子娶到媳妇。传宗接代,如能光宗耀祖,更是足矣。G村地处鲁西南内陆地区,经济不发达,村里也没有工业可发展,年轻的女孩都往靠近城里的地方嫁,因此村里的男青年要娶上媳妇几乎不太可能仅凭一己之力。因此,G村父母为子女的操心,主要就变成了为儿子娶媳妇准备一栋像样的新房子,否则,没有人会上门来给自己的儿子提亲。村民告诉我,现在农村为一个儿子盖房子、娶媳妇花费至少在10万元左右:

> 现在给儿说个媳妇难啊,得给人家买衣裳、买首饰,这两年还流行买手机了,一直到登记得花到近2万元,再加上结婚得给不少的礼金,否则人家女方不愿意啊。全部下来得在3万块。要是再给儿子盖上口新屋结婚的话,10万块都不够。原来一家借1000块就能盖屋,现在什么都涨,一家借1万块还盖不上。钱不当钱了,挣得没花得多。③

---

① 麻国庆:《家与中国社会结构》,文物出版社1999年版,第237页。
② 阎云翔:《私人生活的变革:一个中国村庄里的爱情、家庭和亲密关系(1949—1999)》,上海书店出版社2009年版,第124页。
③ 摘自对G村KFM访谈。

10万元对于G村年均收入在四五千元的普通的农民来说,实在是一个巨额的数字,更不要说还有一些两三个儿子的,因此,贺雪峰所说的"生两个儿子哭一场"在G村也成了很多农民的真实写照。①

为人父母的要为儿子建房娶媳妇,这大致要花费他们一辈子的积蓄。儿子结婚后搬进了宽敞的新房里,年纪大的父母一般仍住在旧房子里,手中已没有多少积蓄,而且还背负了一身债务。如果父母还年轻,还有些劳动能力,他们多半要在丧失劳动能力之前辛苦劳作赚钱来还债:

> 村下头你四叔四婶子可会过日子了,家里啥电器都不添,大晚上的就只开个电灯泡。这闺女、儿的都成家了,你四叔还出去打工,说是替他儿还盖屋的借款呢,现在的父母多难啊。②

采访中从村里较早考出去的大学生杰也告诉笔者:

> 我的三个舅舅,大舅、二舅那个年代没娶上媳妇。我姥爷用我的四姨跟邻村换亲给我三舅讨了个媳妇。三舅现在有三个女儿一个儿子,对于传统思想浓厚的大舅、二舅而言,这唯一的侄子便是他们传宗接代的根子,视作自己的儿子。这样三个劳力抚养四个小孩,尤其是宠养我那个表弟小东。供着他读完中专,又四处托人找工作,还在城里给他买了一套房子。为了保留农村户口,以便将来可以多生一个孩子,给小东讨了个邻村的姑娘做媳妇。现在小东的大爷(大伯)、二大爷(二伯)都老了,七八十岁了,自己的亲爹也已经60多了,但房子每月的还贷还要依靠他们仨老的来还。唉,做父母的不容易啊,尤其是他的伯伯们,大伯今年81岁了,还在东乡给人家放羊,赚钱供他;二伯70多岁了,还想出门打工;小东的老爸也过60岁了,除了务农,还在村里的建筑队里搞建筑。他们非但没有要求儿子(侄子)养老,还得活到老,干到老。天下的儿孙们如果有父母对他们恩情的一半可就算是孝子贤孙了!③

而对于亲子关系的另一个维度,在对待养老问题上同一个群体却表现出不同的行为方式,"反哺"在G村更多的是表现为一种话语,而不是行动。年轻人

---

① 贺雪峰:《农村代际关系论:兼论代际关系的价值基础》,《社会科学研究》2009年第5期。
② 摘自对G村YZS访谈。
③ 摘自对G村KXC访谈。

都知道孝敬老人的道理,但实践中却并未认真执行。在 G 村,老人大多都是老两口单独居住,较少有与成年结婚后的儿女一起居住的,而且村中寡居老人特别多。对于 G 村更多的老人而言,"养儿防老"似乎已经成为历史,儿女已经难以成为他们后半辈子的依靠,调研中村里老人告诉笔者,现在每年能按时自觉地交些口粮或者交赡养费,平日里也不惹老人生气,不给老人脸色看的儿女已是孝敬的儿女了。而对很多老人来说,这种最起码的生活需求都没有保障。很多小夫妻家庭给儿女的零花钱一大把,但一提到老人的赡养费则开始想尽办法推脱,两种做法简直是天壤之别。在当前农村社会养老保障机制尚未做到全范围覆盖的时候,不少农村老人陷入生活困境。

在 G 村,笔者与村里卫生所的医生交流得知,老人小病通常会去村里的卫生所拿点药"抗"一下,而一旦查出无法治愈的大病基本上都是选择回家,放弃治疗。这一方面与农民的家庭收入水平有关,在农村,最怕的就是生病,一旦生病,不但不能劳作挣钱,反而会陷入巨额花费的"无底洞","因病致贫""因病返贫"的例子不在少数;另一方面也因为不少老人自觉年纪已大,治愈也无望,害怕最终"给子女拉下一大堆饥荒"而选择自我"奉献"甚至自虐。

当然,孝道变化背后折射出人们关照的重点已经发生转移,"郭巨埋儿奉母"的价值取向已经颠倒,原来的关照顺序已经异化为:儿女—自己(青年)—父母,父母从受尊崇的最顶端降到最不受重视的低谷。调查中的这些 60 岁以上的老人面临着一种失序的社会转型,遭遇着错位的付出与回报逻辑——在自己年轻时孝敬父母,在分配有限的生活资源时总是父母优先;对待子女慈爱有加,尤其是在子女读书求学问题上表现出"砸锅卖铁也要供应"的无私奉献精神。所以当时的家庭主力(已婚夫妇)是真正意义上的家庭脊梁,他们上有老、下有小需要考虑,最后才考虑到自己。已经 92 岁高龄的孔奶奶回忆道:

> 我至今还记得,在"三年困难"时期,全家七口人,你老奶奶、你爷爷和我、四个孩子,但每顿饭只有 5 个窝窝头,怎么分呢?老婆婆一个,四个孩子一人一个,我和你爷爷就只能从四个孩子手里的那个窝窝头上每人掰下一块来,孩子小不懂事,掰多了有时会哭,自己的心啊像刀割一样,那时候你爷爷还要作为壮劳力出工,吃不饱没力气干活,我就再少吃点,多给他点。很多人家的老人都在那几年饿死了,你老奶奶就活下来了。要是我们心狠一

点,多让小孩子吃一点,你老奶奶也活不过那个时候。

但当如今他们相继步入晚年以后,却并未像父母那样享受到来自子女的孝顺,非但如此,他们还要继续发光发热,继续参加家庭辅助劳动,并且为儿女照看小孩。G村徐氏奶奶(78岁)的话堪为注脚:"这不,看大了自己的孩子,还得给他们(儿子)看孩子(孙子),一天不咽气,就得干一天。"经济结构的转型,生产与谋生方式的转变,使得今天的老人成为"无私"的奉献者,成为悲壮的建设者。

而且,这种趋势在乡村舆论走向上也开始被认同乃至被鼓励。传统社会里,"孝顺"与否曾经是评价个体的首要标准,"百善孝为先,百德孝为本",不孝之人在社会中将无法立足。而现在的社会人们似乎更看重个人的"本事",即挣钱的能力,并由此决定与之保持什么样的关系。[①]这正映合了孔老奶奶的一句话:"人过得好了,有钱了,不是亲戚的也来攀亲;人过得穷了,亲戚也躲着你。"徐老汉也感叹道:"现在的街坊邻居都作老好人了,儿孙不孝,人家也不愿吭声了,怕得罪人。再说人老了,不中用了,年轻人虽然不孝,但人家有本事,有事还能用得着,邻居也不愿为没用的老人说话。如今世道变了。"世道变了,老人的话语呈现出深深的无奈。长远来看,在乡村道德舆论约束失效的情形下,老年人所处的这种悲凉境地将对农村养老乃至整个乡村伦理产生重大影响。

G村有一对70多岁的老夫妻,老两口辛辛苦苦把三儿三女拉扯长大。好不容易勒紧裤腰带把儿女们的婚嫁大事完成了,老两口便与最小的儿子住在了一起。不久小儿子及儿媳跑省城打工,老两口便义不容辞地担负起照顾孙子孙女的任务。几年后老太生病瘫在了床上,老头也腰腿不灵干不动活了。在外打工的小两口只好回家。但回家之后儿媳妇做的第一件事情便是到村里要了宅基地盖新房,然后一家四口搬了出去。面对村里的指责,小儿子一家振振有词:"爸妈又不是我一个人的,凭什么要我一个人养啊?说我得了宅基地,我不要就是了。"其余的几个儿女则认为老两口这么多年也没帮他们看养孩子,如今老了不能动了,他们也没有义务养老。破旧的老屋里,只有年迈的老两口长吁短叹,步履蹒跚的老头照顾着生活不能自理的老太,日子过得非常凄凉。

---

① 郭于华:《代际关系中的公平逻辑及其变迁——对河北农村养老事件的分析》,《中国学术》2001年第4期。

梁鸿在《中国在梁庄》里对"反哺互养"的异化现象也做了深刻剖析：

> 老人帮他们带孩子，他们的地老人种着，这等于是交换，有许多娃们出去打工，孩子撇在家里，连一分钱都不给。有的老两口，好几个孩子，你留我也留，要不，吃亏了。还为谁留得多留得少打架，非得把老人撕吃了不行。……你看农村有哪个敢说不管孙娃儿的？现在不给人家帮忙，老了还想不想活？……世道变了，原先是儿媳妇怕恶婆子，现在是婆子怕儿媳妇。有哪个是省油的灯？不把你榨干就不算完。你辛辛苦苦替他照顾孩子，回来该吵你还吵你，该不养活你，还不养活你。给他们摆一下自己的功，说那是你孙子，你想让他饿死我也管不着，刻薄得很。……①

无独有偶，范成杰对江汉平原农村家庭养老问题的实证研究也表明，以代际反馈为特征的家庭养老模式出现了断裂和失调，并显示出了一种不同的模式，即父母对子女的责任远远高于子女对父母的义务。这集中表现在，第一，虽然老人为子女的婚姻等花费了毕生的积蓄，但是子女对老人的经济支持却非常有限，这说明在经济互惠方面，代际间的支持是失衡、失调的；第二，老人能从子女那里获得的生活照料支持非常有限，在当前农村老年人空巢家庭比较普遍的情况下，老年人的生活照料问题将会非常的严重；第三，老年人从子女那里获得的亲情和精神慰藉很少，甚至子女本身就是老年人精神状况不好的重要原因，作为家庭养老重要内容之一的精神慰藉部分在当前农村社会里已经没有了实质的内容，家庭养老很大程度上已经演变为子女仅仅出钱、出粮食的境况。②

由上观之，传统的文化机制在当前的乡村已遭到破坏，孝道观念失去了存在的文化与社会基础。子女根据市场经济的新道德观来衡量和对待父母，两代人之间更多的是一种理性交换关系，双方必须相互对等地给予。

三、孝道场里的关键人物：媳妇

媳妇在中国的家庭结构中占有重要位置，从横向来说，媳妇是丈夫的妻

---

① 梁鸿：《中国在梁庄》，江苏人民出版社 2011 年版，第 199—200 页。
② 范成杰：《代际失调论：对江汉平原农村家庭养老问题的一种解释》，华中科技大学 2009 年博士论文。

子;从纵向而言,媳妇既是儿女的母亲,也是婆婆的儿媳,又是将来自己儿媳的婆婆。无论在中国漫长的封建社会中,还是在今天改革开放的新时代,媳妇都是一个至关重要的家庭角色。传统时代的媳妇是孝道的真正执行者,要守妇道,要夫唱妇随、相夫教子、伺候公婆儿子。尽孝一部分要通过儿媳具体表现和完成。辛亥革命乃至新文化运动以来,男女平权,废除封建礼教,个性解放,妇女逐渐得到了解放,尤其是1949年以后,妇女的权利更是得到了法律的保障,从而崛起为名副其实的"半边天"。妇女逐渐参加家庭各项社会经济事务,逐渐要求当家作主,昔日只能到"媳妇熬成婆"时才换来的尊严和自由,今日提前实现。

(一) 传统孝道的执行者:媳妇

女性一生之中,以其人生阶段的不同,分别扮演了女儿、妻子、母亲三种角色,在传统社会中,一生之中处于女卑"三从"的地位,即未嫁从父、既嫁从夫、夫死从子。在这三个不同时期,就孝道义务而言,就是在家孝敬父母,既嫁后孝顺公婆、勉夫行孝,并且要生儿育女、承续烟火、教育子女、为人母仪,这可以视作对家族的孝的义务。在这三个阶段的三种义务中,最难也最为传统文化重视的是为妇之孝道。因为为女孝亲、为母慈子,均是出自自然亲情,当然易为实行,而孝舅姑(公婆)则纯粹出于道德义务。正因为其难,在传统文化看来似乎就更有伦理价值,更为重视。

《劝妇女尽孝俗歌》对妇女的义务做了具体详备的描述:"出门就要孝公婆,不比爹娘差多少。丈夫本是公婆生,你也就是女儿了。说话不可使高声,公婆是大你是小。侍奉不可好懒惰,你年少壮公婆老。行孝也不是难事,各事存心要乖巧。洁治碗盏进茶汤,涤洗衣裳勤洒扫。一切食物要细熠,莫教公婆费嚼咬。一切用物要收拾,莫教公婆费寻找。公婆倘要责备你,快将性气来忍倒。"在侍养与敬顺之间,尤重视后者,"舅姑者,亲同于父母,尊拟于天地。善事者在致敬,致敬则严;在致爱,致爱则顺。专心竭诚,毋敢有怠。此孝之大节也,衣服饮食其次矣。"(《内训·事舅姑章》)。乡间无名氏撰《女孝经》一册,上曰:"三从四德行妇礼,上和下睦敬亲姻;常怀孝顺于尊长,满面含笑莫生嗔;倘若夫家行妒害,有语莫告父娘闻;父母纵然闻此语,怎然责汝莫须论;奉劝娘子学贤惠,孝敬公婆理应然;莫说伯姆(姐)身上事,休言婶子(娌)有过愆;不要论他郎叔(夫之弟)短,遵循妇道善周旋"。莫不奉劝为媳妇者,应含忍安静,不要挑唆成事。

另外,媳妇不仅要敬事公婆,而且要敬奉祭祀男方家族祖先。"人道重夫昏礼者,以其承先祖共祭祀而已。故父醮子,命之曰:'往迎尔祖,承我宗事'"(《内训·奉祭祀章》)。即古代社会一方面要生儿育女,传宗接代,而且为人妇要帮助丈夫共同履行祭祀祖先之义务,要提前准备好祭祀要用的衣服、食品、祭器等。不仅要自己尽孝,而且要劝夫尽孝。

为妇后必然为母,如果不生育,要么被休,要么也会成为别人之嫡(或庶)母。以儒家之孝道要求,无后是最大的不孝。古代中国往往把不能生育的责任全推到妇女身上,因此妇女对家族所应尽的首要孝道义务是生儿育女,使家族烟火不断,《女儿经》中有"最不孝,斩先脉,夫无嗣,劝娶妾,继宗祀,最为切"。不仅生育子女,而且要教育好子女,也是妇女不可推卸的孝的责任。①现在60岁以上的老人,她们从小接受的教育就是如何做一个孝顺公婆的好媳妇,她们也眼见了自己的母亲怎样忍辱负重从媳妇熬成婆婆,她们知道这样的一条路也是自己须走的。"找个好婆家、有个好归属一向是父母对女儿未来的期望,而女孩也就在这种氛围里形成了对未来婆家归属的意识和想象,形成了对自己未来生活的想象。"②所以,古代的婆媳关系在人们的意识中留下了深刻的印痕,迄今仍隐约可见:"找好老公不如好婆婆,好媳妇不如好丈母娘",反映了传统时代父母的禀性、人格、教养对于子女夫妻关系的强大影响。

概而言之,在传统社会中,妇女被一整套封建礼教所禁锢,在社会和家庭中毫无地位可言。媳妇对婆婆必须唯命是从,没有自己独立的人格,婆媳关系是一种不平等的关系。

(二) 媳妇当家的新趋势

中华人民共和国成立后,"妇女解放"开始作为革命话语的一部分进入农村,在新的话语体系中,女性不再是男性的附属,而是作为独立的个体被重塑。这一

---

① 肖群忠:《孝与中国文化》,人民出版社2001年版,第318—320页。
② 杨华:《隐藏的世界:农村妇女的人生归属与生命意义》,华中科技大学2010年博士论文。

时期,婆婆的权威受到挑战,媳妇也开始敢于同自己的婆婆谈判,争取自己的权利。但是这一时期的媳妇总体上仍深受传统观念的影响,而且"集体主义和主流意识形态,不仅倡导尊老爱幼、孝敬父母的传统美德,而且集体有能力通过政治、经济措施来贯彻这种美德"①,所以,他们对婆婆依然是比较孝顺的。

"妇女解放"和土地制度使用权的变化对家庭产生了深刻影响。随着家庭联产责任承包制在农村中的不断推广,家庭重新成为基本的生产生活单位,"交够国家的,留足集体的,剩下都是自己的",家庭经营的好坏完全取决于夫妻双方的共同努力程度。且经过历次解放运动的洗礼,妇女参与家庭决策的意识已经觉醒,无论是农业生产还是生活消费,妇女都积极发表意见,甚至不惜与自己的丈夫发生争执。家庭关系的主轴由父子关系向夫妻关系转化,妇女地位变得越来越重要。

近十几年来,随着长辈掌握的经济资源降低,他们的权威也随之降低。用 G 村年纪大点的人的话来说,"谁有物件谁当家。以前老的当家,因为他有地,儿子要不听话,你滚你的。那老的说话能不算话?现在,你钱也挣不多,又没有财产,上哪当家去?儿子儿媳妇能抓能挣,他(她)就能当家。"儿子从对父亲的依赖中解放出来,他也就具备了挟妻子以抗父母的经济基础,分家后的小夫妻以他们年轻力壮的资本经过几年打拼,即可在经济地位上赶上并超过父母。夫妻小家不仅是生儿育女的爱情小巢,而且成为独立核算、合作发展的经济单位,在家庭关系中,基于互助合作基础之上的夫妻关系重要性日益提高,代际之间的依赖——权威关系逐步减弱,这使得媳妇向家庭权力的主体进一步靠近。访谈中 G 村很多人都提及自分田到户后,"媳妇比婆婆要厉害"。

> 以前都是听婆婆的,现在哪有?都倒过来了。东边那个玉珍他媳妇,李家村的,换亲换来的媳妇,听说别人家都不愿意要。这边先前玉珍也不要,她就跟着玉珍学徒(行医),到后来两人又好上了哩,连孩子都生了。那媳妇,谁都敢揍,连她老公公都揍,一句不合言,那玩意照着脸打好几捆子。②

---

① 贺雪峰:《农村家庭代际关系的变动及其影响》,《江海学刊》2008 年第 4 期。
② 摘自对 G 村 YZS 访谈。

G 村 79 岁的徐老爷子提起自己那个啥事都爱攀比、计较的二儿媳妇也是气不打一处来：

> 这二儿媳妇多年不给搭腔了，出去碰见还给骂呢。俺这俩儿都不错，就是给这俩娘们给拖后腿了。你看俺二儿回来都三天了（之前其二儿子一直在外地打工），俺还没见着面呢。为啥？说我弄两个钱都给大儿了。我那个大孙子有点神经病，把他媳妇照着胳膊捅了好几剪子，上城里医院了。过了没俩钟头，俺大儿媳妇又喝药了，不想活了。家里乱成一团，救护车来来回回跑了好几趟。那阵花了五六万啊，大儿一趟趟进城，把家里值钱的牛和猪都卖了，钱还是不够花，庄户人家哪有那么多存钱，我得给他点救命钱啊，你不帮他谁帮他啊？谁知道，这二儿媳妇有意见了，说我偏心，不给他们家钱花。你看看，还说孝顺呢？都倒过来孝顺他们了，这不是'倒孝'啊。①

在调查夫妻权力结构的过程中，家庭实权拥有权是一种很好的指标。它可以更直接、更准确地反映出夫妻权力关系的实际状况。表 4-4 所示为各国家庭实权拥有者的比重比较：

表 4-4　　　　　　　　　　家庭实权拥有者比重表(%)

实权拥有者 \ 国家	日本	韩国	菲律宾	美国	英国	法国	德国	瑞典	中国
夫	62.4	45.4	65.6	20.9	21.5	21.7	8.0	12.6	20.4
妻	12.4	12.1	7.9	19.0	26.3	10.0	11.9	8.3	30.7
夫妇	19.1	37.8	24.8	56.6	51.3	67.2	71.9	72.7	44.1
全家	2.4	1.9	0.3	3.3	0.8	1.1	6.1	5.0	0
其他	3.2	2.6	1.4	0.2	0.1	0	0.1	0.1	4.8
不详	0.5	0.2	0	0	0	0	2.0	1.3	0
家庭数	1 560	802	774	611	611	710	700	781	5 339

资料来源：单艺斌：《女性社会地位评价方法研究》，九州出版社 2004 年版，第 225 页。

从上表部分东方国家和西方国家的家庭实权拥有者这个指标的对比中，可以看出很有趣的差别：美国、英国、法国、德国和瑞典这样的西方国家都是以夫妻

---

① 摘自对 G 村 XGQ 访谈。

平等为主的模式：平权国家占五成至七成；而日本、韩国和菲律宾这样的东方国家都是以男权为主的模式：男权家庭占四成至七成。中国的情况与这两个模式都不同：夫妻平权占四成至五成，处于东西方之间；夫权占两成，也是处于东西方之间；妻权占三成，是全部入选国家中最高的。

一项专门针对中国农村夫妻的权力比较的研究表明，夫妻平权的模式已经占到六到八成，而男权模式在农村已经下降到一到三成。妻子对各项事务的决定权比重上升。如下表所示：

表 4-5　　　　　　农村家庭中夫妻各项权力的比较(%)

指标	妻子	丈夫	夫妻双方	其他人	无此问题
收入管理	6.94	10.21	80.99	1.86	0
买大牲口	3.52	28.56	57.18	3.60	7.14
买生产工具	3.86	26.91	59.78	2.42	7.03
买日用品	13.01	17.81	66.96	1.20	1.00
盖房子	2.28	17.14	76.25	3.11	1.22
给钱送礼	10.08	14.29	73.35	1.55	0.73
孩子上学	5.69	9.46	81.78	0.30	2.77
孩子选对象	9.37	4.31	66.58	0.35	19.39
彩礼购置	7.19	5.20	74.19	0.63	12.79
嫁妆购置	8.20	5.34	73.02	0.53	12.92
生育决策	6.17	3.89	82.87	2.07	4.45

资料来源：沙吉才主编：《当代中国妇女地位》，北京大学出版社 1995 年版，第 252 页。

现在的乡村社会，传统的"丈夫说了算""丈夫主宰一切"的家庭权力模式已经开始改变。女性在家庭决策上发挥着越来越重要的作用。这种地位的提升是与女性的经济能力提高相关的，同时家庭作为生活单位的功能逐渐高于作为事业单位的功能，这使夫妻关系的重要性得以超过父子或母子的纵向关系，即家庭结构关系正由"伦理本位"[①]向夫妻本位转变。

在被问及各种家庭关系中哪种关系最亲近时，很多 G 村里人都会回答说："当然是夫妻最近啊！""父母把我拉扯大是不容易，但成家后和我一块打拼立业

---

① 梁漱溟：《中国文化要义》，上海人民出版社 2005 年版，第 75 页。

的是自个媳妇,老了照顾我的还得是自个媳妇啊",村中一名35岁的孔姓青年如是说。其实,这也同样可以从做父母的话语中得到验证,"如今儿大不由爹,女大不中留,儿子娶了媳妇忘了娘"。

这甚至也体现在社区舆论倾向的变化上。而今一位只听从母亲的指责而打骂自己媳妇的男人会被村里人认为"没本事",这与传统观念大相径庭。一直到20世纪90年代,村里发生婆媳纠纷时,丈夫一般会当众训斥或掌捆妻子,即便可能妻子是对的,但为了维护自己在围观的街坊邻居面前的孝子面子,一般还是会选择"该出手时就出手",事后只有两个人时丈夫多半会向受委屈的妻子寻求谅解。

世易时移,如今尽管大多村民还认为,在家族事务中女人是不能"主事"或"出头"的,代表家庭的只能是男人(丈夫)。不过大多数村民也承认,在实际家庭生活中往往又是女人在主事,家庭事务的决策权大多掌握在妻子手中。村中有的年轻人戏称,"在外边做别人的领导,回到家里来受媳妇的领导"。

在G村,很多的妻子都获得了几乎与丈夫平等的家庭事务决策权,夫妻双方共同对家庭生产、财产支配、消费支出以及子女的教育等方面作决策。目前在农村,这种男女平权的现象日渐明显。男子很多事情都要和妻子商量,妻子的意见很重要。甚至在很多时候,年轻的乡村媳妇们不再满足于后台的操控地位,她们直接走到前台来,参与家庭或家族的事务。调研也证明了这一点:

现在还有哪个儿媳妇让婆婆管的!

人情往来原来都是老人说了算,小的跟着随份子就行了,现在人家媳妇都是自作主张,愿意跟谁好就和谁来往,才不管上一辈的老亲呢!

现在男女一样了,说起来生个男孩还不如生个女孩合算。现在两口子生活都是媳妇说了算,男的说了不管点用,有点好吃的,都拿到媳妇娘家孝顺了,家里的公婆不关她的事。儿子管啥用?一点派不上用场。再说了,说了不算他能顶用吗?这种现象现在在农村很普遍,可以说99%。

甚至老人提前要求儿子来给他们帮忙种地,有时也要看儿媳的脸色和心情,若儿媳反对,老人也不敢执意要求儿子前来帮忙干活,否则儿子回到家必将面临一场"冷战"或"热战"。

社会变迁,文化从碎裂走向重建,但由经济导向的新秩序在一定程度上把老人的生命历程和生存的价值意义颠倒了,他(她)们被不公平地对待了。面对这些多起来的纠纷,老一辈的婆婆们一脸无奈,尤其是一些五六十岁的婆婆们,早些年她们是受气的小媳妇,吃了不少老婆婆的刁难苦,好不容易熬到自己做婆婆了,却还要看儿媳妇的脸色生活。笑东把她们看作是最不幸的一代,并称她们为"最后一代传统婆婆"①。全国范围来看,媳妇当家已成一种趋势。这是中华人民共和国成立后,尤其是改革开放以来家庭权力结构变化的最为重要的一个标志,是家庭权力由丈夫向妻子,由男性向女性,及由老年人向中年人转移的标志。郭建勋在对四川省康定县鱼通的调查中,一位曾任过多年村干部的人对他抱怨道:

> 我觉得,男女平等,妇女翻了身,但有些是不是翻得过火了点。说到儿子(娶)媳妇,儿子多的家庭,十有九家的娘老子(父母)日子很不好过,东撑西撑,这家也搁不到,那家也搁不到,需要八方跑。吊颈死的,跳河死的,多得很。男女平等指的只是平等嘛,每个人有四个娘老子,应该同时一样的尊重,不应该见外。多数是儿子脑壳简单,不过他也难办,一方是父母,一方是爱人,多数随爱人多一点。②

"天下媳妇一般强",袁松在湖北顾村的调查也证实了媳妇在家中的强势地位,"我们村的男的都怕老婆,十个男的有八个半都怕,现在女的能赚钱,赚得比男的还多,到外面去打工,女的还吃香一些,家里的事情也是她们在做,她们精打细算,让她们掌家一个家才搞得好。"③

阎云翔在东北农村的调研结果同样显示:"村民告诉我,在40岁以下的夫妻里面,八成以上都是老婆当家。在30岁以下的夫妻中,所有家庭都被认为是老婆当家"④。村子在过去50年其实只有两种变化:一是"爷爷变孙子",二是"妇女上了天"。上一句指的是父母对儿女权力的下降,年轻一代自主性上升。所谓

---

① 笑东:《最后一代传统婆婆?》,《社会学研究》2002年第3期。
② 郭建勋:《居处模式的改变与老年妇女的信仰生活》,参见四川省民俗学会编:《孝道文化新探》,四川出版集团2010年版,第532页。
③ 袁松:《消费文化、面子竞争与农村的孝道衰落——以打工经济中的顾村为例》,《西北人口》2009年第4期。
④ 阎云翔:《私人生活的变革:一个中国村庄里的爱情、家庭和亲密关系(1949—1999)》,上海书店出版社2009年版,第113页。

"爷爷"与"孙子"不过是象征性的说法。下一句则是从"妇女能顶半边天"演化而来,但却是在抱怨妇女地位的巨大改变。①

翟玉和和他的调查组在全国范围内的调查也发现不肖子孙突出表现在"刁、泼、蛮、野"的儿媳妇身上。她们大多小学文化甚至小学没毕业,她们眼里只有自己的小家和孩子。一些体力不济、疾病缠身的老人被她们视为眼中钉、肉中刺。也有一些儿女埋怨父母无能,没给自己留下丰厚的资产,没给自己创造过上好日子的条件。所以,当年纪大了的父母生活困窘时,他们亦以"无能为力"万般推辞。调查组听到不少老人异口同声地抱怨:"老话讲,不养儿不知父母恩,现在的人养了儿也不知父母恩。"

因为妇女当家,妇女重点发展哪一方面的关系就会影响到一个地方的基础秩序。所谓一家难容二主,在亲情夹缝和爱情夹缝过渡中的男人常常面临着要处理好自己同母亲、自己同妻子、母亲与妻子之间的关系。这种情况下,聪明的男人会努力发挥中介和桥梁的作用,"好事做到两头传,坏事做到两头瞒"。尽管如此,婆媳关系依然是"割不断,理还乱"的"冤家",婆媳纷争依然是村里最多的"新闻"。

(三) 一言难尽的婆媳关系

在家庭的各种关系中,婆媳关系是一种特殊姻亲关系。一来是因为婆媳关系融洽与否直接影响着家庭中其他人际关系,如夫妻关系、亲子关系等;二来婆媳关系是家庭内部人际关系中最微妙、最难处的一种关系,它和家庭成员的各种关系相互作用,相互影响。如图4-3所示,在祖孙三代的家庭中,婆媳关系是家庭关系的基础,婆媳相处和睦,家庭井然有序。丈夫外出打拼,赚钱养家,媳妇参加农业生产,种田顾家,或者为丈夫做"二把手",帮助其做生意。公公、婆婆带孙子看家护院,或者做饭,为儿子、儿媳提供坚实有力的后勤保障。其结果必然是各尽所能、合谋发展,"大家心往一处想,劲往一处使",家和万事兴。但一旦婆媳关系紧张,儿子(丈夫)便在中间左右为难,受夹板气,孙子被妈妈推给奶奶,奶奶

---

① 阎云翔:《私人生活的变革:一个中国村庄里的爱情、家庭和亲密关系(1949—1999)》,上海书店出版社2009年版,第112页。

生气又推给爸爸,爸爸推给妈妈,争吵不休,本来是三方争宠的孙子变成了大人怄气斗嘴的无辜受害者。家庭成员心情不顺,直接导致家庭的互助合作功能失灵,家庭的经济发展大受影响。因此,在 G 村流行一句持家谚语:"分工不分家,分家不分心",恰是对婆媳争讼可能带来后果的劝诫。

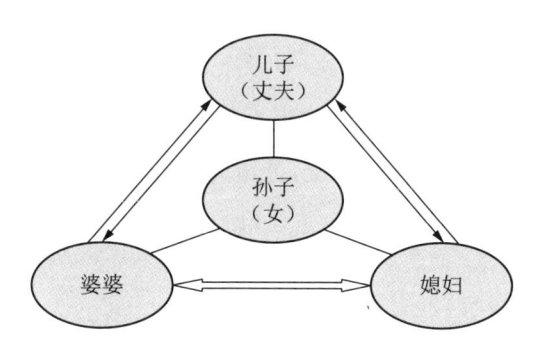

图 4-3 婆媳关系结构示意图

目前,学者关于农村婆媳关系研究一个主要的解释框架是权力(或资源)竞争,"婆媳冲突很可能是女性情结的社会根基",认为二者之间存在权力关系。[①]后来的研究基本没有突破这一框架,比如,李博柏采用冲突论的理论框架,指出婆媳之争就是有限权力的争夺。[②]笑冬认为婆媳关系矛盾的实质就是"竞争和控制养老资源",他还观察到了媳妇在家庭资源控制权转移中的优势地位。[③]郭秀娟也将婆媳双方对家庭财政大权的争夺作为双方关系不和的"罪魁祸首"。[④]

可见,婆媳关系是中国亘古不变的话题,而婆媳关系的背后又深刻地打上了社会结构与社会变迁的烙印。在传统社会里,长期处于男权社会统治下的中国妇女受到来自社会政权、宗法势力、文化传统的挤压。男尊女卑的思想,使得女性将男性看作自己的靠山和依托。女子一出嫁,她便找到了"人生方向的指归,她所嫁的男子就是她的社会位置和归宿。与女子在家庭位置中找到人生归属一样"。[⑤]但作为媳妇,其命运不仅与丈夫紧密相关,而且在很大程度上掌握在婆婆

---

① 费孝通:《乡土中国》(修订版),刘豪兴编,上海人民出版社 2013 年版,第 513 页。
② 李博柏:《试论我国传统家庭的婆媳之争》,《社会学研究》1992 年第 6 期。
③ 笑冬:《最后一代传统婆婆?》,《社会学研究》2002 年第 3 期。
④ 郭秀娟:《浅析当代农村家庭婆媳不和现象》,《中华女子学院学报》2004 年第 4 期。
⑤ 康俊平:《论元杂剧中孙夫人形象的文化内涵》,《平顶山学院学报》2006 年第 1 期。

的手里,新媳妇从踏进婆家的第一天起,就会受到婆婆的管教。可以说,婆媳相处的过程就是婆婆管教、规训媳妇的过程,媳妇必须忍耐度日。《孔雀东南飞》中所描述的焦仲卿和刘兰芝的爱情悲剧堪称鲜活的婆媳关系难相处的个案,焦仲卿之母要求其休妻重娶:"何乃太区区!此妇无礼节,举动自专由。吾意久怀忿,汝岂得自由!"焦仲卿之妻刘兰芝满心伤感委屈,"十三能织素,十四学裁衣,十五弹箜篌,十六诵诗书。十七为君妇,心中常苦悲。君既为府吏,守节情不移,贱妾留空房,相见常日稀。鸡鸣入机织,夜夜不得息。三日断五匹,大人故嫌迟。非为织作迟,君家妇难为!妾不堪驱使,徒留无所施,便可白公姥,及时相遣归"。最后,焦仲卿在母亲的逼迫下,刘兰芝在母兄的逼嫁下,二人选择了殉情自杀。足见古代社会中婆婆地位之高。

费孝通说,"中国的家庭是一个事业组织,是个绵续性的事业社群,它的主轴是在父子之间,在婆媳之间,是纵的,不是横的。夫妇成了配轴。"①换句话说,孝道从人伦关系层面规定了婆婆在媳妇面前的权威,且这种权威无可争辩,具有单向性和继承性。典型的中国家庭中,儿媳通常是对婆婆言听计从,不得有半点怠慢与不满,媳妇在家庭中通常是处在最底层的,她要孝敬公婆,伺候丈夫及其兄弟姐妹,还要照料孩子。

婆媳关系在1949年以后发生了巨大的变化,随着生产制度、家庭结构、家庭财产占有主体状况、舆论风向等的变化,婆婆的力量日益下滑,而年轻的媳妇则呈日渐上升的趋势。尤其是家庭联产责任承包制在农村广泛推广后,越来越多的年轻妇女开始走出家门、走向社会,妇女在家庭中的地位也相应发生了变化,日益向家庭权力的主体靠近。农村的社会结构在市场经济的冲击下,也开始发生变化。很多农民外出打工,获得的工资收入成为农民全部收入的重要来源。这段时期里的"婆婆们"既没有充沛的体力和精力,又缺少再学习的能力,只能待在家里带孩子、干农活。加上集体时代对没有劳动力的老人的生活基本保障被取消了,她们的生活不得不依靠现在年轻的儿子儿媳。在这种情况下,婆媳关系发生了翻天覆地的变化。婆婆对儿子和媳妇的控制权日益减少,婆媳矛盾日益

---

① 费孝通:《乡土中国·生育制度》,北京大学出版社2004年版,第40页。

增多。①

G村有句俗话说"有好儿不如有好媳妇",儿媳的态度对老年人的生活起到至关重要的作用。访谈中不少老人纷纷叹息:"我们这一代人,过去是看婆婆的脸,现在是看媳妇的脸。"G村有一位60岁的徐老太,早年丧偶。丈夫过世后没有再嫁,一个人含辛茹苦地将两个儿子抚养成人。儿子们也很争气,一个大学毕业后留在曲阜市里工作,另外一个也在市里某企业做了一名技术员。大儿子婚后与媳妇商量着把老人接来享享福,儿媳妇也答应了。但是,住了半年不到问题来了。人说"城里的媳妇,乡下的婆"。两人在生活习惯、思想观念等方面都存在许多差异,婆婆爱说,媳妇不爱听。两人愈来愈看对方不顺眼,婆婆最终还是回到乡下守着她那几间老屋去了。

四川省社会科学院和共青团四川省委2005年共同组织了"中华孝道文化研究课题组"对869个不同样本的数据分析显示:父母子女共同生活的家庭中,矛盾冲突主要发生在父子之间的占26.63%,母子之间的占18.75%,公媳之间的占9.78%,婆媳之间的占36.14%,祖孙之间的占5.98%,其他的占2.72%。可以看到,在共同生活的家庭的矛盾中,婆媳矛盾占了第一位。②

婆媳间日常生活中琐碎的冲突,除了因为代际之间生活习惯和观念的不同外,还表现为她们各自对对方把自己当成"外人"的猜疑和不满。由于缺乏血缘关系和抚养关系,做儿媳妇的总觉得与自己的母亲感情近一些,而与婆婆则很难相处。像访谈中一位G村妇女所告诉笔者的那样:"婆婆又没生我,又没养我,没有感情基础。"从道理上讲侍奉父母与侍奉公婆是一样的,但实践中还是有很大差异的。父母,是自己生命之所出,父母又有养育之恩,自然是情感多于理性;而公婆则是因与丈夫的婚姻关系后才有的伦理关系,自然是理性多于情感。

在婆媳相互的抱怨中,最多的抱怨语是"她外心我"。做儿媳妇的常将婆婆对待自己的态度和对待小姑子的态度对比,而做婆婆的则常将儿媳妇对待自己的行为与其对待娘家母亲的行为对比。这种"内外"之别是妇女整个婚后生活中造成其与婆家成员产生矛盾的背景。

---

① 刘梦:《中国婚姻暴力》,商务印书馆2003年版,第133—134页。
② 四川省社会科学院和共青团四川省委:《关于四川城乡居民孝道观念的调查与分析》,2005年。

> 我那个婆婆,放着小孙子不看,跑北京给她闺女看孩子去了,你说我能不生气?以后是我和她儿养她老,又不是她闺女养她老。她要一直这样,那我也不管了,她老了后别指望俺们养她。①

而实际上,这位媳妇的婆婆也是事出无奈,自己一个儿子,一个女儿。儿子在厦门打工,育有一女一子。女儿在北京打工,刚刚生下一子。老太一想,儿媳妇没有工作,可以在家带带孩子。对门还有自家老头能够帮忙照应一下。闺女那边没有公公婆婆,在北京打工养家糊口很艰难。况且儿子家的大孙女自己已经给看到12岁了。做娘的也心疼闺女,碍不住那边闺女的软磨硬泡便去了。谁曾想这下引起了轩然大波。才住了不到三个月,这边媳妇便发话以后不准备养老了。

有学者调查显示:父母与已成婚的儿子(儿媳)们之间的矛盾主要有两类:一是对财产分配和补偿的不满意造成的矛盾,二是儿子(儿媳)们在赡养和送终上义务分配的矛盾。这些矛盾的核心特征是儿媳们之间的互相指责和攀比。……大儿媳可能会指责父母偏爱小儿子,小儿媳可能会抱怨父母疼爱长孙,二儿媳可能会认为,自己结婚时没得到父母什么财产。诸如类似的抱怨在村落的公共空间里每天都可以听到,永远都不会消失。儿子(媳妇)们的这种不公平感多少也会影响他们日后对丧失劳动能力的父母的态度,严重的会导致儿子(媳妇)拒绝赡养父母,甚至拒绝在父母死亡时为其送终、分担丧葬费用。②

老人养育自己的儿女长大成人,并供其读书或接受技能手艺培训,以迄于成家立业。老人的抚幼使命本应告一段落,"也该为自己想想未来",但在其中老年介入的儿媳则要求从其进入夫家家门算起,公公婆婆给自己提供了什么,房子还是优越于邻居的家底?她们把老人抚育自己老公长大视为应该的,没有任何功劳,"你不养大你儿,我还不进你家的门呢!找个有本事的,还不跟着你家受罪呢!"所以,媳妇们普遍把养老尽孝和公公婆婆中晚年的继续为自己劳动作为交换的筹码,"你不看孙子,我们凭啥养你?"并且,"就算你帮她照看孩子,管吃管喝,儿媳也未必领你情,她们觉得看的是你家的骨肉,是应该的,要感谢也得感谢

---

① 摘自对G村ZYS儿媳访谈。
② 陈柏峰:《暴力与秩序——鄂南陈村的法律民族志》,中国社会科学出版社2011年版,第49页。

儿媳们,是她们帮我们生儿育女、传宗接代的。"可见,在从传统到现代的社会观念转型中,由于个体所受教育和认同的不同,导致除了观念的错位、责权的双重标准、孝道的异化等失序现象。儿媳在要求其权利时总是习惯于说"时代变了,新人新标准,我们要当家",但轮到其尽义务时,她们又会断章取义地拿出一条"不孝有三,无后为大"的标准表明自己对家庭的贡献——生儿育女,把老人的贡献以"应该的"三字抹杀。最后变成了养老是自己的好,不养是公婆自己的错,说来说去自己都是对的。

调研中笔者就碰到这样一个家庭。婆婆认为自己含辛茹苦把两个儿子养大,累死累活又给大儿子盖上房子,讨上老婆。儿子出去打工赚钱,老人帮他们在家干庄稼活,偶尔还帮忙照看一下家里,儿媳在家就侍弄一个孩子,什么活也不干,可老婆婆这样做还是没讨得媳妇的欢心。老太太是一肚子的委屈,儿媳那边也是一堆的理由,认为婆婆不帮自己带孩子,做得很不够。事实上老人还有一个20多岁的小儿子,还得需要老人攒钱帮他盖房子。但儿媳不体谅,老人也难以咽下这口气。结果,就因为"帮不帮带孩子"这件事上产生矛盾,婆媳关系恶化。

关于普遍存在的婆媳矛盾之根源,已有不少论述。[①]其中较普遍的一种分析是将婆媳矛盾归结为两位女性对于同一个男人(婆婆的儿子,儿媳妇的丈夫)的争夺。[②]G村的婆媳矛盾在很大程度上表现出这一特点。换言之,这其实也是两种亲密关系,即母子关系与夫妻关系间的争夺。在婆媳冲突中,经常就有婆婆或儿媳妇对对方破坏自己的母子关系或夫妻关系的指责。当婆婆的会说:"儿现在不跟我一心了,儿媳妇成天在他耳边嗡嗡地灌,还有瞎不了的事么。"做儿媳妇的也经常这样生气:"好好的,往他爹娘那儿去了一趟,回来说打就打,说骂就骂。"

如果从生活家庭的角度来理解婆媳之间的这种争夺,或可有助于我们更深地理解这种普遍存在的矛盾。建立并维护一个属于自己的生活家庭,是婚后女

---

① 有的从婆婆所代表的父权的压制力量和儿媳妇的反压制方面论述;有的从两代人的文化差异论述;有的认为婆媳冲突是出于两代妇女对于家庭有限权力的争夺。

② 对此争夺的性质个人的理解又有不同:有的研究者从妒忌心理的角度将其分析为对后者感情忠诚的争夺;也有研究者从家庭权力结构的父系构成来分析,认为在父权家庭中由于任何利益的诉求必须通过影响男人而达致,女性之间为了各自的利益而展开对男性的竞争;沃尔夫则认为婆媳矛盾之根源在于两代妇女为自己的"子宫家庭"而对男性成员忠诚的争夺。

性亲属实践的核心目标。而这同一个男人的情感忠诚是分不开的。婆婆的生活家庭要延续并扩展的话,就必须留住儿子对自己的忠诚,因为母子感情是其生活家庭中的根本纽带,并通过儿子,将儿媳、孙子(女)包括进自己的家庭;而年轻的儿媳妇要建立起以自己为核心的生活家庭,就必须以夫妻感情为前提和基础。这种诉诸同一男性的母子忠诚与夫妻亲密之间的争夺,势必使婆媳之间构成相互竞争甚至是相互威胁的关系。由此我们也可以深刻理解在母亲和妻子之间受"夹板气"的男人——他的困境在于,他必须在忠诚于以母亲为核心的生活家庭还是忠诚于以妻子为核心的生活家庭之间做出选择。因此,从本质上说,婆媳之争也就是两代生活家庭之争。

儿媳妇建立自己生活家庭的诉求,会很快地以分家的形式得以实现。美国人类学家玛格瑞·沃尔夫考察了20世纪五六十年代中国台湾地区农村妇女的生活,她认为,妇女婚后在夫家的适应策略之一就是在父系和父权的大家庭内部建立一个自己的生活空间,沃尔夫称之为"子宫家庭"(uterine family,也有译为"母性家庭""母亲中心家庭"或"阴性家庭"的)。这种家庭仅通过母亲与自己的子女的情感纽带维系。在此基础上,沃尔夫提出,大家庭分裂的原因不在于兄弟之间关于财产的争执,而在于他们的妻子为建立自己的生活空间的努力;也就是说,父系大家庭内部各"子宫家庭"的存在造成了它的分裂。①

对此,老人们已经开始调整出一些回应方式。其对策之一是自己仍掌握一定的经济资源。比如一些有条件的老人会未雨绸缪地先积攒下一定的钱财,而不是在儿子分家的时候完全分给他们,以此来保障将来的赡养生活。在访谈中,多位"聪明"的老人(一般是老头),很自豪地道出了其处理和儿媳之间不即不离的关系窍门:

> 如今这世道变了,原来做公公婆婆的咳嗽一声,媳妇就得琢磨琢磨自己犯了啥错。现在不灵了,虽然狗不嫌家贫,但儿子嫌母丑,儿媳抱怨家里穷。你们听过"墙头记"故事吗?说的就是老父亲又当爹又当妈,好不容易把两个儿子养大娶上媳妇,最后老了两个儿子都不愿养老,邻居老汉出主意让他

---

① 李霞:《娘家与婆家——华北农村妇女的生活空间和后台权力》,社科文献出版社2010年版,第119—123页。

的两个儿子轮流奉养,结果在儿媳的推波助澜下两个儿子把年迈的父亲推上了兄弟俩院落间隔的高墙上,都往对方家里推。无奈的老人采纳了好心邻居的主意,让人放风说老头在地下埋有金银财宝,儿子闻讯,都来抢夺老爹,要到自己家养老。唉,这不就是教给我们这些老头防儿养老的办法吗!趁着还能动,多赚点钱存起来,明白留着,儿子媳妇的孝顺将来就给他(她)们用些,不孝顺将来还得养活自己用。

G村老人所能牵制儿子、儿媳的也就这么点存款了。当笔者问及若是儿孙不孝,房子将来就不给他们岂不更有威慑力时,张老汉摇头:

> 咱农村和城里不一样,城里房子老人有产权,他可以自己说了算,可以自己决定死后留给谁。咱农村里哪有这样的?都是子承父业,死后全都是儿子的,女儿也得不到。祖祖辈辈都是这样,村里的习惯也是这样,你就是村长、大队书记也得这样,否则人家可要骂你死老头想断子绝孙。①

近几年随着社会的进步和国家扶农政策的深入,政府和社会出台了各种政府、社会、家庭联合养老的政策和机制,2013年G村年满60岁以上的老人开始享受到政府的养老政策红利。每户由儿子每年上缴100元养老金(注:是缴纳其自己的养老保险金),父母就可以到当地民政部门那里每月领取55元的生活补贴,通过政府的力量介入子女对年老父母的养老。2019年老人可以领取的养老金数已经达到150~200元不等。此外,山东省局部地区还联合商业养老保险制定了惠农养老保险项目,就是子女为父母花5万元买个养老保险,在父母年满60周岁以后,每个月可以领取400元左右的养老金,父母若生疾病或意外,还可以得到一定比例的赔偿。这些政策制定的出发点就是要通过增强农村老人的稳定经济来源从而加强农村老人的养老保障,减少对于儿子、儿媳的经济依赖。当然,由于缴纳的数额"巨大",G村的老人目前还无一人享受到儿女如此高的"礼遇"。

另一种回应方式是以感情和服务付出换赡养。采取此种形式的多半是年老的女性。如果对儿子儿媳妇家的事不管不问,尤其是"不帮带看孩子",往往会成为儿媳妇拒不承担赡养义务的理由。

---

① 摘自对G村ZHS访谈。

现在都这样,老的得管着小的,还得管着孙子,你要不管,儿媳妇才给你脸色看呢,她说你年轻时候又没管过俺的事,俺的孩子一天也没帮看过。俺为什么要管你的事啊?等你老了,没人来伺候你。①

"带孩子"在不同的社会发展阶段含义不同。据 G 村老人回忆:

1949 年以前,婆婆就是帮着伺候儿媳月子,出了满月,儿媳就得下炕干活。等孩子稍微大些,甚至要带着孩子下坡(到田里劳作),没人帮着带孩子。本村的路生就是他妈怀着他在地里干活,结果要生了,来不及去医院,就在田间的路上下生了,取了个名字叫"路生"。以前的媳妇泼实,不像现在这么娇贵。再说以前谁家没有几个孩子啊!现在计划生育,一家就一个,都宝贝了。从三四岁到十几岁,大孩小孩都在村里串,哪有人管啊!只要不下河就行。现在孩子都要奶奶带,不敢放手,村南河边的海兵家的姑娘,那年都 12 岁了,又懂事学习又好,她娘下坡种地,让她在家里做饭照看弟弟,后来小姑娘一个人去村东大坑塘给她弟弟洗衣服,结果不小心掉进深塘。一直到晚上她娘发现女儿不见了,这才叫上家族的人去找,当天晚上还下着暴雨,最后找到时已经漂起在坑塘里了。她娘连夜打电话给在济南打工的她爹让他回家。听说也没火化,当天晚上就埋到南山上了。村干部知道也不会怎样,人家这么好的姑娘一下子就没了,还让人家再花钱去火化?人财两空!现在老人们更绷紧了神经,一定得看好孩子,万一有个三长两短,怎么向在外打工的儿子、儿媳交代啊!

计划生育制度在 G 村的执行,加上村民外出打工成风,以及社会犯罪现象对农村的侵入,使得"带孩子"成为一个重要的大事。担当此重任的便只能是年迈的爷爷奶奶。老人面对儿媳的不孝时,也会据此提出养老条件,否则也会以年纪大了看不了孩子为由向儿媳施加压力。聪明的儿媳往往都是嘴甜、懂事的,老人生日的时候,给老人买件新衣服再加上几百块钱寄到老家,礼到心意到,婆婆公公自然也开心,逢人便夸儿媳多孝顺。

两种应对方式中,老年男性多采用前一种方式,即把握一定的经济权;而老年妇女则更多的采取后一种方式,即以服务增强情感。这与他们在家庭的分工

---

① 摘自对 G 村 XGQ 妻访谈。

相对应,六七十岁的老年群体中,家庭内大都还是由男性掌握财权,而女性更多的负责家务事及家庭内部各种关系的协调。

四、家国分离背景下脆弱的老人

(一) 从家国同构到家国分离:社会转型中的老人命运

中国古代家国同构的社会结构,国家对家庭伦理、家庭结构、宗法制度异常重视。家固邦宁,家和万事兴。而作为一家之主的老人,自然受到从国家律法到家法家规,从国家尊老意识形态到社会尊老风尚,从读书识礼到日常生活实践方方面面的保障。

根据历史文献记载,历史上不少朝代都曾经以国家的名义制定或颁布过一些有关养老的礼仪、礼遇和法规,形成了我国古代社会独有的养老制度。

先秦时期,设有专门负责养老的官职:一是"太宰",通管全国事务。二是"大司徒",职责为"以保息六养万民,一曰慈幼,二曰养老,三曰振穷,四曰恤贫,五曰宽疾,六曰安富"。三是"乡大夫",即乡遂各级官员,具体负责登记"老者"免除赋役等事项。同时,先秦时期对鳏寡孤独者注重实施特殊照顾,不仅有组织保障,而且还有特定的经费来源。根据《周礼·地官·遗人》和《周礼·地官·司门》的记载,国门和关门所收关税留足国用外,节余要勇于赡养老人和小孩。而没收非民常用物品所得,则用来赡养那些为国死难者的父母和子女。

秦汉到晚清,设有专门的居养机构,以养鳏寡孤独老人。南朝梁普通二年(公元521年),梁武帝颁布诏令,决定在京师建康置"孤老院",目的是让"孤幼有归,华发不匮"。隋唐五代也继续设立这类机构,并派官吏专门主管悲田养病坊事宜。《唐汇要·病坊》记载:"悲田养病,置使专知,国家矜孤恤穷,敬老养病,至于安庇,各有司存。"元代也设有养济院,《元史·刑法制二》记载:"诸鳏寡孤独、老弱病残、穷而无告者,于济养院收养。"明朝对专门救济贫民鳏寡孤独者、不能自存者得养济院的管理还有明确规定。《明律·户律》记载:"所有官司应收养而不收养者,杖六十,若应给衣服而官克减者,以监守自盗论。"清朝对于普济院的管理也有此规定。除此之外,帝王养天下平民老人最主要的就是物质赐予。汉文帝在即位当年就定制:对年龄在八十岁以上的平民老人,每月赐米一石,肉二十斤,酒五斗;九十岁以上者,每人再赐帛两匹,絮三斤。唐显庆四年,唐高宗规定:凡民八十岁以上者,皆赐给毡、衾、粟、帛。明洪武十九年,明太祖诏令:"年八十、九十邻里称善者,备其年甲行实,具状闻奏。贫无产业者八十以上,每人月给米五斗,肉五斤,酒三斗;九十以上,岁加给帛一匹,絮五斤,虽有田产,仅足自赡者,所给酒肉絮帛亦如此。"

最突出的敬老活动是从周代便开始盛行的养老大典——乡饮酒之礼。由政府机构出面主持,劝励人们尊敬长老是其重要目的之一。据《新唐书·礼乐志》记载:唐太宗时期,州、贡明经、秀才、进士以及旌表孝悌均需举行乡饮酒礼。季冬之月,行正齿位则由县令为主人,乡之老人年六十以上有德者为宾,次为介、次为三宾、众宾与之行乡饮酒礼。县行乡饮酒重在敬老养老,即"孝子养亲及群物遂性之义"。明朝比以往各朝更重视乡饮酒礼,并明确要"叙长幼,论贤良,别奸顽,异罪人","其坐席间,高年有德者居于上,高年淳笃者并之,以次席齿而列。"

到了清代的康熙、乾隆等也极力提倡孝道,他们择日举办"千叟宴",款待全国的老寿星。这种仪式开始是康熙为了庆祝寿辰,而邀请65岁以上在任和退位的文武官员以及全国各地推举的贤德长者两三千人进京赴宴,后来演变成为朝廷的一种尊老典礼。史载,康熙60岁生日时,在畅春园举行的汉宴,与宴者90岁以上33人,80岁以上538人、70岁以上1823人、65岁以上者1864人,共计老人4240人,盛况空前。①

另外,不少朝代的诏书都明确规定,各级官府严禁擅自对高龄老人征召、拘押,也不准辱骂、殴打,违者"应论弃市",即当街杀头。据记载,汝南地区云阳白水亭长张熬殴辱了持有王杖的老人,还强令老人修路。这件事在当时影响很大,太守觉得无法判决,廷尉(最高司法长官)也难以断决,只好奏请皇帝定夺。皇帝说:"对照诏书,就该弃市",张熬最终被判处死刑。②

由上可见,养老、尊老不仅是儿孙们的家事,而且是得到皇帝关注和御批的国事。政府会通过礼律的规范、救助的机制和国君的敬老垂范来营造家国同构

---

① 牛创平:《千叟宴——看皇帝如何敬老》,《中国档案报》2002年4月19日。
② 徐卫民、裴蓓:《汉代孝文化研究》,《秦汉研究》2012年8月31日(辑刊)。

社会文化一体化的孝道文化机制。法国思想家孟德斯鸠在分析孝文化的内在逻辑时曾说:"一个儿媳妇是否每天早晨为婆婆尽这个或那个义务,这事的本身是无关紧要的。但是如果我们想到,这些日常的习惯不断地唤起一种必须铭刻在人们心中的感情,而且正是因为人人都具有这种感情才构成了这一帝国的统治精神,那么我们便将了解,这一个或那一个特殊的义务是有履行的必要的。"① 可见,在我国的封建社会,孝道完全纳入了社会道德规范和法律规范的范畴,且家喻户晓,深入人心,已经发展为一种根深蒂固的传统文化。

进入近代,中国人致力于建构现代民族国家,家国同构的模式解体,家也逐渐从国的视野中分离出来。家事和国事不再相提并论,养老成为家庭私事,尊老也不再提升到意识形态的高度来加以褒扬。政府从世代相沿的对养老问题的干预中退场,在打破封建礼教的家法族规以后,建立起公法——国家养老法律的合法性与权威性。原来对不孝子孙的道德评判让位于民事纠纷的司法审判。然而,关于养老尽孝的纠纷,无论儿子还是老人都不愿诉之于法庭,怕家丑外扬。而且,不管谁胜诉,诉讼费还得"自家人出"。于是乎,昔日的强势老人由于国家支持政策的退出而成为弱势群体——在家受儿媳的气,没有经济地位和社会保障,甚至连舆论支持也愈来愈式微。很多G村老人都活在自己的世界里,活在对孝道的历史记忆里。一旦无从适应这种变局,很多老人便选择了绝望式自杀。

(二) G村的"二奶奶之死"

二奶奶是笔者丈夫本家的一位老人,2009年的春节拜年,笔者还去看过她一次。老人一个人居住在一间昏暗潮湿的石头屋里,谈话过程中一直用一个很硬的板子支撑着腰部,陪同的嫂子说她患有很严重的腰锥尖盘突出症,几个儿子年前拉去城里看过一次,说是年纪大了,不好治了,又拉了回来。2010年的五六月间,打电话给老家时得知二奶奶死了,用一根小电线上吊自杀,结束了自己的生命。

二奶奶身高约一米七,只不过由于腰椎间盘突出而有些弯腰,和丈夫育有三儿三女。在1986年前后,二儿子偷了队里的一袋化肥被抓住,由于经历过"文化大革命"时期的政治运动和人民公社化社会运动,二爷爷怕他的二儿子被枪毙,

---

① [法]孟德斯鸠:《论法的精神》,张雁深译,商务印书馆1961年版,第316页。

忧心忡忡,惊吓过度,精神也变得有些异常,最后选择了上吊自杀。二爷爷过世时,大儿子已经娶妻生子了。二儿子、三儿子还没找到媳妇,小女儿也还没婆家,这样二奶奶一个人要强地把几个孩子拉扯大,并到处托人给儿子找媳妇、给女儿找婆家。结果老二成家了,自立门户,二奶奶就跟着小儿子过,其实应该说是小儿子跟着二奶奶过。小儿子人长得帅,本村一女孩看上了他。小夫妻和二奶奶在一起共处了3年的时间,其间他们一起盖起了新房子,装修得很漂亮。但相处得时间长了,三儿媳对婆婆的抱怨逐渐多了起来,于是三儿媳强烈要求出去单过,二奶奶抗争了一段时间,无果,只好顺从了三儿媳的要求。

2010年的暑假,笔者回乡,采访还原了二奶奶去世之前的大致生活场景:

> 你二奶奶原来跟三儿过过一段时间,后来三儿结婚,人家媳妇不愿意住在一块就出去单过了。于是又3个儿子家轮着住,后来儿子媳妇们说出去捡花生米挣钱,中午不能回来做饭,就让她自己出去过了。因为每个儿子一处院落,二奶奶要是单过(独居)就没有房子了。于是3个儿子合伙花了1 000多块钱在村北岭靠近水库的地方垒了两间石头房子,石头裸露着,缝隙也没有用水泥弥缝,冬天西北风都灌进屋里来。在石头屋子外面搭了个露天的灶台。3个儿子商量一家管多少天,包着给面、油啥的。她那几个闺女也不行,隔个三五里地的也不常来看看她娘。①

由于多年来的辛苦和操劳,二奶奶的耳朵基本上失聪,说话声音要很大她才能听得见。在她把最后的心事——小儿子和小女儿均成家立业完成以后,她也已经是70多岁的人了。照理说3个儿子和女儿们应该体会到母亲的良苦用心和为他们付出的艰辛,应该在父亲不在世的情况下发挥兄友弟敬、互帮互助的精神,多帮母亲分担压力。但儿女们却都很"理智",他(她)们每个人都在"计算"着从父母(父亲上吊以后就是母亲)那里得到过什么,然后再横向地对比,看看其他兄弟姐妹比我多得到什么——房子、父母的劳动力、对孙子的关心程度等,据此决定对老人的回报方式。

> 你二奶奶是阴历六月份死的(阳历7月份),她那时候还穿着厚棉袄棉裤呢。那时候下雨连阴天呢,她的泥巴锅灶在外头被雨淋毁了,不能烧么喝

---

① 摘自对G村YZS访谈。

了。她跑到老二家要碗汤喝,你二叔还熊她"喝那么急做么去"。你二奶奶喝完就撂下一句话:"我走了,赶明不再来了"。过后老大媳妇去送饭去,发现她吊在门上,拾了外面的小电线搭上的。老大媳妇就跑回来说不得了了,她老婆婆上吊死了。

我寻思着她(指二奶奶)是活够了,腰也有病,成天疼,觉得活得没意思。在农村咱老年人要生了个病就完了。子女也没有个给好好管的,你那个大婶子(指老大家媳妇)脾气可厉害了,对待你二奶奶,那可真是呼来喝去的,不当人待。也该着她这么个死法,你二姥爷当年也是因为他二儿子偷了队里的化肥吓得不轻,怕他儿被抓进监狱,最后有点精神不正常上吊的,她又这么个死法,你说……(长时间的沉默)

你二奶奶发丧的那几天也是连阴天,下了很大的雨,净是水。拜都不能拜,磕头也不能磕。她当年结婚进门的时候也下雨,那也是拜都不能拜。这人也是该这么死,要不那汤也不能那么急着喝,都是命。

你二奶奶娘家那边来也没说啥,她就弟兄两个,还是两个娘生的。她侄就说了句:"怎么姑跟姑夫走得都是一条路啊?"就再没吭气。她这个兄弟自己也不孝顺,叫他晚娘(后母)自己用水桶担水去,你说给她口水她得喝多少天?

这事怎么看?唉!人老了活着不易,怎么着死也是死,当时觉得不好看,时间长了就一样了。①

G村二奶奶之死,是众多农村老人自杀案例中的一个典型而已。关于自杀,研究者往往把自杀与精神疾病相关联,从精神病学和心理学方向着手探讨。其实,并未真正了解自杀者的生活是怎样的。他们着重从自杀者个人的因素——比如性格、抗挫折能力、交流能力、血型等出发判定自杀的倾向和动机,而缺少从自杀者所处的环境和外部因素——比如家庭关系、生活观念、价值寄托、未来期望等角度的深入研究。涂尔干曾将自杀现象置于社会学的显微镜下进行观察和透视,认为自杀主要不是取决于个人的内在本性,而是取决于支配着个人行为的外在原因。据此分析,二奶奶的自杀至少是多种因素综合发生作用的结果。

---

① 摘自对G村YZS访谈。

首先，长期无偿为6个儿女、尤其是3个儿子付出了毕生的心力，劳累过度，背驼了，耳朵聋了，但换来的结果却是自己像甘蔗一样被一遍遍地榨取，结果老而无用了，便被遗弃在一个荒凉的小石屋内，等待着儿子轮流送饭，若是儿子忘记了送饭便只能上门去要，这种现实生活和她年轻时所接受的家庭教育、所期盼的幸福生活根本不相容，落差太大。

其次，因丈夫早逝、自己再被儿女"抛弃"而独居，人老了更害怕孤独。她的空巢里既无电话可以随时联络儿女，也无猫狗相伴，而且房子后面就是水库，由于地势不平，这里人烟稀少。孙子已经长大，有的在城里干保安，有的读中专，还有的上中学，孙女已经嫁人生子，都不来看她，甚至自己的亲女儿一年也来不了几趟。农村"多子多孙又多福"的期望于她而言几乎成了幻觉，感受不到生活的意义所在。

再次，据采访可知，二奶奶自杀前心中充满了绝望与愤懑。G村老人轻易不会选择走绝路的，因为老人的死会让子女背黑锅——乡村舆论会在十里八乡传播，不但会影响儿女的面子，甚至连孙子找媳妇都会遭人指指点点。但在老人对儿女彻底绝望以后，便通过自杀行为，在村庄中以"人命关天"的死来表达对儿孙不孝的最后不满。迪尔凯姆认为：弱者和地位低下的人的自杀是对痛苦人世的一种逃避和反抗。①然而，老人自杀身亡后，3个儿子也没怎么内疚，照常进进出出，村庄也没有什么大的反应，3个儿子在村里的地位依旧。村民告诉笔者：

> 这个事当时不好看，过去了也就无所谓了。别人家的事咱能怎么说？咱没有权力管，也管不了。拉起来的话就说她那个罪受够了呗。这号事吧，背后里大家都明亮，当面没法说什么，咱这老百姓，老邻居的么啦，都在一个村里，低头不见抬头见的，谁也不好说谁。②

传统的农业社会中，老年人的权威来自他们在长期的经济生产中积攒下来的丰富经验，这种权威更有着传统思想和家族势力的有力保证。如果一个家庭出现子女不孝顺老人的情况，或者出现老年人自杀的事件，那么作为其子女不仅面临着强大的社会舆论压力，"抬不起头来"，更会直接受到其家族严厉

---

① [法]迪尔凯姆：《自杀论》，冯韵文译，商务印书馆1996年版，第10页。
② 摘自对G村LCY访谈。

的指责,甚至"惩罚"或"制裁"(如责打、孤立、剥夺家庭财产继承权、从家族中开除等)。

然而新时期的乡村代际关系日渐发生明显变化,老年人的家庭地位和家庭权威日渐式微,年轻人日渐"说了算",农村老人主动或被动的自杀现象趋于增多。20世纪80年代的老年人自杀多半是由于代际冲突所致。但那段时期,不但老人的自杀现象颇多,儿媳妇自杀现象也较多,原因是婆媳矛盾无法调和,而村庄的公共舆论对媳妇施以巨大压力,"人言可畏"。但80年末期开始村中老人的愤怒型自杀现象趋于减少,代际关系日渐疏离使得老年人日渐被弱势化。当老人的自杀不再能够引起他人关注,老人遇到子辈不敬之后,也就不再进行抗争,而是以"安静"的方式结束生命。

贺雪峰在湖北京山的调查也得出:子女不孝导致的老年人自杀,对子女也不会造成严重后果。首先,不会发生老年人(如果是女性的话)的娘家人过来讨说法的事情;其次,村民并不会因为老年人自杀而谴责他的子女:那是别人的家事,他人没有理由干涉。甚至,村民中往往会流传对自杀老年人不利的舆论,比如,她自杀是因为她太好强,太多言,太喜欢在外人面前说自己媳妇的坏话,全然不顾这个是否是事实以及是否在理。老年人自杀了,在村子里引不起任何反响,没有涟漪。子女也很少有人愧疚,更不要说有负罪感。老年人自杀后,他们的子女按一般程序来操办丧事,完成任务,然后再正常地过自己的生活,就像什么都没有发生一样,什么也没有改变。二奶奶的自杀在小小的 G 村就是如此,三两日轻微的喧嚣过后,村庄一切照常,除却一个人的消失,什么都不曾改变。①

(三) 不同步的转型,不平衡的政策——现代化进程中的家庭养老危机

传统的乡土社会是熟人社会,社会秩序的维系在于传统习惯、风俗礼仪及长者权威。在这样的区域共同体中,老人是集经验、知识与权力为一体的权威形象,他们居于村内及村际社会网络的关键位置并占有大量社会资源,在村庄公共秩序的维持、大事小情的处理以及对内惩治地痞恶霸、对外抵御敌对的侵犯等方

---

① 贺雪峰:《被"规定"为无用的京山农村老人》,《中国老区建设》2009年第11期,第10页。

面居于核心地位、发挥主导作用,进而影响村庄的盛与衰、治与乱。"所以用民主和不民主的尺度来衡量中国社会,都是也都不是,都有些像,但都不确当。一定要给它一个名词的话,我一时想不出比长老统治更好的说法了。"①"在一农业的伦理社会中,老人常是青年的领航,他们是祖先所遗留的智慧与经验的库藏,因此权威常在老人手中,故中国成为一'老人取向'的社会"。②这里的"老"并非仅是生理意义上的年龄的不断增加,而是包含了更多的社会和文化内涵。

1949 年中华人民共和国成立后,受"五四"新文化运动的影响,儒家孝道文化遭到了猛烈的批判,中国乡村社会的老人权威发生动摇。"文化大革命"期间的 1966 年 6 月 1 日,人民日报社论《横扫一切牛鬼蛇神》,提出"破除几千年来一切剥削阶级所造成的毒害人民的旧思想、旧文化、旧风俗、旧习惯"的口号。这些对村庄的传统也构成了破坏性的打击,而传统是老人权威赖以存在的根基。

人民公社时期,是中国历史上社会变革最剧烈的时期之一。几千年来的小农经济数年之内由互助组过渡到"一大二公"的大集体所有制,田产和生产方式的变更其影响是史无前例的。国家一方面在推行大规模的社会变革,希望由小农经济为主体的半封建社会跨越资本主义发展阶段,直接跑步进入完全的社会主义社会,于是生产力被虚报和浮夸;生产关系和社会关系则被作为改造的重点突破口,实行集体化的大生产和"大锅饭"的分配制度。另一方面仍要求家庭对其成员承担社会保障与生活支持,养老仍是家庭的责任,养老孝老作为主流的价值仍给予肯定和推崇。与此同时,人民公社体制对家庭成员拥有很强的控制力,个体难以背离主流价值期待。因此,不孝行为并未成为一种社会问题,整个集体化时代并未发生严重的代际关系紧张,乡村家庭代际关系在很大程度上维持了平衡。这种平衡关系如费孝通所说"得到集体组织的保证"③。

但随着人民公社体制的瓦解,乡村社会开始逐渐受到市场经济的强烈冲击。外出的打工赚钱经历让农民体会到劳动的有偿、时间也是金钱、有钱可以改变自

---

① 费孝通:《乡土中国》(修订版),上海人民出版社 2013 年版,第 64 页。
② 金耀基:《从传统到现代》,中国人民大学出版社 1999 年版,第 12 页。
③ 费孝通:《家庭结构变动中的老年赡养问题:再论中国家庭结构的变动》,《北京大学学报(哲学社会科学版)》1983 年第 3 期。

身条件包括别人对自己的评价,物化和功利意识的极度张扬使得年轻一代的主流价值观发生改变,每个人都更加在意怎样实现自己利益的最大化,原本温情脉脉家庭关系便在这种精打细算的利益比较中日益驱理化。以前子女在成家之前赚的钱绝大部分都交给父亲统筹支配,但随着父辈占有资源优势地位的日渐丧失,子辈要求享有独立的财权,赡养意识也随之淡化。更为关键的是违反孝道的行为并未对其造成任何的惩戒,也未构成多大的影响,年轻人环顾四周开始习以为然,时间长了老年人对此也视为正常。传统孝道在失范的过程中并未受到来自官方和社会的及时修正和重新建构,而是在乡村遭遇异化和扭曲,舆论的转变导致代际之间不合理关系得以持续并不断再生产。宗法制度的衰退并未催生出新型的社区邻里关系,而法律对一贯被视为私领域的家庭实际制控力相当有限,再加上负责处理民事诉讼案件的公堂随着乡镇基层政权的简化而迁移合并到城区法庭,状告儿子成为街坊不认可、社区不支持、法院不愿受理的尴尬事情,这在"差序格局"影响下的乡村社会表现更为明显。

换言之,当乡村传统的道德体系已遭解构,而与现代乡村社会相适应的道德伦理体系又尚未建立起来,此时的乡村社会出现了较为广泛的道德真空。市场经济过于强调个人权利和个体利益,将个人欲望合理化,忽视了对家庭和社会应有的责任。法律等规范机制对不孝行为的实际约束力又相当有限,缺乏内在价值引导和外在监督约束的家庭伦理秩序趋于紊乱,多种力量的错综交织最终导致了乡村代际关系的深刻转变。

追踪溯源,乡村代际关系的演变,是中国农村依附于城市的外生型现代化进程中出现的结果。按照韦伯的划分,身体同时具有工具理性和价值理性的双重属性。价值与工具性有关又不完全对应,而是具有一定的超越性,可以克服工具性天然具有的局限,在其关照下,即使身体的工具性随着生命周期而不断减弱,也仍然可以获得作为人的主体价值和意义体验。①

在传统年代,随着人步入老年,不再继续参与农业生产,身体的工具性不断减弱,但老年人此时反而获得了其一生中最高的地位,目的性行为转化为价值性的意义。这里面既有其丰富的生产生活经验和人生智慧作支撑,又有丰厚的社

---

① [德]马克斯·韦伯:《经济与社会》(上卷),林荣远译,商务印书馆1997年版,第56页。

会文化保护为根基。身体的衰老伴随着资历和威望的增加,老人对即便已经分家的子代家庭依然具有巨大的权威。整个家庭的大事包括和其他家族的重要来往、姻亲仪式都离不开年长父母的决策意见,甚至连孙子的取名都要过问,遇大事儿子要向父亲请示意见,儿媳对婆婆也要礼让三分,年长的父母对子代拥有无可争辩的权威。

而现在村庄里的现实是,很多老人辛苦劳作一生直到其年老体衰,身体的社会性价值不再,工具性价值却日益凸显,无论是村庄舆论还是老人的自我评价,大家都热衷于用"有用/没用""有本事/没本事"这样的工具性话语。人们对勤劳、俭朴、孝顺、诚信等关乎做人之本的价值理性不再像以往那样关注,对人的评判转移到功利性的工具理性上,这种倾向忽视做人的品质和过程,注重可以量化的结果。子代也援引这种话语,否定父母为自己付出的艰辛,以此卸去回报的心理压力——你看看别人家的父母给孩子多大的家业,与别人的父母相比,你给我的太少了,凭什么指望我孝顺你?可见反哺式的代际交换一旦缺失制度环境的屏护,便会出现由"受父母点水之恩,当以涌泉相报"的叠加式报恩情节沦落为攀比索取的抱怨可能性,向父母逆向索取的问责使父母处于更加不利的境况。在这种异化的话语系统下,父辈也开始否定自己存在的价值,常常以自责来面对子女的不孝——是我自己没用了,能有口饭吃勉强活着就可以了,还能要求什么呢?工具理性在人生任务面前变得更为张扬,人生下来不是要回报父母的养育之恩,而是无限制地向父母索取。于是家庭决策过程中充满了理性算计:婆婆是已经丧失了劳动能力的老人,在农业生产上做不了什么事情,而且现在农业机械化程度越来越高,这一代老人在现代化大机器面前愈加显得手足无措;自己的孩子已长大成人,不再需要婆婆带孙子;婆婆名下已经没有多少财产,不能再为儿子贡献什么;以前还需要婆婆帮着做饭,现在嫌弃她做的饭不卫生了;人老了,腿脚不方便了……

市场经济正在从深层席卷扫荡农村的风土和人情。老人不中用了,便从堂屋的上房(一般是指东边的主卧室)转移到偏屋的东厢房,从昔日来客人时的一家之主到远离招待客人的餐桌,从不服老到放弃对儿女的正当要求。价值性理性的丧失必然助长了工具性理性的膨胀。尽管以目前的生活水平,满足老人基本的物质生活不是什么问题,但在严峻的人生任务压力下,每一点不能换来回报的支出都会显得格外"浪费",更不用说一旦遇到生病住院这样的大事了。正是在这样的工具性话语主导下,处于生命周期末端的婆婆遭遇生命周期中端的儿媳,婆婆一方必然地处于弱势。在以往以孝治家的语境中,人们往往会寄希望于儿子成家后,特别是当他们有了自己的孩子以后,能够体会到为人父母的无私和辛劳从而善待自己的父母。但如今他们期望的子女感同身受的最后觉悟也随着时代的转换而崩溃了。正如郭于华所说,这些"丧失创造收益和独立生活能力的老人","是悲剧性的一代,他们付出了很多,却没有得到回报,有的甚至连维持生计都发生了困难"。[①]在他们年轻时并未得到自己父母的多少家产,而是要白手起家,生儿育女,供养老人,但等到他们年老时,自己儿女的观念已经由无条件地孝顺转变为索取性的交换。北京大学人口所研究老年问题的陈功博士语出惊人:"在社会发展越快的时候,也是老年人危机最深重的时候,他们常常是牺牲品,而且他们也只能牺牲。因为社会要保证整体的发展,实际上对高龄老人是处于无能为力的状态。"

这种问题在社会养老保障体系还不健全的农村更加凸显。2005年的全国1%抽样调查数据显示:2005年我国农村60岁以上的老年人中,46.58%的老年人由家庭成员供养,38.3%的人依赖自己的劳动收入,而依赖离退休金和养老金生活的老人仅占4.77%。2007年国家统计局的调查结果表明,乡村老年人靠家庭其他成员供养的占53.9%,靠自身劳动收入的占37.5%。有专家预计,到2030年,中国空巢老人将超过2亿人,大部分分布在农村地区。受人口基数大、经济发展不平衡等多种因素影响,农村的养老问题亟需社会关注。

据北京心理危机研究与干预中心执行主任费立鹏透露,农村自杀人数比例占中国自杀人数的90%,农村老人自杀率高于城市老人5倍。中国老龄事业发展基金会会长李宝库亦在一次公开会议上指出:"中国农村老人的自杀率是世界平均水平的4倍到5倍。"北大人类学博士吴飞的调查也表明,当前农村的家庭伦理格局发生了微妙变化,尤其是年轻一代不再严格尊崇传统意义上的夫妻、父子关系,因此很容易因一语不合或鸡毛蒜皮的小事赌气自杀。

---

① 郭于华:《代际关系中的公平逻辑及其变迁——对河北农村养老事件的分析》,《中国学术》2001年第4期。

据统计,G 村近 10 年自杀的老人已经达到 5 位。事实上,自涂尔干对自杀进行了经典研究之后,自杀就不仅仅是一个人反抗造物主的问题,而变成了一个深层次社会结构变化的问题,一个社会系统整合的问题。作为社会研究横断面的切入点,农村老年人的自杀在一定程度上反映出当前中国乡村社会的代际关系走向及道德约束力的下降。一些村民直言现在"哪还有什么敬老,能养老就不错了""老人能劳动就是个人,不能劳动就什么也不是了",并且老年人自己也认同并接受了自己当前所处的地位,把"死"等于"享福",认为"活着也是受罪"。在代际互动方面,代际间的资源分配严重扭曲,"一个老人一年的供养费甚至还不如孩子一个月的零花钱"。当前农村老年人的处境显示代际间的均衡和互惠已经打破,原来那种以代际间均衡的反馈为特征的家庭养老模式现在已经面临巨大的挑战。

G 村是中国 260 多万个自然村的缩影,孝道不是 G 村所独有的社会文化现象,而是中国社会所特有的文化传统。于是关于孝道的纠纷遍布各地,并且自 20 世纪 80 年代以来,不孝成为一种社会化的现象。以下为《人民日报》披露的部分不养老孝老典型案例:

> 1980 年以来,河北定县农村因为赡养纠纷发生的案件不断增加,有的甚至转化为恶性案件。有些老人由于年迈体弱,打官司也很困难。钮店村七十六岁的老人赵士才被儿子赶出家门后,行走四天三夜到法院告状时,已饿昏不省人事。更多的老人害怕矛盾激化招致更大不幸而不敢告状。①

> 辽宁新宾县永陵镇那家村 79 岁的刘德山老人早年丧妻,好不容易将两个儿子养大成人,晚年却遭到两个儿子的虐待。二儿子把老人撵出家门,使老人沿街乞讨。当刘德山老人饥寒交迫昏倒街头,被他人送到医院治疗时,两个儿子仍然不出钱为老人治疗。刘德山老人重病在家,无人护理,不久就离开人世。②

> 河南安阳的吴井只老人,早年丧夫守寡 38 年,她一个人含辛茹苦抚养三个儿子长大成人并给他们娶妻成家。结婚后的三个儿子生活都过得比较

---

① 王平:《为了老有所养》,《人民日报》1985 年 4 月 9 日。
② 王永明:《倡导敬养老人的社会风尚》,《人民日报》1991 年 1 月 5 日。

富裕,岂料无人愿意赡养受尽生活艰辛的老人,可怜的老人连个固定的住处都没有。原本老人与三儿住在一起,口头协议老人去世后房子归三儿所有。然而1996年,三儿借口翻盖新房,把老人赶了出去。老人只好到三个儿子家轮流住,商定为一家住一个月。但是三个儿子儿媳均不愿意,找尽借口推脱。万般无奈的老人只好找来村支书进行调解。村支书苦口婆心地劝说,老人跪在地上苦苦哀求都没有打动几个儿子的铁石心肠。绝望的老人当着三个儿子的面喝下农药身亡。①

山东省苍山县,一对八旬老夫妻共生育了五儿四女。2004年6月,这对老夫妻一纸状书将9个子女全部告上了法庭,原因是这群儿女不尽赡养义务。在过去的几十年里,夫妻俩耗尽一生心血把9个子女抚养成人,并一一给他们成家立业。但晚年老夫妻贫病交加时床前却无人问津。4个女儿以嫁到外村为由极少回家,5个儿子近在眼前却也以各种理由不管不问。2004年初,老太生病,老汉为买药到四儿家讨要多年前被他们借走的700元钱,没想到钱没要到不说,刁蛮的四儿媳还把老汉谩骂殴打了一顿。当地政府一次次上门进行调解教育,但9个儿女依然我行我素。老夫妇最终忍无可忍,把自己的9个子女推上了被告席。②

2006年湖南湘乡市82岁的赵枚吾老人,一生含辛茹苦养育了7个子女,老来却无人赡养,并被狠心赶出家门,靠到邻近的菜市场拣菜叶,或到饭馆里讨食别人吃剩的饭菜打发风烛残年。她不得已将有赡养能力的四子和五子告上了法庭,但听说儿子有可能因"遗弃罪"坐牢时,这位伤心的老母亲于心不忍,最后又撤回了起诉。③

山东淄博市张店区中埠镇大寨村的向兆刚夫妇,含辛茹苦把几个孩子拉扯大,可没一个尽孝道的,老两口吃不上,穿不上,就连喝水也成了问题,几个儿子还隔三差五就对他们又打又骂。从1986年开始,两位老人先后四次将五个儿子告上法庭,要求支付生活费,可大儿子一直少给甚至不给,结果其他几

---

① 王比学:《关爱老人》,《人民日报》1999年3月3日。
② 陈铁:《多子并未多福 八旬父母状告九子女》,《人民日报》2004年7月21日。
③ 肖娟:《"改正了,就好了"》,《潇湘晨报》2006年6月19日。

个儿子都跟着学。两位老人只好在2006年第五次状告自己的亲生骨肉。①

……

现实生活中大量虐待、遗弃老人的案例让人触目惊心。据有关部门介绍,侵害老年人合法权益的投诉近些年呈上升趋势,虐待、遗弃老人案件的发案率也逐年上升。在侵害老年人合法权益事件中,最突出的是赡养问题。由此可见,敬养老人,保护老年人的合法权益,已成为迫切需要解决的社会问题。

五、小结:家和万事兴

幼儿或詈我,我心觉喜欢。父母瞋怒我,我心反不甘。一喜欢一不甘,待儿待父何相悬?劝君今日逢亲怒,也将亲作幼儿看。

儿曹出千言,君听常不厌。父母一开口,便道闲多管。非闲管,亲挂牵,皓首白头多谙练。劝君敬奉老人言,莫教乳口争长短。

幼儿尿粪秽,君心无厌忌。老亲涕唾零,反有憎嫌意。六尺躯来何处?父精母血成汝体。劝君敬待老年人,壮时为尔筋骨敝。

看君晨入市,买饼又买糕。少闻供父母,多说哄儿曹。亲未膳儿先饱,子心不比亲心好。劝君多出糕饼钱,供养白头光阴少。

市间卖药肆,惟有肥儿丸。未有壮亲者,何故两般看?儿亦病,亲亦病,医儿不比医亲症。割股还是亲之肉,劝君顾念双亲命。

富贵养亲易,亲常有未安。贫贱养儿难,儿不受饥寒。一条心两条路,为儿终不如为父。劝君养亲如养儿,凡事莫推家不富。

养亲止二人,常与兄弟争。养儿虽十馀,君皆独自任。儿饱暖亲常问,父母饥寒不在心。劝君养亲须竭力,当时衣食被吾侵。

亲有十分慈,君不念其恩。儿有一分孝,君就扬其名。待亲暗待儿明,谁识高堂?养子心劝君,漫信儿曹孝,儿曹样子在君身。

——《劝孝歌谣》②

---

① 邓晓霞:《弘扬孝道 共建和谐——对孝道式微现象的调查》,《人民日报》2007年3月11日。
② 耿光:《请读劝孝之歌谣(道德)》,《申报》1926年12月24日。

自从晚清以来,"世俗浇漓,道德沦丧,非孝之声虽渐沉寂,而劝孝之论亦未闻极为提倡,盖孝道之凌夷衰微久矣!"①鉴此,近代以来国家与社会从不同的层面,对备受争议而渐趋衰落的孝文化进行重新建构,以期通过内容置换和标准更新的途径,传承传统孝道的合理性要素,嫁接西方基于代际平权理念的母亲节等新的载体,倡导父慈子敬、家庭和谐,并试图把孝的合理性元素扩充放大,"务使此孝亲令节,深入人心,以励末俗,提倡公益,努力为社会国家服务,庶合广义的孝道"②。上述所引《劝孝歌》即反映了近百年前时人对父慈子孝代际互惠关系的渴望,试图通过对家庭中老中幼祖孙三代代际关系的均衡来重构新时代的孝道,把传统社会中以"郭巨埋儿"为导向的尊老轻小指向,与近代"轻老尚青宠幼"的社会新风之间做一折中调和,在"中学"和"西学"贯通的基础上重新实现"家和万事兴"的理想境地。

家庭是社会的细胞,无数个稳定的家庭,就构成了一个稳定的社会。因为"中国人特重家庭伦理,蔚成家族制度"③。而一个美满和睦的家庭,是离不开父母之慈和儿女之孝的。清代靖州县令金蓉镜说:"一家敬老则一家和,一乡敬老则一乡安。"如果说父母之爱是人类得以延续的纽带,那么子女之孝就是社会得以延续的基石。

传统中国社会曾经建立了一整套支配婚姻家庭生活的伦理规范。例如,父慈子孝,兄友弟恭,家和邻睦等。每个人都会关心自己作为家庭中一分子的个人的责任和义务。所以,以角色及其职责而不是以个人及其权利本身作为基础的社会,养老和生育都蕴涵了很多深刻的文化意义。杨国枢指出,中国"家"在长期的运作中,形成了自己的一些特点:家是企望永续性的经营体,以其存在、发展和繁荣为最高原则;每一个家的成员都应舍弃自我,为家的繁荣无私奉献;提高自己家庭的规格,是每个家庭成员的奋斗目标。

随着社会的进步与发展,现代乡村的家庭结构发生了很大变化。传统的"四代同堂""三代同堂"大家庭模式几近消失,代之而起的是以夫妻关系为主轴的核心家庭模式。家庭规模的缩小和家庭结构的趋于简单,使传统的家庭功能(指生

---

① 耿光:《请读劝孝之歌谣(道德)》,《申报》1926年12月24日。
② 《第四届父亲节广事宣传筹备纪念》,《申报》1948年8月2日。
③ 梁漱溟:《中国文化要义》,上海人民出版社2011年版,第32页。

育功能、性功能)、基础功能(指经济功能)、派生功能(指教育功能、宗教功能等)被不断地弱化或转移。这种弱化和转移使得家庭成员之间的关系也趋于松散和疏离，人们的家庭责任和义务感变得较为轻松，家庭责任感淡化，于是家庭伦理频现问题，对社会造成诸多不良影响。

虽然现代社会的家庭结构已经发生了很大变化，但作为人伦之始、诸德之本的"孝"，在当代社会仍具有其特殊的重要价值。"孝"不止适用于一个社会、一个阶级或一个时代，它是超阶级的或跨越时代的，在几个时代都适用。[1]在新的历史条件下，提倡父慈子孝、夫妻恩爱、家庭和睦，对于增进家庭成员的情感沟通交流，增强家庭成员的道德责任义务，维护家庭和社会的和谐稳定等，仍具有重要的现实意义。

家和万事兴，根本在于"家和"，而"家和"则基于家庭成员之间的角色认同和家庭功能的互补。在传统社会中，父系家长制决定了父亲作为长者的地位，儿孙孝顺，负有把家的事业发扬光大的责任，媳妇在尚未为夫家生儿育女之前，更要谨守妇道；在生儿育女之后，便正式成为夫家的一员，恪守孝道。家庭的分工和生活的宗法制度赋予了家庭内每个角色不同的身份、地位和行事准则，长幼有序、男女有别，在家长的带领下共同致力于家庭的建设和发达，为此家庭成员宁可受些委屈，也要保证家庭的圆满与和谐。"孝顺为齐家之本。就是我们要使家庭能够雍容和睦，上下有条有理，整齐一致，造成安乐美满的家庭，一定先要从孝顺父母做起。因为必须尽孝道，然后尊卑有别，长幼有序，才能使家庭的事头头是道，事事有理，乃可以发扬光大"。[2]传统的五种人际关系处理准则仁、义、礼、智、信，其中的"智"便被经常用于处理家庭内部包括夫妻之间的关系，可见处理家庭事务的确自古以来就需要智慧，而不是冷冰冰的家法，也不是意气用事。家庭成员在自身角色的基础上也要学会默契地相互补位、相互补台，这样才能家和而万事兴。

在现代高速运转的社会转型中，各种社会风险和工作压力随之而来，包括很多的农村人都出现了精神不适的问题。再加上社会不良诱惑的增多，家的港湾

---

[1] 魏英敏：《孝道与家庭文明》，《北京大学学报》1993年第1期。
[2] 《青年守则》，《申报》1946年10月31日。

作用更加凸显,"家"成为一道屏蔽黑色诱惑的安全防护门,也是人们价值追求和精神寄托的一个重要载体。建设温暖幸福之家应该成为社会建设的重要内容之一。上海的《新老娘舅》现场调解节目,既传承了中国传统的家和万事兴的文化精神,同时又借鉴了国外政府、律师、社会工作者以及市民观众多方共同参与点评进而民事调解的综合协调公证机制,如今已成为上海的知名调解类品牌节目。显然,这仅是一个解决个案的机制,透过众多案例的剖析我们可以发现在处理诸如家庭的破裂、亲情的淡漠、父子的反目中缺失的不仅是法律的援助,也有公众的声音。针对当代家庭伦理秩序的重构问题,审视的角度可以"公说公有理,婆说婆有理",但人们对"家和万事兴"的认同需要共识性的观念支撑。

第五章　孝与礼:社区礼治秩序下的孝道

"礼"是社会公认合式的行为规范,按照费孝通的说法,"合于礼就是说这些行为是做得对的,对是合式的意思。"①传统乡土社会用"礼"来规范人伦关系,其中最主要的是父子关系、君臣关系、夫妇关系、兄弟关系和朋友关系等。"礼"被作为合适的行为规范,严密地控制着中国农民的行为,成为对每个家族成员都具有约束力的所谓人情、礼俗、习惯和族规、族法。"依礼而治"是维持农村稳定、调解人际关系的最重要手段。

一、传统的乡村"礼治"社会

(一)依礼而治与"无讼"的理想

在古代中国,"礼"维持的是一种基于身份等级制度之上的秩序,如《左传·昭公二十九年》,晋铸刑鼎用以"明刑",孔子讥之曰:"冬,晋赵鞅、荀寅帅师城汝滨,遂赋晋国一鼓铁,以铸刑鼎,著范宣子所为刑书焉。仲尼曰:'晋其亡乎!失其度矣'。夫晋国将守唐叔之所受法度,以经纬其民,卿大夫以序守之(杜注:序,位次也),民是以能尊其贵,贵是以能守其业。贵贱不愆,所谓度也。文公是以作执秩之官,为被庐之法,以为盟主。今弃是度也,而为刑鼎,民在鼎矣(杜注:在读

---

① 费孝通:《乡土中国·生育制度》,北京大学出版社1998年版,第50页。

为察,谓民察鼎以知刑),何以尊贵?贵何业之守?贵贱无序,何以为国?"①可见,礼是用于区分不同身份、性别、辈分、年龄、人际关系等的规范,是一种不容逾越的人伦之大防,否则便会出现以下犯上或恃强凌弱的社会失序现象。

从传统的封建国家层面来说,"半部《论语》可治天下",而乡村社会的那些小事远不需要半部《论语》,祖宗留下的智慧足以游刃有余地应对日常生活问题。因此,"无法"社会与"无讼"状态就实际地成为中国乡村社会的最理想模式。黄宗智通过对 1750—1900 年间清朝司法实践的研究得出这样的结论:②

(1)诉讼不多。国家意识形态认为这种诉讼不应当有。即使有,也不过是"细事",中央政府不必过多关心,由州县政府自理即可。(2)一般良民不会诉讼,如果涉讼,多半是受了不道德的讼师、讼棍的唆使。(3)县官们在处理民事诉讼案件的时候,往往像父母处理孩子间的争执那样,采取调处的方法,用道德教诲子民,使他们明白道理,并不都依法律判案。

可见,历史上村落中的很多问题或纠纷实际还是通过非司法系统加以解决,大多数民事案件实际只需要地方官登记记录下来即可,真正进入正式"堂审"的民事案件并不多。官方的法律在传统社会实际是存在的,只不过村落社会的居民更倾向于自行处理自己内部的争执。

在《乡土中国·生育制度》里费孝通便记叙了这样一个故事:某甲已上了年纪,抽大烟。长子为维持全家的经济反对父亲的这一嗜好,但也不便干涉。次子不务正业,偷偷抽大烟,而且时常怂恿父亲抽大烟,这样他也可以分得一点。有一次给长子看见了,就痛打了他的弟弟一顿,弟弟说是父亲给抽的。长子一时火起,骂了父亲,家里闹成一团,于是一家人来到乡公所评理。负责处理的乡绅,首先认为这是村里的一件丑事,接着动用了整个伦理原则,说小儿子是家里的败类,贪吃懒做,应当赶出村子;大儿子骂了父亲,态度不好也该罚;老父亲不管教儿子还要抽大烟,应当受批评教育。这样大家认了罚都回家去了。一个看起来非常复杂的矛盾,就这样被简单地化解了,而且包括各方在内的当事人都心服口服,充分说明了在传统社会里,情理能够成为阻却矛盾扩大化的重要筹码,每个

---

① 杨伯峻:《春秋左传注》,中华书局 1990 年版,第 1504 页。
② 黄宗智:《清代的法律、社会与文化》,上海书店出版社 2001 年版,第 5 页。

人都尽可能地不要受到诉讼的困扰。①

"无法"与"无讼"并不意味着人们就放弃了对自我的约束,相反,只有对自己有更高的自我约束和调节,才能达到这种状态。从理论上来讲,这是一种比法治社会的治理成本低,且更为高级的社会整合与治理模式。这种模式深得中国传统思想家、政治家的推崇。从汉初开始,"无为而治"的政治哲学一直是中国政治文化的主旋律。村民在服从和遵守"礼"的乡规民约之下来维系村落秩序,用"礼"来规范身份、角色、等级,维持村民间的相处之道。

(二) 入乡随俗与"礼俗"的延续

G村隶属于中国礼俗文化的发源地,深受传统文化的浸润和熏陶。在G村生活的实践中,用来维持村落秩序的乡规民约其实质内容便是传统的"礼"。G村所属的《FM乡志》②(FM为某乡名代称,真名在本书中隐去)对此亦有不少记载,如"婚姻嫁娶"篇里描述道:(1)拜门子:结婚的前一天晚上新郎需要沿街挨门给左邻右舍的乡亲们门前或家中磕头。拜门时前面有人提着红毡,后面新郎穿着结婚的礼服(旧社会是礼帽、马褂、长袍)跟着,最后是鼓乐队。人缘好的家庭,新郎往往要拜大半个村子。被拜过门的人家,第二天一定要派人到新郎家祝贺行礼。(2)送水礼:新郎的亲属朋友在结婚前十几天要给新郎家送鱼、肉、蔬菜之类,表示对结婚之家的赞助,新郎家需要简单招待,如果结婚之家客情大,差不多结婚前半个月要天天招待送水礼的客人,这种风俗在20世纪80年代改成在结婚之日祝贺送礼同时进行。"祭祀"篇里描述道:除夕夜,农村各家都供奉祖宗牌位,摆供、燃香、烧纸、磕头,直至正月初二三日才撤除牌位(1949年前一直供奉到元宵节)。父母的祭日,举行家祭。此外,每年清明和农历十月一日到祖茔祭扫坟墓。人死后7天为一期,有至亲于五期、十期、百天前去上坟,此风俗至今仍在流行。"喜庆"篇里描述道:人过50岁,自己的儿子、女儿、女婿给过生日,为之祝寿。66岁的生日比常年隆重,不仅有自己的儿女,还有侄子、侄女来祝寿;70、80岁的生日更为隆重,不仅有直系亲属,还有邻居和儿孙的知己前来参加,寿礼

---

① 费孝通:《乡土中国》,上海人民出版社2006年版,第45页。
② 《FM乡志》,1989年版,第213—215页。

多为肉、鱼、酒、糕点、面食之类。大寿之日,老人与晚辈欢聚一堂,共享天伦之乐。近年来"庆八十"之风盛行,老人79岁就提前庆祝(庆九不庆十,十与死同音人们忌讳)且贴喜对联、放鞭炮、大摆筵席。"传统节令"篇里描述道:每年农历正月初一为春节,俗谓过年。进入腊月二十,年味愈来愈浓……除夕那天,早晨大扫除,饭后包饺子,中午贴春联,挂中堂、条幅、四幅屏。下午办一桌比平常丰盛的饭菜,阖家坐在一起吃一年的最后一顿团圆饭。除夕夜,供奉祖先牌位,摆供菜,披椅披,叠纸锞,院内撒芝麻秆,门前放拦门棍,挂柏树枝,燃上火盆,全家围坐之为守岁。半夜过后,点放鞭炮,燃点香烛,朝宗拜祖,迎财接福,然后相互拜年祝贺。元日过后,探亲看友来往不断,亲族邻里互请节酒,和气融融,即便有点不和,也前嫌尽弃。

由上可见,G村一直秉承"依礼而治,尊重长者"的传统氛围,这些风习一直延续至今。例如无论多大年纪,即便是胡子一大把的老人见了比自己辈分大的年轻人,也一样礼拜,这辈分是一定不能乱的;每年年初一,村子里就特别地热闹,每条路上都能见到来来往往拜年的人群。堂屋里摆放好祖先和亡故亲人的牌位,供上香案,备好茶水、糖果和瓜子,老人留在家里,等候拜年的同宗同族的一大家子络绎不绝地上门磕头问好。而且,拜年也有礼俗的讲究。一般都要先到辈分和年岁高的老人家去,然后再按照由高到低、由近及远(亲疏远近)、由大到小的顺序逐次拜年,即便你是村里的干部,也要服从这个世代相沿的礼俗规矩,而且要带头做出表率,赢得家族老人们的称赞。此外,在磕头时,也要先给八仙桌上供奉的家族祖先行礼叩头,G村村俗有给亡故的祖先或亲人一般要磕四个响头,接着再向健在的老人磕一个头。叩头行礼完毕,也要按照辈分和年龄、性别分别于中堂厅两侧坐下,座位分上下和主次,来宾一般都要按照自己在访客中的礼俗排序找到属于自己的座位,不能随便坐。客人临走时,主人送到屋门外还是院门外也有说法,这就是社会秩序空间化的乡村礼俗志。大年初一的拜年,也是显示家族势力和团聚力的机会,有的家族门庭若市,有的门前冷落访客稀;而且从穿着打扮也能看出来者的"身份"。尽管家有贫富之别,但并不影响村民们相互道贺、互致问候,因为村子不大,基本上每家又是七大姑扯着八大姨的关系,所以,等年拜完了,大半个村子也转得差不多了。

"节庆是重温族群以及家庭集体记忆的过程,构成节日内容的历史、典故、仪式、习俗,也正是族群道德伦理、精神气质、价值取向之所在。"①通过族群共同熟悉的文化元素形成的符号体系联接,过节其实也是再次确定记忆里的社群和族群认同感。依据社会心理学和性格心理学的描述,社会态度与社会行为多是经由学习以及社会化的历程形成、深化、内化为习惯,孝道也不例外。周而复始地参与以及认识节日,即是一再循环的学习与社会化的过程。节日所承载的孝文化熏陶或许不很明显,更不是强制,但绝不是隐形。它虽然不是孝文化的唯一载体,但家庭跟随社会庆祝节日,这无疑有益于促进参与的人群接受孝文化熏陶。

二、传道与卫道:乡村孝礼的维护者

在中国乡村的治理模式上,一直存在着两种秩序和力量:一种是管制秩序或国家力量,这种力量以皇权为中心,自上而下形成等级分明的梯形结构;另一种是乡土秩序或民间力量,这种力量以家族(宗族)为中心,聚族而居,形成大大小小的自然村落。每个家族(宗族)和村落是一个天然的"自治体",这些"自治体"结成为"蜂窝状结构"。②如著名家庭史专家 W.古德所说:"在帝国统治下,行政机构的管理还没有渗透到乡村一级,而宗族特有的势力却维护着乡村的安定和秩序。"③

这两种力量与秩序有着各自的运用与展开空间:皇权在国家层面上,通过其军事与县以上的行政科层体制来进行全国性的控制与整合。如果其控制的网络没有能够进入乡村社会,那么乡村社会秩序的控制与整合是依靠另外一种力量与模式来实现的,那就是所谓的民间力量控制的乡土秩序,是在乡村社会内部结成了一套有效的自我治理体系。费孝通先生说:"皇权政治在人民实际生活上看,是松弛和微弱的,是挂名的,是无为的。"这就形成了中国传统社会治理模式中的特有结构:"国家-宗族"或"皇权-绅权"的二元模式。中国现代化问题研究的著名学者罗兹曼也指出:"在光谱的一端是血亲基础关系,另一端是中央政府,

---

① 王琛发:《马来西亚华人民间节日研究》,吉隆坡:艺品多媒体传播中心 2002 年版,第 11—12 页。
② Vivienne Shue. *The Reach of the State*:*Sketches of the Chinese Body Politic*. Standford Univrsity press,1998 pp.192—193.
③ W.古德:《家庭》,社科文献出版社 1986 年版,第 166 页。

在这两者之间我们看不到有什么中介组织具有重要的政治输入功能。"①此种形势下,国家无法有效地动员和整合乡村社会资源,整个社会处于一种停滞状态之中。而要将这两种力量融入一个国家与民族宏观体系之中,就必须有一种中间纽带通过一定的机制将二者联系起来,这就是传统中国的乡村社会精英代理机制。在经济上如此,在政治上也是一样。②有学者将这种治理结构称为"上下分治"的格局,其上层是中央集权政府,并设置了一个自上而下的完备的官制系统,其下层是地方性的管制单位,由族长、乡绅或地方名流掌握。③

(一) 传统乡村的"士绅统治"④

乡村社会主要处于自治状态,乡绅和家族族长成为地方社会的领袖,而且其威望不是来自地方政府所赋予的公权,而是来自其德高望重的品质,处理家务和地方事务的经验和能力,以及为地方社会扶贫济弱、捐资助学、修桥补路所世代积累下的功德。他们本身也是道德和礼教的楷模。在民间社会和官府之间往往充当了缓冲层的作用,官府实现对地方的征税加赋也要得到地方公共领袖的同意和支持,而他们也会站在地方社会的立场与官府谈判博弈,以保护乡土社会的"小康"理想。

中国人民大学的张鸣教授指出:"乡绅于乡村的统治,非常关键的因素是由于存在一种与之配套的意识形态框架,与相应的道德氛围。我们知道,以'五常''八德'为标志的儒家伦理,实际上已经成为秦汉以来的官方意识形态,对于相当依赖血缘纽带,并以差序格局存在的农村家庭与社会,从'亲亲'原则出发的孝悌节义之类的道德讲求,具有强大的亲和力,为农民所乐于接受。"⑤

---

① G.罗兹曼:《中国的现代化》,江苏人民出版社 1995 年版,第 272 页。
② 谢迪斌:《破与立的双重变奏——新中国成立初期乡村社会道德秩序的改造与重建》,湖南人民出版社 2009 年版,第 23—24 页。
③ 王先明:《近代绅士》,天津人民出版社 1997 年版,第 21 页。
④ 明清"乡绅""绅士""士绅"是不同历史阶段形成的历史性概念。"乡绅"主要是指居乡或在任的本籍官员,后来扩大到进士、举人。而"绅士"一词在明代主要还是分指"乡绅"与"士人",到晚清已演变为对所有"绅衿"的尊称和泛称。"士绅"一词出现较晚,但内涵较宽,主要是指在野的并享有一定政治和经济特权的知识群体,它包括科举功名之士和退居乡里的官员。中外学者由于受到研究时段、研究视角和理论原则等方面的影响,各自赋予"乡绅""绅士""士绅"不同的内涵,但总的说来,"士绅"一词开始越来越为学界采纳。参见徐茂明:《明清以来乡绅、绅士与士绅诸概念辨析》,《苏州大学学报》2003 年第 1 期。
⑤ 孔德永:《传统人伦关系与转型期乡村基层政治运作》,中国社会科学出版社 2011 年版,第 174 页。

关于中国乡土社会权力的性质和特征,费孝通在《乡土中国》中作了如下概括:"在它的权力结构中,虽有着不民主的横暴权力,也有着民主的同意权力,但是在两者之外还有教化权力,后者即非民主又异于不民主的专制,是另有一工的。所以用民主和不民主的尺度来衡量中国社会,都是也都不是,都有些像,但都不恰当。一定要给它一个名词的话,我一时也想不出比'长老统治'更好的说法了。"①

乡村的士绅作为乡村社会的精英阶层,他们接受过系统的经典文化训练,在乡村社会的政治、文化、宗教等活动中,乡村精英通常会扮演重要角色,他们在乡村社会享有较高的权威,因而他们的价值观念和行为方式会对普通农民的观念和行为产生一定影响。因此,文化"大传统"通过乡村士绅或精英们在乡村社会的重要影响而逐渐渗透到"小传统"之中,"大传统"的一些价值观念也会通过乡村精英阶层而被基层百姓所接受。

中国乡土社会中,"长幼有序"是一种文化传统,这一传统通过教化过程自然被人们所尊重和遵从。长者如家长、族长或长老都会具有教化的权力,重要事情请长者,遇到问题或纠纷请长者,长老成为人们同意服从的对象。所以,在传统乡土社会,一些乡村的政治精英或权力精英常常是那些长老。长老权力不论在乡村内部关系协调方面还是在与外部的联络方面,都具有关键性的作用。杜赞奇在研究20世纪上半叶的华北农村时发现,从对20世纪20年代以前华北一些村庄的权力结构考察来看,多数村庄的领袖或精英人物,都既是村庄利益的保护人或代理人,也是村庄与国家及外部世界的中人。②

(二) 现代乡村的"头人治理"

所谓乡村"头人",是指那些乡村社会中的少数成员,他们拥有知识、经济、文化、能力和社会资源等方面的优势,借助这些优势取得相当成就并为社会作出贡献,同时被赋予一定的权威,能够对社会本身乃至其成员产生影响。他们以自身的成功塑造着个人在村落共同体中的影响力和说服力,并以自身为原点凝聚和

---

① 费孝通:《乡土中国》,上海人民出版社2006年版,第56页。
② [美]杜赞奇:《文化、权力与国家——1900—1942年的华北农村》,江苏人民出版社1996年版。

团结着村落的力量,在乡村社会的经济发展、政治稳定和文化繁荣等方面发挥着重要作用。可以说,在传统乡村社会中,乡村"头人"是乡村社会稳定的中坚,他们既在国家和村民之间充当"中介人"的角色,调和各种社会关系和调解各种社会冲突,在一定程度上加强农民与国家之间的信任和合作;又承担着文化教导、伦理指引、民间民俗文化活动的发起与组织等方面的功能,促进着村庄公共文化事业的发展。

KLS,1941年生,G村人,有5个女儿1个儿子。年轻时读过高中,在同辈人中算是文化程度高的,受传统读书思想的影响很深,自己因年轻时家境困难未能读大学、考取功名,便立志培养儿女们有出息。结果,长子在80年代考上电力中专,毕业后留校工作。长女考上师范专科学校,毕业后留城任教职业中专。其他几个女儿,除二女儿因放弃求学而嫁人在西乡农村经商之外,其他的三女儿、四女儿、五女儿都在大哥和大姐的提携下陆续考上高中、初中、中专,都找到了理想的工作。需要特别指出的是,考上学的兄妹五人都至少回读过一年及以上,据说当时其长子已经厌倦了复读,不愿再去学校报到,KLS当天晚上苦劝无效,便让长子参加"劳教"——晚上乘着月光把猪圈里积满的粪用铁锨掏到圈外面来,而且天亮之前必须要干完。干到半夜其长子就支撑不住了,手上磨破了血泡,汗干了又湿,满身汗臭味。KLS说既然干不了农活,那就得去读书,"跳出农业社"。坚信"棍棒出孝子"的KLS,以一坑猪粪改变了儿子未来的命运。现在儿女都各自成家,每逢春节都开着中高档轿车回家过年,"儿女争气爹脸上有光",确有"父以子贵"的影子。采访中听邻居说,其长子曾经有过未婚妻,最后随着自己"跳出农业社"而毁了约,找到了工作在银行且家境优越的现任妻子。其长子大婚那天,据说请了城里饭店的厨师来做饭,其长子还请来了自己的一帮同学助威,轿车停满了G村中心大街,村里沾亲带故甚至八竿子打不着的也来凑份子喝喜酒。90年代的KLS在那个较为偏僻的G村一时成为村里不言而喻的"头人",再加上他曾经担任过G村30多年的村会计,思路敏捷,办事利落,在整个村庄里说话很有分量。谁家红白喜事、丧事都请他去"照应事"(当地语,主持的意思)。因为红白事是涉及面子、亲疏远近、收礼与还情等差序格局的大事,弄不好经常会有人借机闹事或借酒向主家发难,必须要请一位在当地德高望重且明礼通事之长者来主持整个漫长的仪式。KLS以其传统"乡绅"的身份自居——

不但村里家喻户晓,就连乡里的领导也很尊重他。于是 KLS 在整个 90 年代和 2000 年年初成为"爱管事"的村干部,村里的纠纷尤其是关于尽孝的纠纷成为其调解的"责任田"。他向笔者绘声绘色地讲述了当年成功调解的一个案例:

> 村南头庆玉、庆德家兄弟俩,他弟兄俩分家怎么分的呢? 当初定的是一人管一个老的,让俩老的分开住,这本身就是错的。他爹祥东那会跟着庆德过,他不是害病了么,这一害病毁了,庆德出去打工长年不在家,他儿媳妇一个人带个孩子在家里,照顾个老公公不方便啊。于是祥东想让他老婆子过来伺候他,这边庆玉不想放啊,说当初说好了的各管各的。两家子吵,老太太实在是吃不上饭了,找到队里来。我一看这个事不行啊,再拖下去祥东那边估计要憋固(当地方言,憋屈的意思)死他了。我把他弟兄俩找一块,要么他们俩统一给老的盖屋,不盖屋的话给俩老的再找间屋去。商议下来弟兄俩在东边水库边上要了一间老屋,老两口上那住去了。
>
> 接下来还有生活的事呢,我说你们弟兄俩一人一天一斤粮食,粗粮拿 1/3,细粮拿 2/3,每人一月再另加 10 块钱,买油盐酱醋的用。那年头钱当钱,10 块钱也算是不少的了,弟兄俩答应了。我说你们得自觉,到了月末粮食钱的自觉送过去,答应可好了,咱想这个事就这么过了吧,后来老太太又来找,说弟兄俩又不好好干了。我是真生气了,先去找庆玉,他是老大么,我把他熊了(当地方言:批评的意思)一顿,作为老大你就得带个好头。该说的就得说,你有理他也没治,还得听你的。后来这弟兄俩表现就好多了,老两口生活问题解决了,也没再过来找。①

庆玉、庆德两兄弟养老问题的成功解决,一方面,得益于 KLS 正确的方法,而且体现了养老和敬老的统一性。按照兄弟俩原来的做法,一人养父一人养母,把父母隔开,兄弟二人考虑的是自己的方便,便于经济核算,而把父母的意愿置于第二位。他们只是做到了管吃管喝的养老这一最低层次。KLS 以老人为本,提出了让兄弟俩为老人建房或租房单过的建议,既满足了父母不分离的愿望,又从经济上让两个儿子保障他们的生活,明晰每个儿子应承担的赡养义务。另一方面,也得益于中间人的调停和仲裁,KLS 的身份与其在村中的社会地位也是

---

① 摘自对 G 村 KLS 访谈。

调解成功的一个重要因素。此外,兄弟二人虽然尽孝不够,但对于孝道之理还是明白的,对于拒不尽孝所产生的负面效果怀抱畏惧。故传统的孝道之礼,赋予了KLS敢言善言的担当情怀,也内植了村民不孝子孙理亏失礼的文化观念,这样的传统沿袭了古代孝道的运行机理。

在一个熟人社会里,地方性规范在调解村庄的纠纷中起着重要作用。生活在"低头不见抬头见"的狭小村落里,大家彼此都会约束些自己的行为,不至于太过张扬和过分,这构成村庄精英发挥作用的基础。同时通过纠纷的顺利解决,村庄精英也强化了其在村庄内部的权威,两者之间的良性循环使得村庄总体处于平稳运行的状态。如学者杨华在调查后所言:"1949年前族内有威信、常管事的长者被称为头人,族内大小纠纷头人都能管。有孩子不孝顺的,长辈们可以指责,长辈的话不管事,头人会上门去管。他的命令不管对错,小辈都要听,小辈也不会去考虑对和错,更何况'家里的事,没有是非对错,只讲情理,老的错了你也应该听'。一切以尊卑、长幼论,而不以是非对错论。"①

谭同学在《桥村有道》里描述道:20世纪上半叶接近尾声时,乡村社会卷入了风雨飘摇的宏观政治秩序里。不过尽管村庄外面战火纷飞、匪患不断,村庄内部的秩序,尤其是道德秩序,却依然在"伦常"原则及宗族权力的作用下得以维系。作为族权执行者之一的林培武,在遇到年轻人对老年人不尊敬或其他有违伦常的情况时,仍会时不时地"发话"。若是碰上了"发话"解决不了的事情,"打屁股"或者"写逐书"被认为是起码的惩罚手段。②

许卫国在《远去的乡村符号》里也描述了一个村大队部的故事:大队部是公堂衙门,哪家媳妇吵嘴磨牙,哪家儿子不孝,都要告发到这里。老书记一声令下,关起来!那些不肖的儿孙们便体味到了没饭吃、没衣穿的滋味,纷纷跪地求饶。老书记再动之以情,晓之以理。那些不肖儿孙们对待老人的态度都发生了转变,也没有了往日的恶言恶语。后来随着礼治时代的终结,乡村内部的治理机制失去了合法性,提倡依法办事,法院的判决下来,那些没良心的儿子、媳妇过后还是虐待老人,老书记就津津乐道忆当年,什么法律,法律也不顶

---

① 杨华:《传统村庄的控制模式》,三农中国网 http://www.snzg.net,2007年9月20日。
② 谭同学:《桥村有道——转型乡村的道德权力与社会结构》,生活·读书·新知三联书店2010年版,第86页。

我们那个有用。①

调研中很多上了年纪的老人告诉笔者：

> 那个时候，如果村里出了个不孝子，一是自家（族长，有威望的家族代表）的人会管，二是表叔、娘舅、大爷这一块也会插手，三是街坊邻居也会看不惯起来声讨他，就跟电视上播的那个道德法庭一样，非常管用。法律在咱农村不顶事，也没人愿意去碰。再有不孝子实在做得过火的，找来教训上一顿，一直教训到他求饶为止。②

可见，传统的乡村士绅、家族头人、乡村精英，20世纪90年代之前的"老支书""大队长"等村庄"长老"在孝礼的维护和传承中发挥了不可替代的作用，他们借助于乡村各种仪式化的礼仪和庆典，以及自身的威望来践行孝道，维护老人在村庄中的社会经济地位，以及老人在村庄事务中的发言权。在这样的孝道传承机制中，依靠的是家庭教育的"教养"、村庄舆论的明确导向、家族领袖的德行威望与族规执行力、村庄公共权力对村规乡约的守卫等道德治理系统，辅之以"没有规矩不成方圆"的各种家法，使得不孝成为"家丑不可外扬"的家务事。如此，在乡村自治体系中便可得到纠正和解决。

但近代以来，随着国家政权向乡村的不断深入和对传统乡村社会的影响，最终导致士绅的解体。对此，杜赞奇曾指出，"乡村中的政权内卷化造成一种恶性循环：国家捐税的增加造成赢利型经纪的增生，而赢利型经纪的增生则反过来要求更多的捐税。在这种环境下，传统村庄领袖不断地被赢利型经纪所代替，村民们称其为'土豪''无赖'或'恶霸'。……进入民国以后，随着国家政权的内卷化，土豪乘机窃取各种公职，成为乡村政权的主流。"③而科举制度废除以后，经过新式教育的再熏陶，诸多士绅获得了能够顺应社会变动的各种有关政治、经济、教育、科技、工商、司法乃至军事的专门知识和技能，从而流向各种社会职业。传统士绅向上层和下层社会的两极分化，使得这一特殊阶级到民国以后实际上已趋于消亡。

---

① 许卫国：《远去的乡村符号》，凤凰出版传媒集团2011年版，第172页。
② 摘自对G村KFM访谈。
③ [美]杜赞奇：《文化、权力与国家——1900—1942年的华北农村》，王福明译，江苏人民出版社2006年版，第182页。

三、牵制与褒扬：礼俗社会对"孝"的控制

从社会控制和社会运行的角度看，相较于西方的"法理社会"，中国社会被称为"礼俗社会"。所谓"礼俗性"是指家族共同体依照约定俗成和继承下来的习俗和习惯来维持秩序，而没有正式的规范或法则。礼俗实际上外化了家族共同体的秩序，调节着共同体中各个成员的关系，族员也根据礼俗认识自己的权利和义务，正如法制化了的现代社会的主导价值一样。有学者在论述中华民族尤其注重传统时指出：无数只能靠体会领悟的格言训练萦绕在人们的头脑中，人们把它们看作是天地赖以永存、社会生活赖以维持和延续的生命攸关的原则，由此形成中华民族特别注重传统的价值观念。①礼俗实际上是被内化了的传统，传统已经融入村落家族文化之中，构成其不可分离的组成部分。

中国传统文化中的忠孝观念，是"礼"的价值内核，在传统社会尤其是农村根深蒂固，并进一步转化为人们的自觉行动。一旦有人违背，将会受到大众的一致谴责。忠孝观念虽然作为一种内在信念与修养促使晚辈对长辈履行尽孝道的义务，但是仅仅有这种正面维系礼治秩序的道德价值规则远远不够，还必须有一种从外部对违背这种规则的行为进行惩戒的控制机制。而在传统农业社会中，这种外部控制机制主要体现为社会舆论，社会舆论是调整非规范行为准则的重要方式。

（一）村庄里的舆论

所谓"舆论"是指公众的意见或言论。舆论的形成，有两个相反相成的过程。一是来源于群众自发，二是来源于有目的引导。社会舆论能够反映人心的向背，能够影响人们的行动和局势的发展，在形成或转移社会风气方面具有不可估量的影响。一方面，它迫使人们不敢轻易违背"忠孝"原则，尽最大努力赡养老年人；另一方面，使违规者为千夫所指，在重压之下不得不重归"礼"的轨道。如果有个别屡教不改者，还可以由家族内部的长老或族长召开家族大会，对公然违规

---

① 许苏民：《中华民族文化心理素质简论》，云南人民出版社1988年版，第211页。

者公开惩罚,强制其遵从规范,不得造次。这种方式的效果,今天的人们难以想象,但在当时却是极其有效的,简直可以与现在的法庭审判效果相提并论,只不过其依据的是"礼"而不是"法"。社会舆论所起到的效果用一句话概括是较为恰当的——"人言可畏"。因其人言可畏而使绝大多数人不敢贸然触犯,因其可畏而使农村的家庭养老保障获得外部约束与控制。①

> 原来也有不孝顺的,但比较少。为么?外边人人笑话他。你不孝顺,村里没人瞅你,不跟你搭腔,见面给你脸子看,你找不着活干,也娶不到媳妇。时间长了你自个就不好意思了,就没有办法在村里呆下去了,那时候生活条件孬是一回事,老人可以穷,但你不能虐待他。②

传统的代际关系,因为村庄中有一套完整的孝道伦理、互惠规则等来维持,因而能够保证总体上的均衡运转态势。以家庭为起点的村庄,围绕着代际伦理,形成一整套关于孝、关于赡养、关于生养的规则和习俗。封闭的村庄凭借其强而有力的舆论监督机制,规范着人们对传统代际伦理这一共识的认识和实践。在村庄中,不孝就违反了大家天然在遵守的地方性规则,从而成为"越轨者"。而越轨之徒,必定会遭到来自村庄共同体的排斥和遗弃,受到族人、庄邻的议论、排挤、谴责、耻笑,"走在街上脊梁骨都被人戳穿"。不孝之人没有人愿意和他交往,在日常生活中他也无从得到帮助,老人有一句话常讲"妗子不喜舅舅不爱",诸种压力之下,不孝之人无法立足。村里一些年纪大点的老年人回忆道,"我们小的时候,对老人那是真尊敬。结婚后不能让父母单吃,父母都跟着儿子吃到死。要是哪家老人单吃,全村的都会骂你,也没有一个人敢这样。"③一直到20世纪八九十年代,孝顺与否还是衡量一个人品行的试金石,一个男人如果不孝顺,人家连钱都不肯借给他;一个儿媳妇如果不孝顺,那将来她的儿子找媳妇或女儿寻婆家都会受到不好的口碑——"有其母必有其女",家风不好没人敢要。G村给儿女定亲都非常重视,经过熟人打听、媒人介绍、儿女见面(家人陪伴)、父母见面等提亲、相亲、会亲、定亲多个程序,如果自己有对老的不孝或有打骂老人的劣迹,

---

① 杨复兴:《中国农村养老保障模式创新研究——基于制度文化的视角》,云南人民出版社2007年版,第44页。
② 摘自对G村KFY访谈。
③ 摘自对G村XGW访谈。

在这么多的环节中总会被传到对方亲家的耳朵里,成为"甩媒"的原因之一。村庄舆论不仅能够对失范的个人构成惩戒,对心存侥幸者也是一种心理上的威慑。这是一条底线,谁都不敢贸然触犯,触犯了便会付出声誉上的沉重代价。共同体内部的舆论机制使得代际关系获得了来自村庄内部的约束与控制。所以,尽管对公公婆婆不满意,也不敢公开辱骂,聪明的媳妇要考虑长远,想到自己儿子还要找媳妇,自己将来也要做婆婆。

博登海默说:"当习惯被违反时,社会往往会通过表示不满或不快的方式来做出反应;如果某人重复不断地违反社交规范,那么,他很快就会发现自己已被排斥在这个社交圈以外了。"①

G村的北岭大街上有一个"海润超市",因为位置便利,几乎整个北岭上的村民都在这个商铺里买日用品和食品。在G村这个熟人社会里,很多人买东西都还可以暂时赊账,超市老板海润媳妇长期在家料理这个商店,不付现金的就记个账。一般而言,谁的人缘好、面子大、信誉好,店主允许赊欠的金额和时间就越多。村里有个叫徐二的,成天不务正业,在东北打工时领回一个有夫之妇。此妇为其育有一女,后又不辞而别。为了照顾2岁的孙女,徐母便和老二住在一起。房子也是花了几百元买来的废弃"工房",位于村西头水库边上。按G村人的说法,老二"吃了上顿不管下顿",一个人吃饱撇下老母和年幼的女儿不管不问。后来女儿上学的学费都交不起。徐二经常到"海润超市"买烟酒,喝个酩酊大醉。酒后的徐二成天耍酒疯骂骂咧咧,还打骂自己80岁的老母,这种不孝在G村被视为莫大的失礼,倘若在1949年前徐二要接受家法和村规的最严厉惩罚,并被开除出籍。"民不举官不张",徐二虽然没有被起诉,但村庄舆论的压力还是让他"无缝可钻"。开超市的海润媳妇表态拒绝向其赊欠一毛钱的东西,海润还曾当众痛殴了徐二一顿,街坊邻居叫好。徐二每到一处,没人愿意搭理他,在村里混不下去了,于是长年在外打工。

参照社会学家布迪厄的象征资本理论,每一个人都是生活在社会中的社会

---

① [美]博登海默:《法理学:法律哲学与法律方法》,邓正来译,中国政法大学出版社1999年版,第379页。

人,都会与其他人或多或少的发生联系,而象征性资本对于个体能否在社会中获得各种资源非常重要,这种象征性资本为个体赢得了信任和声誉。"孝"在里面则扮演了一个非常重要的评价标准角色:

> 以前,交人、交朋友,首先一条先看他孝不孝顺,对自己的父母好不好。如果他是孝顺的,就说明这个人品行不孬,可交。如果他连自己的生身父母都不孝顺,那这个人可真是不咋的。你说他连自己的父母都不孝顺,他会对别人好啊? 这个一直延续到现在,管用。①

如上文所言,一个人孝敬自己的父母,会给他人留下良好的印象,会得到他人的信任,他便能够在一个相对较小的场域中(比如村庄)获得自己所需要的象征性资本。对一些家庭来讲,这种象征性资本会直接影响到他们生计的维持。

> 以前都穷,谁没个需要别人帮忙的时候? 那就得靠亲戚,靠周围邻里百家的。你要是平日里不孝顺老的,净惹老的生气,别人就都知道你这个人品性有问题,说你没有良心,那还有人出手帮你啊? 没有人搭理你。你要是不孝,你就等于什么东西也没有了。不分家的时候你兄弟嫌弃你,分家的时候你得分那最差的。你说,你还敢不孝吗?②

杨华在水村的调研也佐证了这一点:"十年前,该村一泼辣媳妇一向对公婆不孝顺,一日其向某老先生家借鸡蛋做人情,老先生恼火,不借;农忙时,又是此人,在村落里叫人帮忙给她家割稻谷,连其堂弟媳妇和堂姊都推脱说早有人请了,没空,无奈二十里路外请娘家人来帮忙;整个村落对该户不太感冒,她要借什么锄头、镰刀、粪箕、水泵、打谷机等都说没有或在用,杜绝与其人情来往;平常的妇女联合活动也没有她的身影;等等。这样的事情多了,她自己也感觉不太妙。经村里几个老婆婆开导后终于意识到自己的不对,后来开始对公婆转变态度。"③对生活在社会关系圈中的单个人来讲,最不愿出现的情况便是遭到周遭社会的排挤,成为孤零零的局外人。尤其在乡村社区,社交圈子通常较为狭窄,且圈子里面的人大多数都是熟人。当行为人因违反大家一致默认的"民间法"而

---

① 摘自对 G 村 HXG 访谈。
② 摘自对 G 村 KHJ 访谈。
③ 杨华:《人情的性质及其变化》,《中南财经政法大学研究生学报》2008 年第 1 期。

被排挤出其本就比较狭窄的社交圈子时,其实际受到的压力不比受到国家法律强制力的惩罚低。

(二) 人情与面子

除了宗族本位,中国社会还是一个讲人情面子的社会。梁漱溟在《中国文化要义》(1949)中从人情的角度十分精彩地论述了关系本位或伦理本位在中国文化中的特殊含义,并强调,伦理本位或中国人的人际关系,是以人情、情义、情谊为核心的。① 翟学伟认为,面子是个体为了得到某一社会圈的认同,进行积极的印象整饰后,在他人心目中形成的心理地位。对这一地位做出正面评价就是有面子,否则就是没面子。② 实际上,面子竞争承载着更为广阔的村庄意义世界。"面子竞争是维护村庄社会团结和集体感情的一种常规和有效的方式。因为存在面子上的竞争,村庄的主流价值才得以维系,村庄作为一个伦理共同体的存在才有所可能。"③

注重情感是人情的文化生命基因。"人情"观念长期深深根植于中国社会,对推动传统社会的发展起过独特作用。尽管近些年市场经济已经侵袭至乡村的各个角落,以自然经济为基石的人情节节败退。但在乡村,尤其是市场经济还不很发达的乡村,农民的人情却仍然保有其基本的内涵。G村一位村民的话就能很好地对此做出诠释:

> 你生活在这里,就必须得随大流。在农村,谁家没有个事得求人的啊,要是平时不与人联系,求人的时候,谁都不会睬你。谁叫你临时抱佛脚啊?! 那屋里的(此处是指村里的张家,因儿子是大学生,已经在城市里买了房子定居了,家里老人家年纪也大了,没有再参与送礼——笔者注)现在不送礼,到时候死了都没人帮抬。在某种意义上,大家也是靠着这种"办酒"的机会联络情感。平时不"走动",一旦有事,你怎么求人,别人都不会理你。

---

① 梁漱溟:《中国文化要义》,上海人民出版社2005年版,第94页。
② 翟学伟:《中国人脸面观的同质性与异质性》,载翟学伟:《中国人行动的逻辑》,社会科学文献出版社2001年版,第76页。
③ 陈柏峰:《农民价值观的变迁对家庭关系的影响》,《中国农业大学学报》2007年第1期。

而从家庭内部的矛盾生成形态和矛盾消解方式来看,中国人特有的"脸面观"①也占据着一个非常独特的位置,成了家庭生活乃至乡村法律生活中的一种重要控制手段。尽管 G 村的任何一个家庭内部可能都因为分家和赡养问题矛盾重重,但在"脸面"的社会控制机制下,大多数家庭的矛盾并没有外部化。通常情况下,在分家与赡养的纠纷中,一个媳妇无论对父母有多不满,也不会做出过分的行为或大肆声张。如果她胆敢做出过分的举动,如对父母的公开咒骂,拒绝赡养父母等,就会被村民认为是"丢人现眼""不要脸"。"真是现丑,丢祖宗的脸!""一个人不要脸,什么事情做不出来呢?""我真不知道她做出这样的事情来,脸面往哪里搁?"②村庄舆论的谴责往往使儿孙辈们在养老的问题上有所顾忌与收敛。而传播在村落公共空间中的媳妇对父母的不满,多少会让父母感到没有"面子",客观上也会反向激励父母更加公平地对待每一个儿子的小家庭,缓解大家庭内部的各种矛盾。

黄娟在对河南一个村庄孝道的考察里讲述了这样一个故事:有一个老太太由两个儿子轮流赡养。老大比较孝顺,轮到他时主动供应粮食和柴火。老二赖种,不肯出粮食和柴火,街坊邻居劝说也无用。老太太无奈,在街坊邻居的怂恿下到乡政府告老二。没想到走错了地方,告到了公安局。当地公安局一听有这种不孝之人,非常恼火,将老二传进去痛打一顿,直打得那不孝子跪地求饶。在众人的嘲笑声中,老二拿着粮食和柴火一跛一跛地给他母亲送去。邻居后来都笑话他:"让你给你娘粮食你不给,挨一顿打好过了?她一个老太婆,一个月能吃你多少东西?"那个老二羞愧得抬不起头来,好长时间都不敢出门。这个故事中的"不孝子"是在地方执法部门的"非常"介入下、大失其社会脸面和道德脸面的状况下才被迫履行赡养义务,可见面子对人的约束力。人们对面子的认同感越强,社区的整合度就越高。③

面子无论对于子女而言,还是对于父母而言,都是必不可少的。有时老人甚

---

① "脸"和"面子"是中国人一种非常奇特也非常复杂的观念,参见翟学伟《面子·人情·关系网》,河南人民出版社 1994 年版;黄光国、胡先缙等《面子——中国人的权力游戏》,中国人民大学出版社 2004 年版。

② 陈柏峰:《暴力与秩序——鄂南陈村的法律民族志》,中国社会科学出版社 2011 年版,第 51 页。

③ 黄娟:《社区孝道的再生产》,社会科学文献出版社 2011 年版,第 131 页。

至"死要面子活受罪",尤其是女性老人为了不给儿女脸上抹黑,同时也给自己的家族争面子,即便是受到了儿子、儿媳的虐待,有时也不愿把这些"丑事"抖出来。所以在笔者的采访过程中,经常遇到这样的情况:一开始被访老人很警戒,只愿拉家常,谈到儿孙是否孝顺时,老人脸上的表情很是复杂,看得出是在做思想斗争,然后说儿孙都不错,都给送吃送喝的。而且根据采访场合与空间的不同,老人的回答前后并不一致。有一次笔者在大街上碰到4位闲聊的老人,便进行了随机采访。其中的一位徐氏老奶奶80多岁的年纪,有两个儿子,两个孙子三个孙女,两个儿子一个住在中心大街的老宅里,一个在北岭上翻盖了宽敞气派的新房。以下为笔者与徐氏奶奶的交谈:

笔者:徐奶奶,您年纪这么大了,儿孙都经常来看看你吧?

许奶奶:我这里不缺吃不缺喝的,孩子们上班忙,不用他们过来。

笔者:两个儿子怎么个养老法?

徐奶奶:轮着过,一个儿子家5天,刚好一个集(G村每五天赶一个农贸集市)

笔者:徐奶奶您的腿脚还行吧?从二儿子家到大儿子家挺远的,而且还要过这个岭,路不好走啊。

徐奶奶:唉,人老了,这腿也不中用了,年轻时落下的风湿性关节炎。习惯就好了,儿子、儿媳忙着赚钱,她们还得供孩子读书,没空,这根拐杖就帮我的大忙了。

笔者:那您在儿子家住的是东屋还是西屋?

徐奶奶:二儿子家的孙子都要结婚了,咱一个脏老婆子住啥新屋,就住在东厢的偏屋里。大儿子家刚盖的新房,但他家人口多,我住在他家老房子的西屋里。

笔者:您过生日、过节时儿媳都给您买东西吗?

徐奶奶:买,过年过节轮着,大年三十在老大家,初一在老二家。

笔者:徐奶奶您觉得日子过得顺心吗?

徐奶奶:顺心,儿孙满堂,孩子们过得也不错,有时我也给她们打打帮手,只要小的们过好了,不吵不闹、不打不骂的,比什么都强!

一边的孔三奶奶穿着花色的衣服坐在一旁一直听笔者和徐奶奶交谈,笔者

转移话题问道:

> 笔者:三奶奶,您这身新衣服是谁买的啊?(三奶奶只有一个儿子三个孙子,没有女儿)
>
> 三奶奶:是下面的美菊给买的(美菊是其孙侄女),前些年帮美菊带孩子,现在老了,带不动了,人家没忘恩,每年回来时都不空手,来看看我这个老妈子。
>
> 笔者:凡建大叔(三奶奶的独生子)和大婶对您好吗?
>
> 三奶奶:好,打前年开始就不让我下坡参加劳动了,光在家看家护院。
>
> 笔者:吃饭您是自己烧,还是和儿子、儿媳一块吃?

说到烧饭,孔三奶奶好像想起了什么,起身就往旁边的老屋里走,热情地邀请笔者到她家里拉家常,原来她老屋里还余火温着一锅粥呢。来到这处老宅院里,满院种了豆角、茄子、番茄、南瓜等蔬菜,一只蹿来蹿去的小黑狗是孔三奶奶忠实的伙伴。屋子里基本上没什么家具,一张床,两个小板凳,一口水缸。坐在屋子里,三奶奶才开始向笔者讲述其真实的感受:

> 刚才在大街上,不能说小的不是,影响不好,丢儿孙的脸面。人来人往的,这万一传到儿媳耳朵里更是惹了麻烦。家家有本难念的经,劝别人容易劝自己难,有的话外面说说不打紧,有的话不能外面随便说。我命苦,辛苦了一辈子,你三爷爷三年自然灾害时就去世了,我一个人拉扯大你大叔,给他娶了媳妇,又帮着带大三个孙子。这人老了,他们就开始嫌我脏了,嫌我不中用了。不跟我一块住了,我一个人住这窝里,自己烧饭吃,自己种菜吃。

三奶奶的院门是一个用朽木和蒺藜形成的自然门。门里是一个老人、篱笆、狗的孤单故事,门外是一个儿孙满堂、好命高寿的面子故事。或许只有那只忠诚的看家狗才能倾听到面子背后真实的辛酸故事。

"宗祧、财产和赡养义务的传递,乃是汉文化区社会继替的重要特征。"[①] 同时也是"伦常"道德体系的核心内容。而 G 村的经验表明,20 世纪 90 年代中期以来社会继替和"伦常"道德体系已经开始受到了实质性的挑战。以公私界限为据,在所有的"伦常"道德体系及相应的社会结构前提下,"不孝"在村庄的日常生

---

① 费孝通:《乡土重建》,载《费孝通文集(第 4 卷)》,群言出版社 1999 年版,第 118—129 页。

活实践中一向被认为不仅仅是"私"事,而且是村庄的"公"事,人人可以口诛笔伐,人人可以鄙视之。而如今,这种"不孝"行为,已变成了纯粹家庭内的"私事"(除非严重虐待老人到国家权力必须进行干涉的程度),是"别人家的事情",外人不好随意干涉或插手。

社会继替的困境背后,从直接来看是村庄的道德秩序问题,或者是村庄的公共权力问题,但从深层来说却是村庄社会结构的问题。村庄纵向社会结构的变动,使得德望在社会分层标准中已不再具有很大的实质意义,而仅仅有权力(并非权威)的村庄精英无力也不会主动去干涉此类"家务案"的可能。与之共变的还有村庄横向社会结构。村民在处理横向社会结构上人际关系时的现实化,使得其"分"的特性彰显,关于"私"的界限主要集中于核心家庭边界。由是,当"不孝"现象出现时,其他村民很自然认为"这是别人家里的私事",原本由普通村民即能给出的非正式的惩戒——道德谴责,也便消失了。这与其说是"无情的市场逻辑"下"无公德的个人"使然,倒不如说是村庄纵向与横向社会结构共变,以及村庄道德与权力日常性互动的结果。①

(三) 新时期的"道德性越轨者"

"越轨"在社会学中的含义是指社会成员(包括社会个体、社会群体和社会组织)偏离或违反现存社会规范的行为。而"道德性越轨者"顾名思义,指的是那些在道德层面偏离正常规范轨道的行为。

自20世纪80年代以来,农村的经济结构、社会结构、人际关系均发生了很大改变,与此同时,村庄舆论导向亦发生较大变化。譬如前面提到的G村二奶奶自杀一事:

> 你二奶奶上吊这个事,咱说了干么去?咱去惹仇人啊,咱才不犯于呢(当地方言,不值的意思)。没人管,也没人说,她家里的儿子媳妇还不照旧是那个样,跟没做亏心事似的,还嫌他娘这么个死法给他们丢脸呢。恁二奶奶娘家就是侄来哭了两下,他也不犯于去惹啊。原来一个家族里还有站出

---

① 谭同学:《桥村有道——转型乡村的道德、权力与社会结构》,生活·读书·新知三联书店2010年版,第292页。

来说话的人,现在哪有啊?现在的人都学乖了,都不想为(为,此处念二声)仇人了。你二奶奶是个命苦的人,没享点福。①

村庄舆论作为乡村社会的一种结构性力量,曾对村庄的个体起到了一定的保护和约束作用,对村庄的"道德性越轨者"起到了一定的制约和威慑作用。但一旦这种结构性力量消失或者发生转变之后,老人的命运则相应发生转变。②谭同学在湖南桥村的调研也发现:在纠纷解决过程中,当事人及其家人的"耻感"几近消失。虽然村中的一部分村民(尤以老年人居多)仍认为这是"丢丑"的事情,但"现丑"作为一种惩罚的日常形式,已经没有了实质性的惩罚作用。③

伴随着村庄结构性因素的逐渐消解,村庄的"道德性越轨者"成功地逃脱了制裁和社会性压力,逃脱了本该背负的指责和"诅咒",但因为大的话语系统和大的传统并未立即消失,越轨者知晓自己身上有"污点",与他人的交往有芥蒂,他们无法像其他人那样理直气壮地生活在村庄里。于是那些逐渐增多的传统道德的越轨者便在慢慢靠拢、凝聚,进而形成了自己的圈子,并不断生产出自己的话语以与传统的道德话语争夺话语权。在这个过程中,这些传统道德的越轨者对自己的行为和应然的代际关系进行重新定义和阐释。④笔者在 G 村的调研中也发现了这个问题的严重性,访谈中村支书的妻子告诉笔者:

> 要说咱这农村吧,干什么事都攀伴。要好它比着好,要不好它比着不好。一个跟着一个学。这农村的孝顺也讲究"搭片"。要说哪一片孝顺吧,那一片基本上都不错;要是哪一片不孝顺吧,那一片绝对都是那个样。⑤

在这个圈子中,"道德性越轨者"在传统的道德判断之外形成了自己的价值标准,从而为自己的行为确定合理性。而且随着圈子的逐渐扩散,一个奇怪的现

---

① 摘自对 G 村 WXS 访谈。

② 杨华:《当前我国农村代际关系均衡模式的变化——从道德性越轨和农民"命"的观念说起》,《古今农业》2007 年第 4 期。

③ "报"的文化机制使得"现丑"具有制裁意味,同时也具有社会整合作用。谭同学认为,村庄横向社会结构提供了包括"报"在内的道德秩序基础。一旦村庄横向社会结构松散到一定程度,个体村民可无视其他村民对自己的道德评价时,"报"的文化机制便失去了载体,"现丑"的制裁意味着整合作用也随之急剧恶化。参见谭同学:《桥村有道——转型乡村的道德、权力与社会结构》,生活·读书·新知三联书店 2010 年版,第 411—412 页。

④ 杨华:《当前我国农村代际关系均衡模式的变化——从道德性越轨和农民"命"的观念说起》,《古今农业》2007 年第 4 期。

⑤ 摘自对 G 村村支书 XGA 妻访谈。

象发生了:这一群体形成了自己的亚文化并对孝道重新进行阐释,从而形成了一种与原有倾向于保护老年人的社会舆论相对的社会舆论,并慢慢盖过前者成为村庄的主流社会舆论。我们从这些家庭、妇女相互之间的攀比可以看出其中的诡异:"比老人为子女做了什么,而不是子女为老人做了什么。"强调子女在成年之后对父辈的义务,是代际之间的权利义务关系也即伦理本位的价值观。而越轨圈子的逻辑则是"老人为子女做了什么,子女能从老人那里索取什么",属于权利本位的思想——你没给我盖房子,我就不应该对你好,把你赶出家门也是合乎道理的。不孝晚辈通过此种言论的扩散和传播逐渐影响并改变乡村原有的地方性共识,给自己的不孝行为披上合法化的外衣,并逐渐获得周围人的认同。从此交换型代际关系深深地扎根,无论老年人还是他们的子代家庭也都已然接受了这个现实。随着众人的接受,交换型代际关系也顺其自然地获得了"合法性",并最终形成了新的秩序和规范。

在农村不怕不孝之子,而是怕"不孝有理"的逆变,是代际之间不对称的权利和义务关系,而且,一旦"不孝有理"支配了村庄的舆论阵地,孝子贤孙便不再被赞誉、传播和仿效。几百年以来积淀演绎的孝道礼俗便有可能被偷梁换柱,置换成索取型和交换型的代际关系。

> 据老年人的回忆,那时候,近门子(血缘关系比较近的人家)中长辈的权威往往足以使那些不孝顺的儿子儿媳不敢做得出格。但是这些年由于小家庭独立地位的提高,家族观念及相应权威对于个人行为(尤其是非仪式以外的行为)的约束力已大大减弱,因此已经不能再构成对儿子辈赡养老人的有力制约。对于家族内的不赡养行为,近门子也只能是采取不与她们来往的方式表示不满,毕竟"这是人家家里的事,咱管不了"。虽然赡养仍然受到社区伦理规范的制约,但由于外在的资源条件及伦理规范制约力的减弱,赡养观念上的"孝"与"报"在逐渐失去它的控制力,得到赡养也不再成为父母理所当然享有的权利。①

郭于华讲述了生活在黄土高原一个小山村中的世琦老人的故事。耄耋之年被儿子、媳妇抛弃,独自艰难地带一个傻儿子度日。然而,这些遭遇却没有得到

---

① 李霞:《娘家与婆家》,社会科学文献出版社 2010 年版,第 196 页。

我们想象中似乎应有的人们的同情。世琦祖上传下的几孔窑洞被公家收买,世琦因此卖得两万多元钱,这本可以成为他老年生活的保障。但为了指靠小辈人的赡养和照顾,世琦把钱交给了儿媳妇。但这以后不久他就被"另"出去单过了。如此对待一个无助无靠的老人理应受到舆论的谴责甚至有关人员的干涉,但是调查组听到的却是村民们对世琦老人不利的说词,"他什么正经事也干不了,整天就闲着",而村干部则说,"谁让他那么早就把钱都给了儿媳妇?交权交早了嘛"。①

针对此种现象,贺雪峰指出:革命运动和市场经济对传统的打击,已使传统力量变得弱小,农民在熟人社会中理性行动的逻辑及他们与此相适应的特殊的公正观,已不再受到诸如传统的组织力量与文化力量的约束,村庄社会关联度大为降低,农民成为原子化的个人。……这种农民的行动逻辑已不是推论,而在到处成为现实。②与蔑视村庄公权的行为得不到遏制一样,年轻人对老人不孝的行为露出端倪后,他们发现自己并没有受到来自家庭以外的其他力量的制约,于是他们便愈发大胆,公开的不孝行为开始日益泛滥。③

G村的采访中,有一位姓胡的老奶奶,早年丧夫,抚养三个儿子和两个女儿长大,因家里经济困难,二儿子到北乡做养老女婿去了,大儿子弱智,已经50多岁了,跟着母亲过。用小女儿给三儿子换亲了个媳妇,大女儿出嫁在本村。照理说,三儿子受到母亲的照顾最多,受到家里的恩惠也最多,而且事实上成为唯一传宗接代的掌门人。但三儿子并不领母亲和妹妹的情,也不关心弱智的哥哥。而是和换亲来的媳妇"妇唱夫随",把70多岁的老母亲和痴呆的哥哥赶出家门,让他们自己在北岭租别人放柴草的旧房子住,胡奶奶的住处紧挨着她的大闺女家,可能也是在万般无奈之下,靠儿靠不住,希望大女儿能管点用。结果,大女儿、大女婿也不管不问,"养儿养老,轮不到我们当闺女的"。采访中笔者发现基本上家家户户都装上了自来水龙头,但胡奶奶家就没装,每天她那个傻儿子去到很远的水井里挑水吃,连到近在咫尺的大女儿家挑水都不同意。关键是,这样的

---

① 郭于华:《不适应的老人》,《读书》1998年第6期。
② 贺雪峰:《乡村社会关键词——进入21世纪的中国乡村素描》,山东人民出版社2010年版,第243页。
③ 谭同学:《桥村有道——转型乡村的道德、权力与社会结构》,生活·读书·新知三联书店2010年版,第285页。

孝行慢慢地得不到村庄舆论的谴责和非议，反而成为集体忘却的历史名词。傍晚，胡奶奶和傻儿子坐在自家门口和几位老人闲聊，而不远处自己的大女儿也坐着在侃侃而谈，并未流露出一丝的愧意和尴尬。而岭下继承家业的三儿子和儿媳也在自己的圈子里败唆胡奶奶的"不好"。不孝一旦具备了合理性的基础，就开始由家里闹腾升级到公开虐待老人。

当前中国农村中已经出现子女虐待父母，以致丧失劳动能力的父母衣食无着的情况。在既缺乏本体性价值又缺少社会性价值的情况下，一个社会就不再有道德和信仰的力量来约束膨胀的私欲，就不会有长远的预期，就会成为一个短视而没有前途和希望的社会，就是一个道德沦丧、充满戾气的社会。中国的某些地区农村正在落入这样的陷阱中。①

四、"清官"与"难念的孝经"——乡土"孝争"及其化解途径

20世纪80年代初期的农村改革，政社合一的人民公社体制取消，学者们都认为这意味着国家权力开始从农村后撤。其后，随着农民流动的加速，村庄边界的开放，行政体制效率的下降，国家对农村社会的控制力越来越弱。而2003—2005年的税费改革和取消农业税等一系列的制度变革，更使得基层政府越来越"空壳化"。正如学者周飞舟所言：乡镇政府"不但没有转变为政府服务农村的行动主体，而且正在和农民脱离其旧有的联系，变成了表面看上去无关紧要、可有可无的一级政府组织"，"悬浮型政权的特征愈来愈凸显"。②税费改革、取消农业税后，乡村组织的收入来源大幅减少，借助税费任务来搭车收费的机会也基本丧失，"他们不再能打农民的主意，再想做坏事也已经很难"。此大背景之下，G村也不例外。

（一）日渐"悬浮型"的乡村政权

在G村年纪大一点的人印象里，20世纪七八十年代，谁家与谁家起冲突了，

---

① 贺雪峰：《乡村社会关键词——进入21世纪的中国乡村素描》，山东人民出版社2010年版，第124页。

② 周飞舟：《从汲取型政权到"悬浮型"政权——税费改革对国家与农民关系之影响》，《社会学研究》2006年第4期。

谁家家里虐待老人了,谁家家里发生点什么意外事情了,村干部还经常会上门调节劝说。不但村干部会主动前往,村民也会主动跑到"大队院"寻求村干部支持,因为在G村民的眼里,"大队部"就是象征着真理和正义的神圣地方。而当前,这种现象却越来越少见。一方面,村民不愿意跑了,"家丑不可外扬",家务事不愿公开,说出去净惹村里人笑话看热闹;另一方面,村干部也不愿意插手管了,"别人家里的事情,不好处理,弄不好还得罪人"。干群之间的事务性来往极度减少,干群之间的关系日渐疏离。采访中,很多的G村人都提道:"现在我们与村干部之间没有什么来往,人家是干部,跟咱不是一个级别的。过去还来收收费啥的,现在也不用收了。有什么事情村头的大喇叭就吆喝一下,没什么事情就成年间也没有接触。"

随着市场经济对农村的浸淫、务农以外收入所占比重的增加,人们对于农田的关注已经降到最低点,只有60岁以上的老人才在家厮守这一亩三分地,田间地头闲聊的机会也很少了。年轻人终年在外打工,也只有在春季前后才回家过年。原来同质型的村庄共同体,逐渐出现职业的分化和收入的差距,以及由此而来的阶层化现象。"面向村庄以外生活的村民和村干部,谁也不愿意对村庄的未来作出承诺,村庄也没有稳定的未来预期。既然村民是在村庄以外获取收入且在村庄以外实现自己的人生价值,村民就很容易割断与村庄的联系。"① 从G村调查来看,尽管村民外出务工挣钱之后仍然在家盖房,改善生活,甚至还有"面子竞争"的攀比现象。但是,我们也发现村民其实并不关心村庄事务,也不关心其他村民的事务。他们之所以在家盖房,是因为他们目前没有逃离农村的资本,只是把农村作为一个最后的栖身之地。

采访中得知,现在乡村干部的主要工作有两项:招商引资和计划生育,这两件事是考察村干部的最重要指标。家庭之间的养老矛盾和养老纠纷属于村民家庭内部的问题,不在干部的政绩考察范围之内。本着"多一事不如少一事"的原则,多数村干部遇到争纷问题时便往往睁一只眼闭一只眼——干预村民的家庭问题不会给自己带来什么好处,处理得不好还会得罪人。从理论上讲,村干部有权力制止和处理不孝顺老人的子女,但是他们不愿插手解决家庭问题。在当前

---

① 贺雪峰:《村庄的生活》,《开放时代》2002年第2期。

G村基层政权的机构设置中,仅设置了民调委员一职来负责和处理农村中的各种纠纷,而且也越来越形式化。村里的治保委员已经兼任了多年的民调委员,访谈中他告知笔者:

> 村里有专管纠纷处理的委员会,成员有治保主任、大队会计,以前还有各个组的组长,现在组长没有了。我跟你说,这个委员会基本相当于一个摆设。以前还有过来找的,小的不养老的啦,老的小的闹分家吵起来啦,给处理一下。这几年很少了,一般的村民也不来找了,说实在的我们也不愿意插手去管。家庭琐事的,你说谁对谁错?邻里百家的抬头不见低头见,处理得不好人家还有意见。还有那个治保会,提起来我就来气。以前上头一年还开个二三次会,派出所的所长和司法所的所长一块开,总结总结经验,表彰表彰先进,现在可好,新上任的年轻领导都不热心这些事,我估摸着得五六年没有开个会了。你看看,这每年的治安巡逻检查他还要,你要没有这些治安记录他还找你麻烦呢,你又不安排,又不培训,叫我上哪里弄去?[①]

治保主任的一席话实质上反映了自"分田到户"以来,基层政权的执政能力一直在弱化的事实,这一点在税费改革后表现得更为彻底。基层政权的财政困难,权力被上收,农村党员干部队伍建设滞后,无法有效应对乡村社会转型对之提出的要求。由此,农民的各项需求得不到满足,乡村的社会治安秩序恶化。政府的缺位在某种意义上放大了村落社会的衰败,农村社会秩序陷入了一种低水平的、脆弱的状态,在当今的开放社会和风险社会中,这种脆弱的平衡很容易被打破。

(二) 一本"难念的当代孝经"

ZYS,在G村担任了十多年的村调解委员。他告诉笔者,G村的父母在具备劳动能力、生活能够自理的情况下,一般都选择与子女分开过,这个时候是不大会产生养老纠纷问题的。一旦老人丧失劳动能力,一般都会把自己的口粮田平分给自己的儿子耕种,儿子根据耕种父母的土地面积承担相应的抚养义务,每年把一定数量的收获物和钱送给父母,医疗费用也由子女平均负担。当子女没

---

① 摘自对G村治保主任ZYS访谈。

有按时把自己的收获物和钱送给父母时,或者对已经丧失生活自理能力的父母不进行生活照顾时,就会发生养老纠纷。

但凡养老的纠纷,这里面摸不清是谁的对,谁的错。往往是多方面产生的这个问题。你说城里面的调解吧,该批评的就批评,是谁的错就是谁的错,不用多说。批评完了大家井水不犯河水,就永远不用见面了。这在农村不行,你说了他以后吧,他一辈子都记着你。这两家打仗,你就不能说是你的错,他的对,为什么呢?一个村里的,出门就见面,邻里百家的长期在一块生活,抬头不见低头见。万一碰上了,他说你向他,不向我,毁了,以后他不跟你搭腔,他永远抱怨你。按理说应该谁的错就谁的错,可这个事它难弄啊。

如果老人不满意村里的调解,他(她)们会去上访吗?(注:笔者问)

原则上讲可以,但操作起来不可行,从上往下都设置了条条杠杆,把村庄里上访率的多少跟年底的精神文明评比紧密挂钩。为减少扣分,村里也设置了种种上访限制:你要是告到乡里的话得有个申请书,村里盖章,你不拿着去人家乡里不受理,一般的能在村里调解的谁上乡里去?又不是什么好事。再说了,村里一般也不给他盖章。你村里要是没调解成功,到年底了镇上还扣你村里的精神文明分,一共100分,政治经济、计划生育、综合治理三大项,谁上访了几次几次,扣掉多少分。一般的就想办法不让他去(上告)了。

据G村的老人回忆,人民公社时期的干部工作起来那真是认真,每个村干部都卖力地工作,既安排集体生产又要关注村民的生活状况,村中事务事无巨细都在管辖范围之内。有家里不孝顺父母的,拎出来轻则批评教育,重则挨打挨批斗,村民小心翼翼不敢越雷池一步。人民公社时期虽然批判家长制,但是依然鼓励对父母要孝顺,要尊敬老人。现在乡村组织的协调管理能力大大减弱,原因在于:(1)它对家庭进行干涉的资源已经没有了,既不能用集体时代扣工分、罚工和批斗等强制手段,更不能用传统时代的祖宗家法,只能够通过沟通和协调,但事实证明这种方式的实施效果不佳,如果子女不听劝诫,父母们往往无计可施。(2)不少乡村干部自身的道德素质和业务能力也在下降,其自身缺乏影响及公信力。缺少了内部自觉及外部制约,村民几乎可以"为所欲为",对父母怎样完全靠

自己的态度,即使不赡养父母甚至虐待老人也不会遭受实质性的惩罚。2011年,G村发生了一件老人被遗弃在门外的事件:

> 村里一张姓老奶奶,92岁了,双目失明,不小心摔了一跤又骨折,卧床不起。他大儿10多岁就死了,她原先住在他二儿家。二儿2007年又死了,二儿媳妇照顾了一段时间不管了,送到了她三儿媳家。老人的三儿1997年就死了,儿媳妇改嫁了,剩了一个孙子在村里。三儿家的孙子养了不到一个月,又送回她二儿媳妇那里,二儿媳妇不要,不给开门。那时候寒冬腊月的,雨夹雪,天气又冷,老人在大门口坐了一天。全村人都跑去看,闹得沸沸扬扬的。大队里实在看不下去了,就出面进行了调解:每家住一个月,在谁家生病谁家出钱看,死在谁家谁发丧。但现在也还是没有人真正管,都互相推托,大队里又不能天天看着他儿媳、孙子的,这种事苦的还是老人。①

这个案例反映的是老人在大儿子夭折,三儿子和二儿子相继去世以后,养老责任的归属问题。照常理来说,两个儿子去世以后,要由两个儿媳妇承担养老责任。但三儿媳妇改嫁走人,造成中层责任主体的缺失,于是在这种情况之下,该由两个儿子的下一代——孙子养老,还是由儿媳养老?抑或是由出嫁的女儿养老?围绕该谁养老的问题出现了争端和纠纷,村庄社会里的多元价值观为争执各方的托词提供了合理性的依据,谁都不认为自己有错。而村干部的介入,也难以像以前孝礼的维护者那样尽心尽力地问责督办,他们认为:这年头,村干部不好说谁对谁错,只能教育。一个村都是邻里百家的,搞僵了也不好看。即便是表面上看似解决了,事后一切照旧。

针对不孝子女,黑龙江省人大代表翟玉和组织的调查组调查了全国31个省市区72村的农村基层组织的干预状况,得出的结论是监管不力。但乡村干部们也是一肚子的苦水,直言不便插手的苦衷——"清官难断家务事"。这也恰好印证了谭同学在湘东南做的调研:时任村支书的林枝田去村民林枝月的二儿子家喝酒、吃肉,这家儿子当过"包工头",属于桥村"先富起来"的村民。林枝田却发现林枝月老人坐在杂物间的门槛上看着酒席抹眼泪。林枝田提示老人的三个儿子让老人一起过来吃饭,却被告知"你吃你的,不用管这些事情"。林枝田后来告

---

① 摘自对G村KFM访谈。

诉谭同学:"他们几个,尤其是老大和老二,还有他们的夫娘(妻子),经常骂老人。(老人)有时候问他们要粮、要钱时还闹矛盾,用手推搡老人。不过,时代变了,已经不讲什么宗族不宗族的了,村干部也不算什么了。所以我也不怎么好讲他们什么,讲了也不会有什么用。个人管个人家的事,他们的家事,我看不惯,但也不好管,只好找了个借口走了。"①

西方法律只防止个人为恶时侵犯公众或旁人,不强制逼人为善。因为道德上之事没有绝对的标准,更无法强制执行。尤其自宗教革命以来,良心上之事只有个人自身做主。②这种意识与中国国情和传统大相径庭。现在的中国农村,"孝"也已经变成公民家庭内部个人的私事,不再是国家大法的根本原则,更不是刑法所保护的重罪,这导致了国家政治权力对其制裁的弱化。行政束缚的失效,村内小气候的放任,不肖子孙在不孝路上越走越远。《孝经》言:"五刑之属三千,而罪莫大于不孝。"被调查过的72村村干部普遍承认,"孝经,当今时代一本难念的经"。③

五、小结:由道及行——公共舆论与乡村秩序

> 通过闲话,群体的道德价值观就不断地被加强和维持,闲话诉说中总是有一个道德边界,正是这个道德边界让闲话显得有吸引力和有意思。……人们讲什么闲话,闲话里包含什么,将告诉你该社会群体如何构建它周围世界的意义,如何理解行为实践过程,正如布迪厄所提出的"惯习",它建构了个人和世界策略性打交道的方式。④

乡村公共舆论是乡村社会有序运行的重要基础。村落社区内的人们相互之间通过制度化的互动、交流、沟通形成了特定于村落社区的公共舆论,公共舆论的形成可以使村民表达的社会公众意见,同时,通过公众舆论可使村社内部的人形成共同的价值观念和行为规范。

---

① 谭同学:《桥村有道——转型乡村的道德、权力与社会结构》,生活·读书·新知三联书店2010年版,第284—285页。
② 黄仁宇:《关系千万重》,生活·读书·新知三联书店2001年版。
③ 李彦春、翟玉和:《乡村孝道调查让我忧心如焚》,《北京青年报》2006年3月1日。
④ Chris Wickman, Gossip and Resistance among the Medieval Peasantry, *Past and Present*, 1998, No.160, pp.11—12.

公众舆论较之于法律在维护伦理道德方面发挥着基础性的作用,特别是在中国的农村,公众舆论的压力比法律要大得多。在公共舆论强大的空间中很少产生越轨者,即使有也很难在这样的公共空间氛围中生存下去。谁若违反了孝道规范,马上会遭到社会舆论谴责,根本无法在社会上立足。

公共舆论的效力和维护需要特定的社会场,在这样一个社会场中,人们彼此认识熟悉,享有共同的价值观和信仰。个人尤其是公共人物对不孝行径的批评不被认为是个人的"多管闲事",而是被视为公共的舆论先声。即便是出轨者亦会屈服公共舆论的正义性。而且,在村庄社区之内和家族圈内总会有"呛声"的"管闲事"的头人、能人、达人等,他们凭借在社区或家族内的威望和信任,充当公共舆论的先声甚至是代表,而对道德出轨乃至越轨者进行舆论的指责和纠偏。或者说,"和事佬""百家通""有头脸"的人正是通过这种有可能得罪人的方式来增强其在社区内的声誉和威望,从而保持在村庄事务中的领导力和影响力。

处于社会转型期的乡村社会,公共舆论出现了碎裂和蜕化。首先,村庄共同体的消解,使得村民各顾其家,不愿关注街坊邻居,"一家不知两家事",越来越多的人觉得干预别人家的私事是"出力不讨好"的,村里的年轻人更是天天将"隐私"挂在嘴边,本着"多一事不如少一事"的心态,而且生怕现在管别人,倒过头来人家说不定还背后指责自己对老人不够孝顺。其次,各种强势媒体对农村的价值导向产生了很大冲击。随着电视、广播、报纸、网络、电影等节目对"成功人士"的解读,逐渐转移到以金钱、才能为标尺,这直接影响到村里年轻人为人处世的态度,他们更需要以挣钱多少而不是以对父母有多好为尺度来证明自己的价值并获得别人的认可。再次,村庄公共舆论的消声,除了跟上述传播社会学的诸因素有关之外,还与村庄社会结构的变化紧密相关。相对于以前单一化和同质性的村庄社会结构而言,现在的农村出现了多元化、复合化、阶层化的新特点,村庄统一的公共舆论很难形成,自然就容易出现"公说公有理,婆说婆有理,儿子媳妇也攀比"的各执一词的现象,村庄内在统一的道德价值观自然被多元化的价值世界所取代。最后,伴随农民流动性的增强,村里15~60岁的青壮年基本上外出打工,家里往往是婆婆和儿媳带着孩子,在"儿子"和"丈夫"角色缺位的婆媳家庭中,更容易滋生矛盾且不易得到解决。

随着村庄人际关系的日益市场化和理性化,公共舆论在"去生活化""去村庄化"的演变中也渐趋于沉默,其对孝道的维护作用也大为减弱。从对村庄越轨行为的议论和鞭挞转变为缺乏批判精神的"东家长西家短""你吃了我喝了"的寒暄与聊天,在缺失了对村庄共同体最基本的认同和关注之后,村庄舆论已经不再具备对农民道德性越轨行为进行惩罚的功能。随着舆论批评的"板子"打脸(面子)威慑力愈来愈小,"道德性越轨者"开始泛滥。但村里人对各种不合理对待老人行为集体采取了漠视的态度。而当各种不合理的行为渐成为一种普遍的现象,久而久之就会被社会大众所默认,成为人们心里的一种潜意识的合理存在,最后不合理的变成了合理的,不孝行为愈演愈烈。由社区公共舆论带来的压力机制最终失效,"人言可畏"的村庄舆论已然成为老人们的历史记忆。

当代的中国乡村,越来越多的鲜活事实已经或正在证明,以"传宗接代"为基本诉求的传统本体性价值追求是不正确的。农民安身立命的基础被动摇,就会更加敏感和在乎于他人的评价,就十分在意面子的得失,就会将追求社会性价值①放到更加重要的位置。

而如贺雪峰所担心的,一旦现代性的因素进入传统的封闭村庄,村庄的社会性价值就会发生变异。传统社会中的秩序被打破了,人们对社会性价值的激烈争夺往往会破坏村庄的团结,村庄共同体解体,村庄变得原子化起来。而一旦村庄原子化,村庄舆论将不再起作用,村民就会依据自己的现实利益行动,而不再将他人的评价放在眼里。没有邻里的舆论约束,没有宗教的信仰约束,驱使人们行动的唯一理由就变成赤裸裸的现实利益。②

有人乐观地认为城市是农村的未来,津津乐道于城市里独立而自由的人际

---

① 所谓社会性价值,是指那些在人与人交往层面,在"在乎他人评价"的层面,及在"不服气"的层面产生的关于人的行为的意义。本体性价值主要是个人内在体验的价值,是一个人对自己生命意义的感受,是与自己内心世界的对话,是一种宗教般的情感。而社会性价值主要是个人对他人评价的感受,是从人与人的交往与关系中产生的。正是因为有了社会性的价值,村庄中有了舆论力量,有了面子压力,有了正确与错误的判断标准。社会性价值产生于一个社会的内部。在一个相对封闭的社区中,社会性价值不仅生产着人生的意义,而且服务于村庄秩序的生产。正是正面导向的社会性价值使得村庄内部形成了道义经济,形成了美丑善恶的评价标准,形成了正当的以互惠为基础的人际交往,形成了社区的集体意志,形成了村庄"守望相助,疾病相扶"的最低限度的合作,村庄事实上构成了一个道义乃至行动的共同体。参见贺雪峰:《中国农民价值观的变迁及对乡村治理的影响——以辽宁大古村调查为例》,《学习与探索》2007年第5期。

② 贺雪峰:《乡村社会关键词——进入21世纪的中国乡村素描》,山东人民出版社2010年版,第117—118页。

关系,也就是所谓的陌生人社会。其实,这是一种人群流动和杂处的结果,但绝非是一种理想的人际关系。有人戏称:小偷作案都专门偷城里人,因为他们知道城里人人与人之间相较冷漠,邻里之间甚至老死不相往来。对于这种陌生人社会的弊端,1993年9月,时任美国总统的克林顿曾呼吁重建"守望相助"的亲密邻里关系,并签署了一项《国家及社区之信托法案(National and Community Trust Act of 1993)》,采取邻里守望相助、警民联合的方式促进社区事务的治理和治安的改善。有关社区的研究也表明:如果社区只是一个孤立的个人和家庭共处的一个小区,居民之间并没有固定的联系和关联的话,严格来说这算不上是一个社区。举个例子来说,如果社区里的健身会或联欢会只是用来做小区里的活动项目,而起不到促进邻里相互认识、互相联络、增进共识的作用的话,那么这样的小区也同样称不上是一个真正的社区。

由此反观目前农村的熟人社会秩序,村民仍较多地保留着亲密的村社关系,礼俗规则依然在村民的日常交往中发挥着作用,村庄共同体的内聚力尚有活力,乡村里的小传统对于村民还有不同程度的约束力,村庄公共舆论尽管已经不能以"议"代罚,但街坊邻居的"闲话"也会让那些"不懂礼数、不行礼道"者遭遇尴尬。当前,中国的很多乡村已经步入了后乡土时代,电视网络传媒的宣传和外出打工者的亲身见闻和体验,更是把城市里的记忆符号化,并影响到村庄里的处事逻辑和人际关系。当世界各国的城市社区都在尝试建立"守望相助"的邻里关系时,我们又何不未雨绸缪,思考如何将中国传统的礼治秩序转化为现代的社区伦理秩序呢?在一个熟人社会里,道德所起的作用要远胜于法律所能及的范围。这样,村庄社区里的公共舆论对于维护孝道、褒扬孝行、和谐社会关系也就起到了潜移默化的作用。

第六章　孝与法:国家行为干预下的孝道

按照马克斯·韦伯的划分,国家统治类型可分为传统型和法理型。传统的统治类型建立在农业和乡土社会基础上,现代的法理型统治则"建立在专业官员制度和理性的法律之上"。①因此,在乡村由传统农业社会向现代工业社会迈进的过程中,法律整合面临着异质社会的冲突。这种冲突在国家对乡土社会的法律整合过程中表现得尤为突出。因为"现代法律是以人民主权和公民权利的思想原则为基础的,而乡土社会则仍然按照长期历史形成的传统加以治理,与现代'法治'不相一致,甚至格格不入。而现代国家建构不可能将传统的乡土社会置于现代法治体系之外,形成一个个服膺于传统规则的'土围子'。它必须要以一套理性建构的理想化标准来把民众的生活统一'拉入'到国家建设的整体进程中"。②

一、法进礼退:乡村社会秩序重构

(一) 乡土中国"礼主法辅"的治理模式

1933 年诺贝尔经济学奖得主、美国杰出的经济学家道格拉斯·诺斯(Douglas

---

① [德]马克斯·韦伯:《经济与社会》(下卷),商务印书馆 1997 年版,第 720 页。
② 田成有:《乡土社会中的民间法》,法律出版社 2005 年版,第 69 页。

C.North)在《制度与制度变迁》中对正式制度与非正式制度(informal constraints)的关系做了深刻的阐述,指出非正式制度是一切正式制度赖以形成的条件,也是一切后者得以有效运作的前提。①传统中国律典以明刑弼教为立法思想。礼之生乃是"圣人缘民情"而作,它广泛地渗透在我们的生活中,属于"非正式制度"的一部分。然不同的地域和背景下,人们总是有不同的习俗和非正式制度,且非正式制度主要是靠"多数人的自觉认可"这一方式来发挥作用,所以在人类各个文化中,人们都把建立正式的制度当作非常重要的任务,法律便应运而生。班固《汉书·艺文志》法家类小序存刘歆《七略》语云:"法家者流,盖出于礼官,信赏必罚,以辅礼制。"

作为制度整合的一种有效手段,法律的产生及其效用在不同的历史时期又有所不同。由于中国古代特殊的"家国同构"性,在相当长的一段时期内,法律具有很强的宗法性和地方性。如秦始皇统一中国的首要措施就是"海内为郡县,法令为一统"。随着中央集权的加强,以及国家领土的扩张,秦朝实行专制主义中央集权制度,将体现皇权意志的法令统一推广至所有的辖区。正如费正清所说:"公元前3世纪法家对于法律的早期运用,是作为协助专政政府实行行政统一的工具。"②秦朝以后的中国基本上承袭了秦朝的政治和法律制度。

尽管秦以后的中国具备了完善的法律体系和执行法律的官僚体系,但国家法律并没有全面迅速深入地渗透并影响到广袤的乡村社会。在乡村社会中,礼教仍然是维持社会秩序的主体,三纲五常成为凌驾于刑法之上的指导原则:"书曰,士制百姓于刑之中,以教祇德。汉臣班固有言,名家者流原于礼官。盖法律之设,所以纳民于轨物之中。而法律本原,实与经术相表里。其最著者为亲亲之义,男女之别,天经地义,万古不刊。"③再如清乾隆五年"御制《大清律例序》"述其修律目的谓:"朕寅绍丕基,恭承德意,深念因时之义,期以建中于民。……揆诸天理,准诸人情,一本于至公而归于至当。"亦可见皇帝欲以人情、天理为准绳,构建并颁布一套天人合一、君权神授的宇宙秩序,赋予立法的神圣性,教化万民成为皇帝的责任。晚清西学东渐,清末新政,准备"采用西法",修改律法,以为宪

---

① North, Institutions, *Institutional Change and Economic Performance*, Cambridge University Press, 1990, pp.36—47, etc.
② [美]费正清:《美国和中国》,商务印书馆1987年版,第108页。
③ (清)张之洞:《张文襄公全集》卷197,中国书店1990年版。

政之基,针对新法《刑民诉讼律》,张之洞深表担忧:"乃阅本法所纂,父子必异财,兄弟必析产,夫妇必分资,甚至妇人责令到堂作证。袭西俗财产之制,坏中国名教之防。启男女平等之风、悖圣贤修齐之教。纲沦法斁,隐患实深。中国旧日律例中,如果审讯之案为条例所未及,往往援三礼以证之,本法皆阙焉不及。且非圣朝明刑弼教之至意。此臣所谓于中法本源似有乖违也。"①对于《新刑律草案》第一个提出异议的是署邮传部右丞相李稷勋,其立论之基础即本礼教:"夫刑制之设,原籍以维持礼教,保卫治安,若转以长恶生奸,亏礼害俗,是召天下之大乱也。"②由此不难窥见,在漫长的中国传统社会中,国家治理体系以礼主法辅为取向,而且法制也已经被改造,实现了"援礼入律""法律与民情风俗的契合"。因此,在古代中国,代表正式制度的法律和象征非正式制度的礼俗区分不是很大,家国同构的国家形态使得家法、族规、乡约和皇权、君权立法的国家法令同源异位互构。

梁治平认为乡村习惯法和国家法之间在内容上是"分工"的格局,"消极地说,分工意味着国家对于民间各种交易习惯一定程度的放任,以及它鼓励民间调处的政策。而从积极的方面看,分工意味着习惯法与国家法在实施社会控制过程中的互相配合。毫无疑问,主要建立在习惯法基础上的乡村社会-经济秩序同时也是国家统治的基础。"据此,更可以了解古代封建社会无为而治和乡村自治的底因了,国家最关心的是帝国的稳固,对税收、徭役、以下犯上作乱者立法重惩,而对于民事领域往往只定道德原则,听任民间习惯法的流行。

(二)"法律下乡"及其知识建构

"法律下乡"是与现代国家的"政权下乡"相伴而生的。"在新国家成长并试图确立其合法性的过程中,历史被重新定义,社会被重新界定。乡土社会中的观念、习俗和生活方式被看成是旧的、传统的和落后的,它们需要为新的、现代的和先进的东西所取代。"③人民公社制度解体之后,为弥补乡村社会控制的不足和

---

① 《遵旨核议新编刑事民事诉讼法折》,参见《张之洞全集》第4册,武汉出版社2008年版,第308—309页。
② 据《清末筹备立宪档案史料》第854—855页所收,此折系军机处原奏折,时间为光绪三十四年三月初四。
③ 梁治平:《乡土社会中的法律与秩序》,参见王铭铭、王斯福主编《乡土社会的秩序、公正与权威》,中国政法大学出版社1997年版,第464、466页。

公共权威的真空,村民自治登上了乡村社会的政治舞台,成为农村社区的基本制度和治理模式,并不断发展完善。但在此过程中,国家的权力在乡土社会逐渐收缩。由此产生的一个问题是如何在国家权力的边缘地带建立和贯彻国家的秩序?此时实施的基层司法建设便承担了重建国家对个人的权力关系这一功能,成为在乡村社会贯彻国家秩序的一条可行路径。如苏力所言,"'送法上门'是国家司法权力在国家权力的边缘地带试图建立起自己的权威,使国家意求的秩序得以贯彻落实的一种努力"[①]。

在"送法下乡"的过程中,国家不遗余力地颁布了大量的法律法规,从制度安排和机构设置诸层面推进基层的司法建设。1985年,中共中央、国务院转发了由中宣部与司法部共同制定的《关于向全体公民基本普及法律常识的五年规划》,自此以后,乡村法制教育在全国上下得以贯彻与实施,这成为中国法制化和现代化历程上的重要里程碑。除此之外,国家还通过一系列的普法活动、口号宣传以及媒体报道,来确保法律在乡土社会获得正当性和合法性,以树立法律的威信,形塑人们对法律的信仰。

但从人类学的视野来看,"送法下乡"只是国家法意图对乡村进行社会整合的一种主观努力,是"送"来的,而非"请"来的。相对于内生性的乡村习惯法而言,国家法是借助于行政力量移植推广而来。其一方面在基层乡民的理解中带有传统王法的色彩,"人随王法草随风",要以国家法为最高准绳;另一方面农民在1949年后社会主义法制建设时期充满了对新生法制的憧憬和敬畏,但随之而来的司法腐败现象又使农民对现代法治失去信任,再加上他们对打官司的专业知识很陌生,也出不起或不愿意支付诉讼费,更不会请律师。关键是当司法人员贪污受贿、涉讼双方都找人、托人之时,打官司就变成了看谁找的关系硬、谁托的官大、谁送的钱多这样的比拼了。一旦这样的偶然现象在村民间传播并添枝加叶之后,司法不公的观念就产生了。这样,在农民对法制和法治的观念还未内化为信仰而根深蒂固时,便出现了对现代法治的怀疑,从而简单地将我国现代法律与历史上的王朝法律相等同,由个别司法者的错误和失职加深了农民对贵贱和身份、势力的迷信。他们有事不再愿意去法院打官司,于是原已遭到打击而趋

[①] 苏力:《为什么"送法上门"?》,《社会学研究》1998年第2期。

于式微的民间习惯法重新被当地人重视。而地方政府也多对此采取了默认或纵容的态度。比如房产的交易,村民签字按手印立字为据,无需官方公证。再如,乡村订婚,一旦一方毁约,就要赔付对方彩礼并登门道歉,否则便会聚众打砸,而无人报警。显然这与现代的恋爱自由、婚姻自由格格不入。但这些行为却由于"入于理,合乎俗"而在乡村中被支持,法制亦无可奈何。如在 G 村存在的私人贷款,也就是民间融资和放高利贷的经济行为,只要有中间担保人,借贷双方立字为据,乡村习惯法便会支持其合法性。

对于这种民间契约,官方自古以来多取认可的态度。地方官身处国家法和习惯法冲突与调和的前沿,其对民间诉讼案件的处理,本身即可视为国家法对习惯法的一种反应。不仅如此,作为代表国家现象和权威的地方法官,他们受过正统的知识教育,是国家意识形态的维护者和理论的创造者,同时又是为官一方、造福一方的地方精英,他们身处大传统和小传统的边际,在国家法和习惯法的连结中具有重要意义。称职的地方官往往会在法条和法治的空隙间,在原则性和灵活性之间,在应对上级审查和顺应下级民情之间斡旋。这种司法智慧在清代表现尤为明显,如清代名幕汪辉祖认为:"管之所难为者,莫患于上下暌隔。"他建议新官到任要"体问民俗",处事要"情法兼到"。[①]再如清代另一有名的地方官陈宏谋在对下属官僚的告诫中指出:"因俗立教,随地制宜,去其太甚,防于未然,则皆官斯土者所有事也。苟非情形利弊,熟悉于心胸,焉能整饬兴除,有裨于士庶?"[②]可见,历史上地方官在背负着皇帝的旨意,秉承着国家法的无上威严,对地方秩序维护和行使教化职能时,也要考察民情,熟悉地方习惯法,在处理词讼时方能既不违背国家法的精神,又能入乡随俗,符合民间规则。这样的案例判决丰富了民间习惯法对国家法的诠释,或者说国家法对习惯法的调适。近代以来,民族国家的建构,政府不但加强了对乡村的财政汲取,而且在警察、司法等领域强化了治理,力图把历史上礼治为主、习惯法盛行、乡绅主导型自治的广大农村置于行政化、法治化、体制化的国家现代化进程之中,实现了从"大社会,小政府"到"大政府,小社会"的格局转变。

---

① 汪辉祖:《学治臆说》,载《清经世文编》卷 22,中华书局 1991 年影印版。
② 陈宏谋:《咨询民情土俗谕》,参见《清经世文编》卷 20。《问俗录》的作者陈盛韶亦谓:"夫惟知之明,然后处之当。邑令于民间风俗不能周知,势必动辄乖违,又何能兴利除弊耶?"

在上述"法进礼退"的宏观背景之下,G村的政治生态、社会结构、面子文化等都在发生变化。"尊老"演变为"尚青",老一代已经从生产一线退下来,即便不退下来,其务农所致的经济收入也只在家庭总收入中占很小的一部分,用外出打工年轻人的话来说:"家里的地交给老头种,够一家人吃的就行了,不用花钱买粮食。不指望老头老太能赚多少钱,一年所得还不够红白喜事的随份子钱。"原来在村里有手艺的老年人,比如打铁匠、编织能手、裁缝、厨师、吹鼓手等,现在这些手艺要么被分工更为细致的现代产业冲击掉了,要么被大城市中的现代培训机构所取代。年轻人已经不再愿意子承父业,不再愿意窝在还比较贫瘠的乡村,而是转换到城里面的电脑维修、汽车维修、手机专卖等现代行业中去了。老人的传家宝——世代相传的手艺不再具有任何的吸引力了。礼教的式微,民俗的趋新,使老年人在祭祖和迎神赛会的仪式中担负长者的机会逐渐流于形式化,最后变成了老年人自娱自乐的精神事业。具有外出打工背景的致富能手,或具有闯荡江湖背景的狡黠青壮年,他们在"带领全村脱贫致富"等现实需要中崛起,以实用主义和功利主义为标榜,崇尚政绩和权力,不满于家族中的老者和村社中的老支书、老会计,在他们上任之后更是摒弃了老一代的做事原则和礼教。孝道成为一个得不到基层政权支持的话语体系,孝道所赖以存续的国家法和乡村习惯法的支持网络已经失去昔日的保障功能。

二、艰难抉择:国法与礼俗夹缝中的孝道

当今G村的孝道生活在两面镜子中间,一面是传统的礼教传统,从中映照出来的是伦理本位的温情;另一面是现代法理基础上的赡养法,折射出来的是权利义务对等的尊严。夹处在两面镜子中间,孝道的影像就出现了不同的标准,标准不一,纠纷自然就多起来。费孝通在《乡土中国》中曾指出:在社会结构和思想观念没有发生相应变化之前,就简单地把现代的司法制度推行下乡,其结果是"法治秩序的好处未得,而破坏礼治秩序的弊病却已经先发生了"。[①]苏力曾对盛行的法制建设的"现代化方案"进行了深刻的反思和有力的批判。他从格尔兹的

---

① 费孝通:《乡土中国·生育制度》,北京大学出版社2003年版,第58页。

"地方性知识"观念出发,对现代法律的普适性提出了质疑,并提出在当代中国的法制建设中,应该尊重中国的本土资源,打破两种文化的区隔来"寻求国家制定法和民间法的相互妥协和合作"。[①]这两位学者都敏锐地发现了现代法律知识体系与乡土社会之间的紧张对立,以及由此带来的混乱和不适。

(一) 让人"敬而远之"的法律

改革开放以来,国家控制社会的手段从依靠行政、政策的"人治"转向依靠法律的"法治",进行了大规模的法制建设,并建立了一套较为完备的现代法律制度。虽然国家的法律开始大规模地进入乡村社会,然而,现实中却是习俗惯例、村规民约等家喻户晓、老幼皆知,国家法却无法真正有效地进入乡民的生活。

从规范性的角度看,在国家法律之外,差不多所有的村庄都有自己的村规民约。它是"乡里百姓从实际生活的需要出发,通过相互合意的方式订立,供大家共同遵守的行为规范"[②],是"传统社会乡民基于一定的地缘和血缘关系,为某种共同目的而设立的生活规则及组织。乡约具有时空性、法律性、价值性"[③]。对此,E.Ehrlich 称之为"活法"(Living Law),在他看来,国家法的"法条"(Legal Provision)不过是法的一种较为晚出的变体,大量的法直接源于社会,见之于各种社会制度。Ehrlich 用"社会秩序"(social order)来指称这种自发形成的社会制度统一体,并以此与"法条"相区分。实际上,具有实效的村规民约同正式的法律制度并没有保持高度一致,它可能创造出一个不完全等同于正式法律的秩序空间和更广大、更真实的法律世界。

2002 年,中国人民大学社会学系"促进中国法律社会学建设"课题组实施了一次农村社会调查。该调查共对 3 000 名农村居民进行了问卷调查,调查对象为 6 个乡镇内的农民,它们来自全国 6 个省的 6 个县,分别是陕西省衡山县、重庆市忠县、河南省汝南县、湖南省沅江县、山东省即墨县、江苏省太仓县。6 个乡镇是通过非随机抽样方法,即运用判断抽样方法在这 6 个县中选取的。选样时

---

① 苏力:《法治及其本土资源》,中国政法大学出版社 1996 年版,第 61 页。
② 董建辉:《"乡约"不等于"乡规民约"》,《厦门大学学报(哲学社会科学版)》2006 年第 2 期。
③ 张中秋:《乡约的诸属性及其文化原理认识》,《南京大学学报(哲学人文科学社会科学版)》2004 年第 5 期。

主要考虑了地域特征和社会经济发展的差异。调查共发放问卷3 000份,最后收回有效问卷2 970份。问卷主要包括两大部分:一是法律意识,二是纠纷及解决的方式。数据显示,在解决不同纠纷时,多数情况下农民选择自己直接解决,或是选择沉默容忍。这种行动取向,既有乡村社会的结构因素的作用,也有习惯和文化因素的作用,或者说是受到农民既有的关于秩序和法律的观念的制约。农民在实际生活中不太愿意选择法制途径来解决问题,正反映了他们的行为和法制系统之间仍有较大差距,同时也说明农民仍未给予法律较强的支持。如下图所示:

表6-1　　　　　　　　农民在法律意识方面的支持(%)

问题	同意	不同意	中立	拒回答	不知道
即使法律规定与自己所持观点不同,人们也应遵守法律	71.2	10.1	14.6	0.5	3.5
即使法律规定不合理,人们也应遵守法律	39.0	14.5	41.8	0.4	4.2
人们几乎没有理由不遵守法律	64.1	13.1	18.2	0.7	3.7
一个不遵守法律的人会对社会造成威胁	73.2	9.5	12.4	0.6	4.1
与陌生人发生纠纷,即使吃点亏也不愿打官司	38.1	13.9	42.0	1.8	4.0
与本村人发生纠纷,即使吃点亏也不愿打官司	52.2	13.8	29.3	1.2	3.3
与亲戚发生纠纷时,即使吃点亏也不愿打官司	75.6	9.2	11.0	1.1	3.0
与家里人有纠纷,即使吃点亏也不愿打官司	84.6	5.6	6.2	1.1	2.3

资料来源:陆益龙:《农民中国——后乡土社会与新农村建设研究》,中国人民大学出版社2010年版,第183页。

数据显示,在现代化和法制化的过程中,法律在乡村社会生活中的作用越来越显现,但农民仍与法律保持较远的距离。在他们看来,法律很神圣,人们应该服从法律,敬畏法律。然而,与此同时,他们也未显示出对法律系统的明确支持,在现实生活中,农民更倾向于接受关系规则而非法律原则,更愿意通过自己而非法律的途径来解决纠纷,他们与法制系统尚未形成密切互动和相互支持的关系。也有更多的村民把"打官司"当成有钱有势者的专利,他们认为"打官司"背后较量的还是"人"的背景,对于非人格化的国家司法机关持不信任态度。这种倾向在占纠纷类型比重最大的家庭纠纷中更是有明显的表现,如表6-2所示:[①]

---

① 孔德永:《传统人伦关系与转型期乡村基层政治运作》,中国社会科学出版社2011年版,第5页。

表 6-2　　　　　　　　　乡村社会中的纠纷及其解决方式（%）

解决方式	财产纠纷	借贷纠纷	消费纠纷	婚姻纠纷	邻里纠纷	合同纠纷	负担纠纷	家庭纠纷	与政府纠纷	被指控纠纷
1.忍忍算了	31.0	28.2	26.7	21.4	32.6	19.8	43.9	45.7	25.6	21.4
2.自己解决	37.2	60.3	59.5	28.6	47.6	47.7	43.9	38.9	37.2	35.7
3.求助第三方	31.8	11.5	13.8	50.0	19.8	32.5	12.2	15.4	37.2	42.9
占比（%）	(11.3)	(7.8)	(11.6)	(1.4)	(28.8)	(8.6)	(15.7)	(14.9)	(4.3)	(1.4)

说明：括号中的数字表示报告该类纠纷的人在所有被访者中所占的比例。
资料来源：陆益龙：《农民中国——后乡土社会与新农村建设研究》，中国人民大学出版社2010年版，第188页。

孔德永在2008—2009年通过对G村临近的南镇个案分析发现，尽管国家一直努力通过意识形态的教化来化解国家目标与村民利益、现代性与乡村传统之间的张力，然而效果并不明显。国家政权建设理论并不是解释中华人民共和国成立后乡村政治的理想分析工具。这一理论对中国乡村政治的意义更多的是规范性和建构性的。乡村治理的逻辑，表面上是那些公开的正式的制度和关系作为基础，实质上，这些公开的正式的制度和关系背后，却有一层强有力的潜规则在起决定作用。传统人伦关系的变化仍然制约着乡村政治运作的方式、逻辑和效果。①正所谓"上有政策，下有对策"，国家的法制制度建设未能深入乡村，在国家制度和乡土民情之间尚有游离的空隙。

2012年，"中国乡村法治调查"课题组邀请了50位全国一线检察官作为调查员，采用蹲点调查的方式进行了为期一年的基层调研。数据显示：有43.3%的村民在发生民事纠纷时会首先选择自行协商解决，有22.2%的村民会首先选择由村干部进行调解，只有2.2%的农民会首先选择走司法程序解决。②可见，司法机关、法律途径是绝大多数农民解决纠纷的最后选择。2014—2017年，吴明端对重庆开州区4个乡镇进行的抽样调查结果显示，在发生纠纷以后选择忍让和私力救济的比例高达70%左右，而选择行政、司法等公力救济（即通过法律）的仅有5%左右。③

---

① 孔德永：《传统人伦关系与转型期乡村基层政治运作》，中国社会科学出版社2011年版，第166页。
② 邹佩怡、黄倩：《"中国乡村法治调查"读懂乡村法治》，《检察日报》2013年6月5日。
③ 吴明端：《新常态背景下乡村法治建设的路径思考——以重庆市开州区乡村为例》，http://www.kxzc.cn/2017。

2019年,陆艺龙在对一起乡村邻里官司进行考察后得出:法律运用并未达到有效化解村民邻里纠纷的理想效果。相反,民间纠纷解决中法律运用还产生了次生纠纷、偏离意图和潜伏社会风险等意外效应,现阶段仍需强化落实和完善人民调解制度。①

由此可见,法律化与乡土性是现实中国的一对矛盾。在社会转型时期,国家要实现其权威重建就不能再依靠以前的强制性命令,必须立足于村落,自下而上地取得其行动的合法性。"就政治转型来看,'现代'所表现出来的一个面相即科层制的建立,然而它的运作必然要落脚到乡土社会的场域中,因此,它无可避免地要遭遇到乡土社会的'传统',受到地方场域的逻辑制约。"②代际之间的矛盾和冲突,尤其是关于老人的赡养问题、孝顺问题,在传统和现代法律的夹缝中,孝道纠纷左右为难,在两种语境下都缺失缝合的机制。

(二) 关于孝道诉讼的困境

中国人关于孝道诉讼的案例记录较少,究其原因:一是深厚而强大的孝道文化会尽最大可能阻止和减少不孝之子的行为数量。二是以家族礼教和族规为核心的孝道纠正机制能够在"家丑不外扬"的情形之下使越轨行为得到惩治。三是在中国人的家庭责任感中,家和万事兴,敬老慈幼。即便是父子争端,也有"打架亲兄弟,上阵父子兵"的血缘亲和意识。在他们的观念中,打官司"不管谁输谁赢,结果是全盘皆输":老人告赢了儿子,只不过是赢了理输了情义,儿子告赢老子,也是赢了法理,输了礼教;为赡养老人而争讼的兄弟姊妹也是窝里斗,没有一人肯站在父母的立场和大家庭的高度来看问题,而是着眼于一小家之私利。所以在这两种类型的尽孝诉讼中,以中国人的特有文化来看,都没有真正的赢家,都会成为别人笑话的题材和把柄,养老调解和判决充其量也只是解决了一个"养"的交换和分配的公平性问题,并未带来"孝敬"意义上的一丝内涵。按照费孝通的说法,乡土"礼治"社会,"所谓礼治,就是对传统规则的服膺。每个人知礼

---

① 陆艺龙:《民间纠纷解决中的法律运用及其意外效应——对一起乡村邻里官司的反思》,《河北学刊》2019年第1期。

② 樊红敏:《县域政治权力实践与日常秩序:河南省南河市的体验观察与阐释》,中国社会科学出版社2009年版,第2页。

是责任,社会假定每个人是知礼的,至少社会有责任要使每个人知礼。故打官司成了一种可羞之事,表示教化不够"。①这样,保守的惯习和以孝治家、以和为贵的文化性格,加上法理情的冲突,以及诉讼成本等因素,农民轻易不会选择诉讼,这使得现代国家大法在乡土孝道纠纷处理时遭遇冷门甚至白眼。

曾在 G 村处理过多起赡养纠纷的村会计 KFM 告诉笔者:

> 我以前做大队会计的时候,也处理过养老纠纷啥的,这种事不稀罕,解释解释,这种事慢慢地他就改了。……才不能告呢,这种事告了以后就更麻烦了,亲人变仇人。只能说服他们,两边耐心地做教育工作。②

"告了以后更麻烦",这里面除了诉讼的经济成本以外,让当事者更难承受的则是诉讼以后付出的其他精神、亲情成本的考量。

> 俺娘家那边的一户人家,老二不孝顺他娘。去年底老太太病了,病得还不轻,找几个孩子要钱看病去。老二死活不露面,不管事。等老太太出了院,老三逼着他老爹告他二哥去,说不告的话他们不愿意,以后也不管老两口的事了。老头没法,就去派出所反映了这事。最后,派出所把老二叫去拘留了 15 天。这下好了,老二出来后,以前还能一年两年的来看看老人,现在人影都没见个。这还不如不告呢,一告这老人都没人管了。③

G 村邻村的老两口,只有一个儿子和一个女儿,孙子和外孙都长大了。在老太生病的时候,支付医药费时,儿子和女儿发生了矛盾,哥哥要求妹妹和其平均负担母亲的医药费,妹妹则依据乡俗据理力争:"人家都养儿防老,没听说过养女防老的!再说爹娘又不是没有儿子,父母的积蓄和房产都给你了,老了也该你养啊!"哥哥并不领情,反诘说:"母亲没给我带小孩,都是人家他姥姥给带大的。母亲没给我看孩子,倒是给你看了 3 年孩子,再说父母的积蓄有没有偷着避着给我也不知道!反正人家电视上也说了,男女平等,生儿生女一个样,都得尽孝。娘又不是我一个人的!"兄妹两个家庭在医药费支付比例上谈判未果,愣是害得老太刚刚医好的心脏病复发。后来出院后,邻居建议老太把儿子告上法庭,并给山东电视台《小么哥拉呱》节目组打电话,接受电视台的采访,把不孝之子曝光,

---

① 费孝通:《乡土中国》,北京大学出版社 2003 年版,第 55—56、58 页。
② 摘自对 G 村前任村会计 KFM 访谈。
③ 摘自对 G 村 LCY 访谈。

看他以后还敢不敢不尽养老义务。对此,老头坚决反对,担心寻求社会舆论的支持,包括依靠政府打官司,结果都只能是治标不治本,而且可能会把儿子和儿媳彻底地推向对立面。但老头也想不出比打官司更好的办法,在老太的几次动员之下,最后老两口来到了乡政府大院,状告儿子不孝,请求政府出面解决。可想而知,不孝之子被勒令养老——定期交生活费和粮食。

但亲爹亲娘状告自己一事已经在全村传得沸沸扬扬,这件事本身的影响已经远远超出了它的判决结果,刚好孙子21岁,正逢别人给介绍对象之际,这下可落了个不孝子孙的恶名,不但儿子儿媳恼火,孙子也恼羞成怒,找爷爷奶奶发飙。儿子逢人便说:"父不仁,子不义,既然撕破了脸面,那就破罐子破摔吧!"

果不其然,老头先前的担心都应验了,而且后果比想象中还要严重。他们得到了带着怒气的由大队干部转交来的钱粮,但却失去了或可扭转的父子亲情,并且自己也被村里的年轻人在背后指指点点。从以上这个案例中可以看出一个非常奇怪的现象——在这件事之中,人人都有错,人人都没错。如果抛却个人的素质不谈,从社会的角度加以分析,错在老人和年轻人之间由于时代教育、思想观念不同而带来的代际隔阂,错在礼俗和法律不调和的困境之下,错在法理情的冲突之中,错在家庭、社区、国家的不兼容的机制缺失之下,传统的孝道已随着时代的变迁而变动,今之孝已非昔之孝,这是时代所赋予的内涵。但今之"道"却已尽失昔之"道"(制度的文化体系、方法)的保护,这恰恰是造成当今农村孝道诉讼两难的根本所在,正所谓"败亦诉,胜亦诉,屡败屡诉",结果是"赢也罢,得也罢,皆输罢"。

山东的崔军伟对文登市满山镇裴家埠村的一桩"母告子"案进行了调查:

> 该村一位78岁的姜姓老妇,中年丧夫,一个人含辛茹苦地将三个儿子和三个女儿抚养成人。1999年,老人身体状况下降,要求子女在资金上进行扶助。与子女协商后,决定由每个儿子每年付给老人150元钱,每个女儿每年付给老人100元钱,以后可以根据情况适当增减。在目前的农村,儿子比女儿要承担多一点的赡养义务,应该说这一方案是比较符合农村的实际的。但是老人的长子对此十分不满,认为儿子与女儿不平等,坚决不给老人钱。长兄不起好作用,其他兄弟的心理便不平衡。虽然他们照常拿钱,但已明显表示出对老人的不满。老人多次向大儿子要钱,但均遭到拒绝,甚至被

儿子推倒在地。老人一气之下将大儿告上法庭。法院最终的判决是强制大儿子必须在规定的时间内将钱送给老人。这一下,大儿子宣称母亲太绝情,从此不让母亲进门。这一事件在村中引起极大的轰动,成为村里人特别是老年人谈论的焦点。许多老人感触最深的是:"都说养儿防老,多子多福,你说养出这样的儿子,怎么办?"姜姓老妇人在被调查时说:"都说儿子多了好,我不养这一个还没这些事。我告他是没法子,其他孩子都要比!现在钱是给我了,可见了我跟见了仇人似的。我心里可真不好受!"村里的被调查者均对老妇人表示了同情,批评她的大儿子做得过分了。①

学界的多项研究已表明,当前乡村家庭代际关系的失衡在很大程度上表现为单向度,子对父不孝可能不会受到众人谴责,但若因此父告子于法庭之上,那结果截然不同。上告的老年人连一点道德优势也没有,其处境也会更为糟糕。因为一旦对峙于法庭,父子之间便不再是建立在血缘基础之上的父子关系,而是一种法律诉讼关系,子对父也就没有了最起码的感情认同。②当乡村的礼治秩序趋于瓦解后,法治秩序却并未成为乡村社会正常运行的替代机制和规范。法律、政策在乡村家庭关系的维系中遇到了内在的适应性障碍。

访谈中有老人告诉我,现在的老人地位是一天不如一天,很多老人辛辛苦苦养育了一群子女,到头来却没有一个子女愿意管老人。不告没人管,一告事更糟:

> 我旁边邻居家老人,前几天就被他儿媳妇打了一顿,老人的外甥实在看不过去,就把那媳妇上告了。派出所的人来看了下,觉得还是清官难断家务事,也没管就走了。结果媳妇就从此不再管老人。没告之前有时还过问一下,现在来问都不问了。村里的老人都以这个为警示——"你谁还敢告?说了就更加没人管你了!"现在老人们有事都是自己偷偷忍着。

梁鸿在《中国在梁庄》中讲述了这样一个故事,梁庄隔壁的李村,老两口七十多岁了,四个儿子,两个闺女,没有一个养活爹妈。到哪家哪家都不欢迎,最后把儿子们告到法院。不告还可能有碗饭吃呢,一告可倒好了,老两口连饭都没人送一口。二儿子把钱摔到他妈面前,说:你不是稀罕钱吗?拿去,从此以后,咱们井

---

① 崔军伟:《当代农村对传统孝观念的批判与继承》,参见王志民、张仁玺主编:《传统孝文化在当代农村的嬗变》,山东文艺出版社2005年版,第17页。
② 赵晓峰:《孝道沦落与法律不及》,《古今农业》2007年第4期。

水不犯河水。说完扭头就走。那家大儿子好歹还是个国家干部呢。也不见得咋样,给爹妈办个存折,把法院判的钱汇到存折上,让别人捎回去,见都不见。生气爹妈不顾他面子。现在,那老两口天天哭,后悔都来不及了。……还有,王营也有这事。寡妇把三个儿子拉扯大,把房子、宅基地都分给他们了,到最后,三个儿子个个都不愿意让老母亲住自己家里。他们还都有一番理由:说是妈偏心这个,偏心那个,谁多上两年学,多花家里钱,就应该多养活,谁娶媳妇时,妈不愿意,少置办了彩礼,谁自己盖房,妈也没出钱。那说头可多了,听着都嫌丢人。老婆子嫌丢人,一头扎井里,想自己死了算了。结果,被救上来,三个儿子好上几天,又还是那样了。最后,大队支书说,干脆让法院判。法院也判了,说是老母亲轮流住儿子家,一家一个月,有病集体掏钱。住到老二家里,刚照顾完儿媳妇月子,老婆子出去一趟,儿媳妇就隔着墙头把老婆子的包袱扔了出去,连门都不让进了,说:"我就不让住,有本事,还去告去。"老婆子也不敢告,现在到城里给人当保姆了。过几年,老得干不动了,还不知道会咋样呢?①

郭于华在河北农村的调查也证实了这一点:"一位七十多岁的老人有三个儿子、两个女儿,因儿子在赡养问题上互相推诿,他走投无路,将儿子告上了法庭。结果父子对簿公堂后,长子除将每月的赡养费经第三者交予老人外,不再与老人有任何联系。二子、三子则认为长子只出钱而不负任何照顾的责任是不合理的,他们也提出每月出赡养费,也不负责照顾。老人接受了这种要求,搬到原来的老房子独自居住,自己开火做饭。三个儿子每人每月出60元,半年或一年一次经由第三者交予父亲。二子、三子过年过节和平时老人身体不适时会去看望,帮老人做一些事情,长女有时也回来做一些缝补浆洗的事情,但长子实际上从此断绝了与父亲的关系。镇司法所和法庭都认为已经圆满地解决了这一赡养纠纷,使原告老有所养。但老人本人和二子、三子都非常为日后担心,即到以后老人自己动不了咋办,不能独立生活了咋办,离世之时后事又怎么办。二子、三子认为法庭的判决实际上是把长子解脱了,而并没有真正解决老父的赡养问题。"②

---

① 梁鸿:《中国在梁庄》,江苏人民出版社2011年版,第200页。
② 郭于华:《代际关系中的公平逻辑及其变迁——对河北农村养老事件的分析》,《中国学术》2001年第4期。

由于国情国力和人们的观念所限,当前中国农村的养老依然是家庭养老为主。国家在宏观层面上颁布了《中华人民共和国老年人权益保障法》,此外《宪法》《民法通则》《婚姻法》《继承法》等几部法案也都涉及了老年人的权利和权益保护问题。但现实的操作中仅仅依靠法律手段处理家庭养老问题存在很大的局限性:传统社会提倡"无讼",家庭成员打官司会被别人笑话;老年人观念上还不能完全接受家庭矛盾诉诸法律的现实,①而且,法律运作的逻辑与社区生活的逻辑并不相同,法律上的圆满解决只能是把赡养问题合法地简化为钱财供应,而当事人则可能无可挽回地失去亲人看顾、情感慰藉以及传统"孝"和"养"所代表的许多其他东西。②

在养老的司法纠纷中,多次提到一个"面子"问题。面子是一种社会心理,也是一种文化思维。对于外国人而言,他们对于中国人的面子充满好奇和不解。19世纪美国传教士明恩溥(Arthur Genderson Smith)在其《中国人的特性》中写道:"在西洋人看来,中国人的脸皮便好比南太平洋里海岛上的土人的种种禁忌,怪可怕、怪有劲,但是不可捉摸,没有规矩,……在中国乡间,邻居是时常要吵架的,吵架不能没有和事佬,而和事佬最大的任务便是研究出一个脸皮的均势的新局面来,好比欧洲的政治家,遇到这种事件的时候,遇有国际纠纷的时候,不能不研究出一个权力的均势的新局面来一样。"③面子和地位、身份、荣誉、评价相关,在一个熟人社会中,面子比现实利益更重要,甚至很多人在丢了面子以后会选择自杀。面子在乡土中国起着社会控制的重要作用,如社会学家杨懋春在对山东台头村的田野考察中发现公共舆论对于面子形成的作用:"社会控制乃是村庄事务,其主要手段是公众舆论。倘若一个人的行为受到大多数村民的赞许,则他处处获得荣誉与尊重。因此,非议成为强有力的制约。比如村民虽然不去干涉或者伤害一个放荡女子,但他们断绝与其家庭的往来,并且对这个家庭的所有成员都不理不睬。社会孤立是一种可怕的惩罚。只有那么三四家,其社会地位如此低下,以至在某种意义上不受公众舆论影响,他们不在乎众人非议,只害怕有形

---

① 陈功:《我国养老方式研究》,北京大学出版社2003年版,第283页。
② 梁治平:《传统及其变迁:多元景观下的法律与秩序》,《世纪中国》2002年第1期。
③ A.G.史密斯(明恩溥):《中国人的特性》(1894),转引自梁治平:《清代习惯法:社会与国家》,中国政法大学出版社1996年版,第154页。

的惩罚。"①

同样道理,养老、敬老作为社会风尚和儿孙天职,受到公众舆论的支持,十里八乡孝子贤孙往往与知书达理和家风孝廉联系在一起,无论对于其社区交往,甚至儿女结亲都有直接的影响。而且,终日生活在一个村落社区之内,面子会给人带来特殊的生活意义,也即所谓的"特殊主义的关系结构"。因此,即便儿子、儿媳不是从心底地孝顺老人,也会"大面"上过得去,免得被街坊邻居说道或理论。这种情况在老人去世时表现得尤为明显,儿孙们会哭成一团,而且在三日丧礼中分时段地痛哭,称为"哭孝",如果没有放声大哭,同村人便会耻笑儿孙们的不孝,这是很丢脸面的事情。这样,也就不难理解为何父母将不孝子女告上法庭,公之于众之后,便会以没面子而恼羞成怒,彻底拒绝养老。再加上社会运行管理机制的缺失,法院的判决只是法条的判决,只能是头痛治头、脚疼医脚的量化均衡养老责任,并不能从经济保障、社会支持和文化控制的多维视角去解决纠纷背后"无道可孝"的深层次问题。

(三)"膝下有女仍担忧,早把后事托付侄"——乡村习惯法与无子嗣家庭的养老继承问题

在乡村礼俗社会中,很多民间纠纷的解决,靠的不是政府和法律,而是官方和法律都管不到或管不了的习惯法。在学者们看来,"习惯法"是一种存在于乡村社会中的行为规范和知识传统,它来源于村民的生活、劳作、交往和利益冲突的处理习惯和接受方式,依赖村庄精英以及国家权力的支持而实现。它的形成是历代的村民、精英、国家权力共同作用的结果,是大传统和小传统相互作用下的产物。其中混杂着国家、村民各自的价值观念。正是缘于它的自发性和乡土性,现代法律在乡村社会的推进受到了比城市更大的阻力。这恰好符合弗里德曼的法律文化概念关注的民间"活法","看重生活中实际运作的法律,而不是书本上黑纸白字的法条。这种视角认为,社会中具有实效的法律远不止正式的法律制度,还包括生活中非正式的法律,后者的实际作用有时比前者还要大。非正式的法律与法律文化密切关联,常常表现为法律文化,例如作为习俗形态之法就

---

① Martin C. Yang, *A Chinese Village*, Columbia University Press, 1945, p.150.

是如此。"①

要解决村庄层面的公共事务,需要借重村庄内的文化性力量,借重农民作为一个地方性知识拥有者而非理性行动者的行动逻辑。②"地方性知识是指村庄中绝大多数人在生产生活中共享的具体知识,这种知识在一定的区域内被人们知晓,为一个区域所有的人共享。地方性知识为生活于其中的农民提供了无意识依据,将他们对当前生活的本地知识和对未来生活的本地想象联系在一起,构成了其行动中的理所当然。当地方性共识成为人们在日常生活中判断应当如何的标准,那么这种地方性共识就在实践层面成了地方性规范。……地方性知识蕴涵有特定的价值和意义,他们隐藏在村庄生活中,关涉到人们社会行动背后的动机和意图,是人们为什么会如此行动的价值基础。"③

我国《继承法》明文规定,无论性别,只要是合法继承人,儿子女儿都有平等的继承权利。但是,法律不过是更为正式、更受广泛人群认可的升华了的习俗,在现代化程度不高的社会中,习俗作为非正式的规范在调整人际关系、社会关系时,往往比正式的规范——法律更具效力。在现实生活中,尤其是未进入现代化的村落中,习俗的力量往往会压倒法律的力量。正如费孝通早在禄村调查时就注意到的那样,尽管新法律给予了女性同男性一样的平等继承权,但在农村地区没有人理会这一点。在 G 村,女儿便是泼出去的水,出嫁以后对家族事务只有回来凑份子的份,却没有参与决策权。因为按照乡俗,嫁鸡随鸡,嫁狗随狗,出嫁就意味着出了家门。

在 G 村西面的邻村西滩村,如第一章中所述,西滩村是附近几个村的中心,也是人口最多的一个中心村,有 4 000 多口人。每月逢 4、9 的日子、每 5 天就有一次大集,附近几个村的村民都来买卖东西,一条东西大街铺上了柏油,便成为农贸集市的主要场地。大街两侧的旺铺租金也不菲。在大街的正中央位置,有一处矮旧的瓦房,院子很大,东西厢房较新,堂屋矮旧,无论其自身还是与周围的新房、楼房相比,都不相称。为什么在西滩中心村的黄金地段,还会有这么破旧的房子呢?

---

① 高鸿钧:《法律文化的语义、语境及其中国问题》,《中国法学》2007 年第 4 期。
② 吴毅主编:《乡村中国评论》第 2 辑,山东人民出版社 2007 年版,第 116 页。
③ 董磊明:《结构混乱与迎法下乡——河南宋村法律实践的解读》,《中国社会科学》2008 年第 5 期。

房子的主人姓文，是当地的医生，人称"文医生"。文医生仗义行医，尽管文化程度不高，只有小学文凭，但勤奋好学，悟性很高，不但德行和医术都深得当地村民的信任，连邻村病人都上门求医，而且毛笔字写得也不错，邻居家的对联好多都是出自他之手，堪称乡村名流。但文医生重男轻女思想很浓重，尽管他对3个女儿也很关心，但更盼望能有个儿子，以继承家业。为了能再生个儿子，他把二女儿自小送了亲戚家，跟随人家姓氏。到第四个孩子时果然生了个儿子，乳名叫小栋，聪明伶俐。文嫂也终于摆脱了因为没有给文医生生个儿子而遭自家丈夫嫌弃的命运，文医生自己也觉得生活对于他突然豁然开朗起来，他人生的使命从此就有了新的奔头，于是先是把东西厢房盖起来，准备多攒些积蓄把堂屋盖起两层高的楼房。

就在一家人日子过得很充实之际，不幸发生了。1998年文家唯一的儿子小栋与一群孩童自行出去玩耍，失足掉进了村东的水库里，深水夺去了这个年仅7岁的小男孩的生命，也夺走了文家对未来的全部希望，改变了一家人的生活。文嫂终年沉浸在丧子之痛中，自责自怨，"命不好，没脸见人"，终日把自己锁在家里。文医生由于悲伤过度，视力急剧下降，更重要的是失去了对生活和事业的寄托。距离小栋夭折已经过去15年了，两旁的邻居家都已相继盖起了楼房，不仅自己住，还出租给别人做商铺、开饭店等，赚取不少的租金。而文医生家的这座房子与15年前并无差别，伫立在那里，与周围的高层楼形成强烈反差。笔者与文医生家的文嫂比较熟识，因此对她和女儿进行了一段采访。在采访时，当被问及为什么不建新房时，文嫂与她1985年出生的女儿二妮有着不同的观点。

笔者：文嫂，你这边的房子改建一下多好，临街做点生意也方便，自己住着也舒服。

文嫂：还建什么房子？建了将来都是人家的。

笔者：人家的？这里不是你们自己的地处吗？

二妮：早晚还不是俺二大爷家的龙哥（此处指文医生的亲侄子）的呗！

笔者：你家的地段这么好，没儿子还有俩闺女呢，干嘛要以后给侄子啊？

文嫂：村里都这样，哪有女儿情受（继承）宅子的，再说还得指望侄子摔老盆呢！（G村人去世发丧时的一个仪式，一般由长子进行，没有儿子的由侄子代替）

二妮：现在也有女儿摔老盆的呀！我觉得我们姐妹两人出钱帮你们把房子盖起来，咱把房子出租，房租给你们养老，等你们百年之后不在了，我们姊妹两个来处理，不是挺好吗？

文嫂：你一个小女孩家懂什么？等我和你爹百年以后，要是让闺女子来摔老盆，还不让村里人笑话死，说咱家没人啊！

笔者：要是你和文叔意向中让他侄来继承房产，那他也要尽养老义务呀！

文嫂：这不，农忙季节，小龙侄就来帮忙，前段时间文医生病了，小龙和他媳妇也来医院陪护。

二妮：别提我那个嫂子了，人鬼精鬼精的，早就盯着咱们家的宅子了。他们家的大儿子也不小了，也要考虑找对象了，连个好地片建房都没有，这个算盘早就打上了，要不她能这么殷勤嘛！

文嫂：外面可别这么说！听见让人笑话！

可见，尽管法律规定儿女都有平等的继承权，但乡村习惯法只支持儿子的权利，甚至在儿子缺位的情况下，继承权旁落到侄子手里，也不会传给直系的女儿。民国时期的学者许烺光在云南省的一个地方都市的实态调查中也谈到："民国的法律规定了人们拥有对他的财产做出遗嘱处分的完全的自由。但是习惯认为没有儿子的人的财产应该归属于他的兄弟的特定的儿子（已经成为养子的情况下）或者兄弟的所有儿子（没有过继为正规的养子关系的情况下）。而且在调查地的人们的行为样式上，目前习惯还是构成决定性的要素。"①时至今日，关于"绝户"和"立嗣"的民间惯习依然存续着，在华北的农村也很流行。"到什么山上唱什么歌"，"不管有没有道理，大家伙都这么做"，"养儿防老，要不谁超生罚款非得要个男孩啊！"按照农村的社会习俗，儿子们可以平分父亲的财产，女儿一般没有继承权。女儿对家庭财产的继承只表现为在出嫁时可以得到一份嫁妆，家庭财产和家系则是通过儿子来传袭的。将来继承"户绝"老人遗产的嗣子，在老人去世后要扮演儿子的角色，在葬仪里要做举幡、顶盆、摔老盆等儿子该做

---

① Francis L.K.Gsu, *Under the Ancestors' Shadow*, p.77. 转引自［日］滋贺秀三：《中国家族法原理》，张建国、李力译，法律出版社 2003 年版，第 268 页。

的仪式,以此来公示被立嗣的身份,以便日后在继承养父家产时得到亲族和邻居们的理解与支持。

在G村,儿子即便离村远走他乡,甚或是通过考上大学、外出经商成功,或其他途径而户口随之迁移了,按说他们已经不再是G村户籍的农民了,一般只是偶尔逢年过节"回家看看",但他们的房子、宅院都会保留,"一个儿子一个院","人走千遭归大海,叶落归根是正道",尽管户口上名字迁出去了,但家谱上儿子的名字一个都不能少——而且户口迁出去的一般也是家族里的精英才俊,"走到哪里都是咱们G村人"。

笔者在G村调研时,曾有幸采访到一位青年时当兵参加1949年上海战役的老人,他曾经在杭州兵工厂研究所上班,后来转到上海,如今已经定居在上海了,自己的子女都是土生土长的上海人,不会说山东话。2012年,这位岳姓老人返乡省亲时,看到虽然自己的父母早已不在人世,但分给自己的那处小院依然给保留着,非常有感触——或许贺知章的《回乡偶书》"少小离家老大回,乡音无改鬓毛衰。儿童相见不相识,笑问客从何处来"颇能表达他的心情,但一见如故的土房、土院使他很快又找到了归属感,尽管他已是在外"吃公粮"的退休干部,但G村的返乡之门始终未关闭,他仍然拥有对自己宅院的处置权,岳家即便就他一个儿子也不算绝户,这是农村习惯法对男性继承权跨越行政地域和公安户籍的确认,基于血缘之上的社会文化传统在G村根深蒂固地延续着。

在只有女儿、没有儿子的家庭中,为避免"绝户",农村也有补偿替代的风俗,那就是把兄弟家多余的儿子"过继"为养子,或利用一个女儿"招养老女婿",有了孩子以后随母姓。这样就能解决上述房产拱手让与侄子的问题。过继来的养子要像亲儿子一样为老人养老送终,而亲生女儿则不需尽养老的主要责任。养老女婿更是"娶"回家里的儿子,而且外孙都得跟着外公姓。这些民俗习惯在某种程度上化解了乡村"不孝有三,无后为大"的绝境。

但随着青年人择偶独立性的增强,尤其是计划生育30年以来的结果已经显现,农村中有两个儿子的很少见,谁又舍得把独生子送给别人"过继"或"倒插门的女婿"呢?于是"过继""上门女婿"等村俗在农村逐渐式微,但"绝户"老人的财产继承权和养老主体责任之间的矛盾,依然没有得到解决和相应的社会支持。尽管女儿养老在文本上早已合法化,但没有儿子的父母都不愿住到女婿家去,生病不能动时女儿常回家看看，也很少有住到女儿家的。在市场化已经逐渐解构了家族的向心力和凝聚力之后，村集体也并未提供这类老人的生活照料和经济养老保障，没有儿子的老人只能依靠女儿养老了。于是，为了既不违背自己的心理意愿，也不过多给女儿添麻烦，很多无儿子的农民把传统观念和乡村习惯以及现代制度折中考虑，那就是把女儿嫁得越近越好，在本村选婿成为父母最大的心愿。这样既可住在自己家里，家里的农活和生活照料也可就近交给女儿、女婿去做。即便如此，女儿也无权继承父亲的宅基地。所以，等父母足够老时，只能把房子和宅院一块卖掉而以钱的形式转给尽孝的女儿。可见，G村的经济民俗不但存在于村民的行事逻辑和评判观念中，而且得到村委干部的支持，这也是国家法律进入乡村生活举步维艰的原因之一。这个问题得不到有效解决的话，农村老人的家庭养老在制度设计上便存在缺陷。

据笔者在该乡镇敬老院的调研，只有年满60周岁且无儿女的老人才能入住乡敬老院。邻村的刘奶奶去年刚过世，高寿97岁，老人就有一个女儿，丈夫去世得早，老了以后就靠一个女儿养老，生活困难。刘奶奶丈夫的弟弟（小叔子）一直接济她们的生活，还出钱给老嫂子盖了3间房子。等小叔子过世以后，他的3个儿子接过了辅助照顾刘奶奶的任务，每个季度兄弟三人凑够三四百元交给刘大娘的独生女儿，而长期的照顾重任则归属刘奶奶的女儿，由于是独生女，责无旁贷。老人去世以后，3个侄子集资操办整场丧事，大侄子作为刘家传人摔老盆，而老人的女儿则退居幕后。可见，在养老上尽长期照料义务的亲生女儿，在老人后事的料理中却退居二线；而平时只负责经济补助的侄子，在老人去世的丧葬礼仪中却唱主角，迎来送往，以家人自居。事后，在老人遗产的分割问题上，3个侄子提出了对由先父援建大娘生前居住的房子变卖，然后再兄弟三人加上堂姐一共四人均分的方案。这里避开分配的公平性不谈，但此一事即足以表明了农村传统养老模式在现代的赓续与变异，孝道在传统守卫者（去世的小叔子）的捍卫下呈现了"奉兄如父，视嫂如母"的执著，3个儿子能够秉承父愿，坚持接济刘奶奶则体现了孝道的传承，女儿养母则打破了"养儿防老"的风俗，体现了男女平等的责任意识，但丧事上的反客为主则又诠释了孝道中"事死如事生""嫁出去的女儿泼出去的水"等乡村礼俗，最后对房产的分割却又交织了传统礼俗和现代权利义务关系的分歧与胶合。

（四）现代法律在礼俗社会的软着陆——从社区孝纠纷调解案看法理情综合模式

在国家大法与乡村礼俗中间，会有冲突和不兼容。一方面，法律要在代表国家意志的法庭里征服乡土礼俗，依法办事，彰显国家对地方社会的控制与改造；另一方面，礼俗代表乡土人情文化，在民间处事时试图同化法律，使法律的解释也入乡随俗，凸显民情大于天、民意大于法的地方化诉求。孝道作为一种传承几千年的社会文化机制，至今仍在礼俗社会中运行。而养老作为新语境下的一种代际互惠机制，同时也是基于家庭道德之上的老年人保障制度之一部分。在"上诉于法庭，下议于街坊"之间，其实还有一个中间缓冲地带，这个缓冲区在法治社会和礼俗社会两极之间起到衔接和过渡的作用，以礼俗之长纠法制之短，以法制之强补礼俗之弱。在此中间过渡地带，法、理、情、俗交叉运用，以追求有效为目标。

如今的城乡各地都形成了各种不同形式的综合调解模式，既有大城市里关于家庭纠纷、情感调解类的电视、无线电节目，社区居委会调解委员会，也有农村社区村和乡镇两级调解委员会。在此阶段的赡养纠纷调解中，村干部或乡干部一般都会援礼入法，区分情况，如果是纯粹的养老纠纷，他们一般会依据当地的风土人情、道理风俗来调解，夹杂运用法律的效力作为后盾，或者干脆直接越位动用派出所警力予以惩戒和教训不孝之子，为老人伸张正义。尽管越位，但却深得乡土社会的认同。这样，一般的养老纠纷首先在礼俗社会内归于解决，或者在礼与法的夹层得到调解。调解失灵的纠纷，才会走上县市级法庭，接受赡养老人国家法律法规的判决。这种冲出礼俗社会内部治理系统的案例，要么是由于礼俗治理的失灵，要么是原告方在法制系统比在礼俗话语系统明显更有利。以下为G村所属乡司法所人民调解委员会的案卷记录，从中可以窥见乡镇基层政府对养老纠纷的调解方式及其背后依据的礼法观念。

案例1：吴姓老太，女，1940年生人，独身，FM乡QJC村民。原来与二儿子一起生活，但2006年的农历七月十五，因为一点小事（豆扁子）老太与二儿媳妇争吵了起来，并且在互相推搡的过程中两人拿起鞋底动了手。婆婆说是媳妇先打她的，媳妇说是婆婆先拿出的鞋底，她只是夺下了那个鞋底并顺手打了婆婆一下。谁先打的也许并不重要，重要的是二儿媳回想起吴老太以前对自己的种种不好:包括怀孕期间对自己的不闻不问、不伺候;对自己第一个孩子也不管不问,就连孩子夭折了也置之不理;两个小姑子出嫁都是自己与自家男人辛辛苦苦赚点钱打点的;公公有病住院花了5 000多也是自家出的钱等。于是二儿媳一怒之下将吴老太赶出了家门。吴老太没办法搬到了大儿家,与大儿一起生活。但老太心有不甘,认为自己这几年在老二家种地做饭帮他们家忙,也有功劳,理应分得一份养老钱,于是开口要1万元养老费。二儿媳妇不从,认为老太要得太多,于是产生了纠纷。双方在村调解不成便闹到了乡政府。乡调解委员会经过详细的了解和调查,对当事双方进行了教育,最后达成如下协议:(1)吴老太与大儿一起生活,今后一切养老费用由大儿承担。(2)二儿拿出2 000元,交由吴老太自由支配。(3)老二将原属于母亲的承包地拨付给老大耕种,并拿出口粮400斤交于老大。双方协议现金与实物在3日内交付,由村调解委员会见证。①

案例2:徐姓老太,女,1924年生人,独身,FM乡LJC村民。原本在村里支书的主持下,定好协议由两个儿子轮流抚养伺候。2009年年初,老二及老二家要求将原本一年一轮的养老协议改为十天一轮。老大及老大家不同意,认为时间太短,仍坚持原来的一年一轮。2009年大年初六,徐老太在老二家住满10天后被轮到了老大家,而老大越想越生气,管了3天饭后不再问徐老太的事。老二不满,认为老大不承担责任。于是两家纠纷产生,找到了乡司法所进行调解。最后的调解结果如下:(1)以后徐老太由两个儿子共同抚养孝敬,每家半年轮流抚养孝敬。(2)到谁家,由谁家为老人提供生活之需,提供住所,决不允许打骂虐待老人,老人有病负责看病。(3)老人老了之后,老在谁家,由谁家负责处理后事。(4)每家每年为老人提供40元零花钱,到谁家谁先给。(5)轮流从大儿家开始,轮流时间按阳历推算。由村调解委员会监督执行此协议,2天之内实行。②

案例3:孔姓老人,男,1931年生人,FM乡DGZ村民。2009年6月,老人到乡司法所哭诉,因为开荒地给自己的大儿子种了,二儿子从2008年3月份

---

① 卷名:《钱村老人赡养财产分配纠纷》,FM乡人民调解委员会,卷号:2006-4。
② 卷名:《赡养老人纠纷》,FM乡人民调解委员会,卷号:2009-2。

一直来找老人闹,闹得老人不得安生。并且认为老人偏心,拒绝执行养老义务,使得老人现在无法正常生活。老人找过村里的干部多次调解,但二儿不听,无果。于是老人找到了乡司法所。乡调解委员会经调解后,双方达成协议如下:(1)开荒地根据《中华人民共和国农村土地承包法》,村集体分给老人大儿的承包地与老人二儿无关,二儿不得追究。(2)老人二儿所欠老人的粮食和钱款,3日内由村委监督一次性全部归还老人。双方立字为凭,不得反悔。①

3个案例尽管发生在3个村庄,具体事由也不同,但采访中乡调解委员告诉笔者,很多纠纷的解决还是要回到原点,从传统孝道入手进行说理教育:

> 我跟他们说,老人就算有不对的地方,那也是父母,把你拉扯大已经不容易了,还要给儿盖新房娶媳妇,这套程序下来父母一辈子的积蓄也就花光了,要是有几个儿子的,把老人卖了也不够啊!你们跟人家的攀比——谁家的父母给儿子盖楼房,谁家的父母过年给孙子几百块压岁钱,你们又跟兄弟之间攀比——爹娘给老几多带了一年孩子,多给老几干了几年活,多供老几读了几年书……你们光想着这些攀比,那你们有没有把自己对父母的孝心跟父母对你们的养育之恩作比较?有没有跟人家孝顺的孝子作比较?有没有把对父母的关心和自己对儿女的关心作比较?有没有想到有一天你自己也会老,你希望你的儿女怎样对你?有没有想到手心手背都是肉,手指头虽然不一样长,但儿女都是父母亲生的骨肉?你们光顾着啃老,良心都到哪里去了?!大部分不孝顺的年轻人听我这么一说还是会感到不好意思,毕竟人还是得要点脸面的,这纠纷也就自然而然化解了。②

在调解员晓之以理、动之以情的感化下,提出现实可行的赡养方案,并经调解委员会作证,签字实施,具有法律效力。然后由村干部负责定期查访,以监督实施。这是处于法律法规和村规民俗双重治理夹缝中的一种典型孝道纠纷的化解机制,填补了法律管理的缺位和乡村礼俗治理的失灵,为转型期的乡村孝道构造了内嵌型的运行平台。

由上可见,重构系统、完整的农村社会整合机制,乃是构建和谐农村、建设社会主义新农村的题中应有之义。具体说来,既要在农村构建硬性层面的整合载体,比

---

① 卷名:《DGZ村赡养老人纠纷》,FM乡人民调解委员会,卷号:2009-3。
② 摘自对FM乡司法所张姓调解员访谈。

如法律,这是当前普法工作的任务,也要在农村构建软性层面的整合载体,比如道德、舆论及村庄矛盾化解机制。乡村社会秩序的生成与维持,其本身有一套与乡村社会自身历史和文化相符的规范和制度,在国家正式法律制度和规范进入乡村社会之前,乡村秩序就已经存在并发生作用,有效地维护了几千年乡村社会的变迁与发展,这套框架和体系对于当下乡村社会秩序的重新构建仍然具有重要意义。否则,硬性建构一套不为农民所熟悉的、与乡村日常生活和农民生活世界相去甚远的外来制度与规范,只会破坏村庄有机的生存环境,只会瓦解村庄既有的认知逻辑,只会将一体化的乡村社会打碎,从而使整个乡村社会呈现有治理无秩序的局面。

揆诸全国的赡养纠纷处理方式,成功的模式一般是综合的调解模式,也就是糅合了现代法、习惯法、礼俗、情理诸要素,并且运用多种说理和评议,甚至置于电视镜头下曝光给社会公众评说的多情景、多媒体方式。比如福建省厦门市同安区五显镇于2005年10月18日挂牌成立了全国第一个"农村家事纠纷援助中心"。在全镇招募了99名家事调解员,调解员队伍由村治保会、调解委员、妇女会和村民小组中的"调解能手"组成,同时吸纳村中有威望、口碑好、善于做群众工作的退休干部、教师等参加,覆盖全镇所有自然村,形成了家事纠纷调解网络。借助于熟人社会中的乡里乡亲,对于那些不愿赡养老人的村民进行多种形式的劝解和调解,左手拿着赡养老人的国家法律法规,右手拿着乡规民约、公序良俗,通过面子和承诺约定的方式来和解老人与子女之间的冲突和死结,使孝由心生。避免了老人通过诉讼而判决子女每月支付一二百元养老金的尴尬与亲情风险——一方面过程很慢;另一方面由此所支付的亲情成本也很高,老人既担心自己告子女的行为会彻底地把子女推向另一极端,又担心不孝子女会因此而获罪坐牢,不敢告也不愿上告。相对而言,家事援助中心的调解既能起到"村官能断清家务事"的作用,同时把事态控制在熟人圈里,不至于家丑外扬,比较体面,容易达成双方的妥协和接受,柔性的调解方式搭建了刚性法律在乡土社会软着陆的平台。一年多来,该民间调解机构共成功调解各类家庭矛盾纠纷75起,区法庭受理的家事纠纷案件下降了50%以上,大量的家庭婚姻矛盾、财产和赡养纠纷在基层得到了有效及时化解。①

---

① 蒋升阳:《厦门市同安区五显镇成立了"农村家事纠纷援助中心",近百名调解员走村串户,一年多来成功调解纠纷七十五起——调解员善断家务事》,《人民日报》2006年12月24日。

地处浙北的嘉善县,活跃着许多信访调解员队伍。洪溪镇的"大阿姐"家庭和谐员队伍,天凝镇的"老娘舅"道德评议小组,丁栅镇的"便民服务咨询室"……全县共有调解员390人,在群众中享有较高威信,代表县政府发挥对基层村民的联系和整合作用。①

上海的《新老娘舅》,江苏台的《人间》,浙江台的《公民行动》,四川台的《情感龙门阵》等,都试图让"大众用真实的生活语言、真实的生活情态进入节目当中"。"家长里短"的百姓谈话节目《新老娘舅》更是让昔日"不可外扬的家丑"走向荧屏、走向观众的公共视野,让"八旬老母究竟谁来赡养?"成为市民热议的话题,开播以来收视率一路冲高,曾创下上海所有综艺节目中的最高收视率。很多上海市民晚上看完《新老娘舅》后,就在小区散步聚会,议论节目内容,对比身边事例,"雪球"越滚越大。其实,《新老娘舅》的成功之处在于——一批新"老娘舅"调解员敢于批评、善于平衡,紧紧抓住观众心底呼吁的主流价值观,充当正义的评论员,倡导社会涌现更多"多管闲事"的老娘舅,为上海出现的价值观冲突提供社会自我辨别和自我调和的解决机制,为法、礼、情的调和实践开拓一个全新的公众平台和借鉴思路。

三、忠孝之间:国家政策控制下的孝道

生和死不但是一个生理上的现象,而且寄托着特有的种群文化和仪式风俗,并且从中亦能折射出国家的人口政策和社会的生命关怀。从生到死,作为社会人的一个生命周期历程,在不同的人生阶段镌刻着不同的要求和奋斗目标,如"五十岁之前拼命赚钱,五十岁之后拿钱养命""壮年时养儿育女,老来享天伦之乐、儿女清福",养儿防老,代际交换。在中国儒家经典中经常出现:"未知生,焉知死?""事死如事生"之类生死概念,生与死自古得到国家的控制,政府鼓励人口的增长,社会重视男丁的兴旺。国家的养老制度主要是通过提倡和保障老年人的地位来延长寿命,通过伦理人情规范来防止轻生自杀,并通过孝道礼仪来倡导

---

① 袁亚平:《遍地阳光暖人心——浙江加强信访工作促进社会和谐纪实》,《人民日报》2006年12月28日。

父慈子孝,长幼和谐。

随着时代变迁和社会演化,当前中国农村的生与死问题纠缠着传统与现代、国家与地方、法条与民情的多重困扰:国家推行计划生育政策与中国人尤其是农村人传统"养儿防老"观念相冲突;国家对"死"的各个环节的安排与控制,如火化、简葬、废坟等法律法规的规定,与农民入土为安、事死如事生以及建坟祭奠的风水观念等相冲突;"人命关天"的老人自杀似乎也只能得到"恶自有恶报"的村庄舆论的谴责,儿女终因"无人告官"而免于法律追究。凡此种种,体现了国家对生、死控制的意图和努力,并凸显了国家与社会民众对生死观念的不同理解,以及事实上国家主导的现代化政策与民间社会的承受力及由此而跟进的社会保障的不足之间存在着落差和机制的缺位,最终使得忠与孝的传统结构未能得到合理的转型与重构,从而出现了转型期的种种社会矛盾和礼法冲突。

(一) 生育:"不孝有三,无后为大"和国家的计生政策

传统的孝文化讲究多子多福、人丁兴旺,"不孝有三,无后为大",农民的根深蒂固的思想观念是要生个男孩,否则会被别人看成"绝户",要承担很大的舆论压力。"对于中国农民来说,只有传宗接代才使生活具有意义。所以,生育子女尤其是儿子赋予了农民一种宗教般的感情,这是不能用经济得失来衡量的。"[①]

民间将生男生女分别称为"弄璋之喜"和"弄瓦之喜":一个是玉石,一个是纺车上的石制纺锤。农民一定要生男孩的原因不外两个方面:一是现实生活的需要,包括养老投资的需要,作为劳动力的需求;二是精神上的需求,包括继承香火,传宗接代,在村落生育文化中的满足感。偏爱男孩的观念在人们的生育实践中不断地被社会观念强化,最终使生男孩的冲动和欲望变成了一种社会习俗。换言之,这没有什么道理可讲,变得不容分说,人人都坚持,也不是轻易能够改变的。G村的人们告诉笔者:

农村和大城市不一样,年纪大了要是没有儿子,谁来养?年纪大了,进

---

① 阎云翔:《私人生活的变革:一个中国村庄里的爱情、家庭与亲密关系》,上海书店出版社 2006 年版,第 229 页。

养老院都觉得丢人。要是没有(儿子)传宗接代,就像做了亏心事。

重活男的能干,女的就干不了;男孩可以传宗接代,老人过世了,男孩可以在跟前……不管怎么说,男的就是比女的强!

我们跟你们城里人不一样,要是只有女儿,结婚嫁走了,剩下老爹老娘咋办?家业没人继承。农村要种地吃饭,要盖房子,房子盖好了,闺女走了,家里就没人了。儿子、闺女就是不一样。

没有儿的受人家欺负,这在农村是很平常的事,农村门派(宗族势力)较严重,有几个儿子拳头就硬,谁敢惹?①

李霞在《娘家与婆家》对张村的描述中曾指出:在张村,对生育的性别偏好是非常明显的。一个没有男孩的家庭被认为是不幸的,所谓"十个黄花女,不如一个瘸巴儿"。这种对男孩的生育偏好一方面是由于当地文化观念的影响,即认为只有男子才能传宗接代,一个没有男孩的家庭会被人贬义或怜悯地称为"绝户头";另一方面则与家庭经济及父母养老的实际考虑相关联,在目前的境况下,一个家庭的主要经济支柱是由家里的"劳力"(即成年男子承担的),他们也是家里主要赚钱者。因此,生育一个男孩是所有家庭的强烈愿望。一定要生一个男孩是当地人想方设法规避甚至对抗计划生育政策的最主要目的。②"不管是偷生、藏生、躲生、逃着生,都要生一个男孩出来。"这从国家计划生育的统计结果中也可得到反映。

G村也一直存在重男轻女的思想。之所以重男轻女,除了农业生产中男性相比而言更具体力优势、更能增加家庭收入的客观现实以外,笔者认为,更多的是因为文化方面的因素。略举几点:一是在建立宗族谱系时,女性被排斥在外,不能进入名册;二是在祖宗的墓碑上,生育的后代子女中,女性的名字不刻入墓碑,不参与祖宗祭祀活动;三是婚姻嫁娶上从夫居,女儿出嫁以后,就意味着娘家少了一个人,婆家多了一个人,女儿生育的孩子跟随婆家姓,不跟随娘家姓。如果只有女儿没有儿子,就意味着这家人将来在村里会因无人传承而消失——按辈分的传承链就会至此断裂,将来的房产也会更名易姓,世代相沿的本地"老户"人家早晚要被从户籍名册上除名,自己辛苦积攒下来的家业要么只能在有生之

---

① 摘自对G村KHJ访谈。
② 李霞:《娘家与婆家》,社会科学文献出版社2010年版,第55页。

年挥霍用光,要么就拱手让与外姓的外孙(女)。所以这样的家庭被称为"绝户头","绝户头"不但是一个描述性的社会名词,在 G 村还是一个带有强烈贬义甚至带有诅咒色彩的骂名。在以往,两家吵架经常会对骂"断子绝孙、绝户头"等咒语,生不出男孩还背负了道德的包袱,祖上行善积德,子孙就会人丁兴旺。相反,祖宗骂名昭著,伤天害理,便会断子绝孙。在日常生活中,农村妇女如果生不出男孩就会被人看不起,在家庭、在村子里这种人都会有相同的感觉:"走到哪,前也不是,后也不是。"可见,对于农村妇女而言,想生男孩,主要还是出于精神上的需求——提高自己在家庭、在村子里的应有地位。

在现实与文化的双重作用下,尤其是在文化的持续作用下,村民重生男。G 村张大妈的女儿刚出嫁,张大妈还有些不适应:"人家(指女儿婆家)敲锣打鼓,娶妻添丁,人丁兴旺;我们赔了女儿还陪送嫁妆。等女儿们都出嫁了,就感觉家里空虚起来,女儿嫁人了,你不能指望她老回娘家看你!"[①]男方家父母尽管可能会面临儿子娶妻后与自己离心乃至不孝的风险,但繁衍人口、接续香火的思想使得他(她)们仍旧陶醉于娶儿媳、抱孙子的喜悦之中。

自 1974 年国家实行计划生育以来,中国的人口出生率从 70 年代初的 30‰左右下降到 80 年代初的 20‰左右。但是,多孩多育、计划外生育始终未能从根本上杜绝。多孩生育的 92% 在农村,这其中大约有 70% 的多孩生育户是因为想要男孩而生育第三个或以上的孩子。而对男孩性别的偏好所导致的不良后果可能在未来的几十年里要慢慢显现。出生性别比是反映生命之初性别平等状况的重要指标。据国家统计局的调查数据显示,1979 年出生性别比为 105.8,尚处于正常范围内。1982 年出生性别比为 108.5,超出正常范围。此后不断攀升,1990 年达到 111.7,2000 年进一步上升至 116.9,2004 年高达 121.2,此后,在 120 上下波动。2008 年开始,出生性别比呈下降趋势,从 2008 年的 120.6 降到 2010 年的 117.9,到 2015 年时已降至 112.6,但迄今尚未恢复到正常范围。[②]目前,由出

[①] 在 G 村调查,有老人讲,没有儿子只有女儿的家庭,父母平常的日子还好过,最难过的是年节,女儿即使经常回来看望父母,也毕竟是人家的人,在年节时是要回婆家的。没有儿子只有女儿的父母在年节时两老相对而坐,凄清、难过。同样可以想见的是在"清明不祭祖的可以说没有"的 G 村,清明祭祖对人们生育儿子的强烈愿望维持所起的作用。

[②] 侯佳伟、顾宝昌、张银锋:《子女偏好与出生性别比的动态关系:1979—2017》,《中国社会科学》2018 年第 10 期。

生性别比失衡所导致的"婚姻挤压"及其可能引发的一系列社会问题是学界、公众和社会舆论最为担忧的后果。人口学者郭显超以2010年第六次人口普查数据为基数预测了我国婚姻挤压的未来状况,预测结果显示我国未来婚姻挤压形势严峻。2030年之前15~49岁各年龄的未婚男性人口数均明显多于未婚女性人口数,特别是高年龄段男性明显过剩。分城乡看,乡村大龄未婚和终身不婚的男性明显多于城市和镇。①

计划生育等国家政策的施行,通常都离不开村干部,需要村干部的执行与配合。但是村干部生长于乡土社会中,他的任何违背乡村规则体系的行为,都可能遭到来自乡土社会和制度制约的双重压力,所以他们在执行国家工作中一方面必须遵守国家大法,另一方面又必须顾忌乡村的规则。这双重角色经常发生冲突,G村的村支部书记在访谈中向笔者抱怨做村官的不容易:

> 在下面做村支部书记很不容易,经常要面对各方压力,一不小心就会顾此失彼。我们必须按照乡政府的统一部署做事,否则你就别在这个位子上待着;但太听上面的话,村民这边就会有意见,尤其是现在的事情都是些得罪人的事情,像抓计划生育、管丧葬改革啥的。弄不好就要挨村民背后戳,下台了别人更是会指着鼻子骂。

然而,矛盾总是难以避免的。在G村,乡政府与村民最大矛盾在于计划生育和丧葬改革社会人口事务上。计划生育和丧葬改革的实质在于通过法律改变人的行为,通过法律改变社会习俗,通过法律促进社会变迁。但是是否真的可以通过法律达到这一目标呢?

科特威尔指出,在当代西方社会形成了一种观点:法律可以作为一种手段,在引起人们的行为模式、态度、观念普遍改变方面起作用,即政府的组织机构和权力后盾以及现代法律制度的技术手段都足以使法律能够面对社会习俗,并且征服习俗。②然而,如果政府缺乏精心设计的与实践密切融合的法律和政策,则会导致法律和政策与有深厚根基的习俗发生硬碰硬的尴尬局面,或者法律和政策被规避执行、打折执行。比如说乡村对于性别偏好的真正扭转。这不仅是一

---

① 郭显超:《中国婚姻挤压的未来形势预测——基于初婚表的分析》,《人口学刊》2021年第3期。
② [英]罗杰·科特威尔:《法律社会学导论》,潘大松、刘丽君、林燕萍、刘海善译,华夏出版社1989年版,第75页。

个改变传统观念的问题,还有待养老制度的改革——解决只能由男孩养老的问题,有待婚后从夫居制度的改变——解决家庭女劳动力必定外流的问题;有待男性继嗣制度的改变——解决财产继承问题,有待子女必须随父姓习俗的改变——解决家庭姓氏的传递的问题,有待传宗接代观念的改变——从祖先崇拜改变为对死去前辈的怀念和纪念。由此看来,无性别偏好的转变是条漫长而艰难的路,这依赖于整个社会的全方位的文明进步。

(二) 丧葬:民俗和国家管理法规的博弈

国务院曾于1985年、1997年先后颁布了《国务院关于殡葬管理的暂行规定》和《殡葬管理条例》两部法规,全国性的殡葬改革运动拉开大幕。尤其是《殡葬管理条例》颁布后,G村所在区域被列为火葬区。G村的传统习俗是土葬,并有相关的复杂仪式,这种仪式和规则是人们在长期的生活中逐渐形成的,与人们的生活意义紧密相连,它靠传统自身的力量得到人们普遍的自觉遵从。但是新的丧葬法规却将传统的丧葬习俗定义为"陋俗",是落后的、封建的、迷信的、愚昧的,应当加以取缔,进而提倡先进的、现代的、科学的、文明的火葬规则。新的规则以现代精英为主力,依靠意识形态和法律政策强行向农民推行,并以国家强制力为后盾。殡葬改革在全国很多地方都引起了政府和农民的冲突。[①]在G村农民的意象世界里,人死后要"入土为安",而火化则是人在地狱里才会遭遇到的酷刑,是对生前所犯罪孽的报应。火化强制实施之初,经常会有各种反抗,既有暴力的反抗,也有秘密的掩埋,以对抗国家的火化政策。

为媒体披露的江苏响水埋尸案,广泛引起了人们对法律和民俗矛盾处理的深入思考。据了解,在苏北响水当地,对16岁以下未成年人遗体不强制火化,亲属可自行处理安葬遗体。这一做法和苏北农村普遍存在的"未成年不入坟"这样的丧葬陋习有关,未成年的小孩死亡后不能入祖坟,不能进家门,应该简单土葬。这种习俗在山东亦然,前面所述G村海兵家13岁的女儿掉进深塘溺死后的掩埋同样如此。当然,作为"陋习",与法律的精神和国家的意志有违背之处:第一,幼儿死者也有尊严,应该得到尊重。没有理由因为他们还未成

---

① 陈柏峰:《暴力与秩序——鄂南陈村的法律民族志》,中国社会科学出版社2011年版,第151页。

年,不是"大人"就不给予这样的尊严。事实上,国家颁布的《殡葬管理条例》对此做出了明确规定:除部分少数民族必须实行土葬外,无论老人还是小孩去世,都必须火葬。第二,容易导致儿童非正常死亡脱离公安机关监管。火化遗体必须有公安机关或者国务院卫生行政部门规定的医疗机构出具的死亡证明。而案中被害人小美却直接被埋在了大桥下,无需销户、尸检,私埋尸体,导致小美的死亡脱离公安机关的监管。①这一案例,也说明在国家司法机关与民俗风习之间还存在着很大的缝隙,在法律从条文到机制还没有形成执行力时,"陋俗"便会见机行事、见缝插针,而且由于得到民俗的广泛认同,地方社会中除非有人告官,否则地方干部也是民不举官不张,默许民俗在法眼之下潜行。

此外,在 G 村和中国广大的乡村地区,民间违法造坟现象屡禁不止。中央电视台《焦点访谈》节目曾专门报道过广东地区党员村干部带头圈占土地造坟的事件。大规模上档次地为父母造坟,其一是表达对父母的孝敬,事死如事生;其二是为了显摆自己在当地的社会地位;其三是祈求通过祖坟风水宝地的选择来为后代荣昌发达奠立基业。后来在群众举报媒体曝光以后,在当地县乡两级政府的干预下,才平息了当地村干部和大富之家竞相攀比占地造坟的事件。

国家对"死"环节和仪式的干预和控制,不仅体现在对造坟的管理上,而且在葬礼的风俗上进行了监管。2006 年 8 月 16 日,中央电视台的《焦点访谈》节目报道了如下一件事情:江苏省连云港市东海县温泉镇的孔白村,一农户家举办丧事,为拉拢人气,丧礼的过程中请来了两个表演班子。这两个表演班子在演出到中间时,先后跳起了脱衣舞,还将现场看热闹的观众拉上台来一起跳,当天现场集聚了约 200 人围观。事后组织者表示,邀请脱衣舞班子表演是为了吸引人气,当地的风俗是观看的人越多越可以保持"后代旺"。丧事上跳艳舞,让不大的温泉镇"一脱成名",脸面丧失殆尽。央视曝光之后,东海县委、县政府高度重视,"连夜召集文化、公安等部门制定措施,经过精心部署,对报道中涉及的色情表演组织、实施者进行传讯调查,并对 5 名嫌疑人依法实施拘留"。而处于"风暴"中心的温泉镇更是连夜出台 4 个政府文件,对文明办丧事行为做出相应规范。可

---

① 田雪亭:《打死 4 龄童,雇人埋在裕廊桥下——"响水埋尸案"凶手一审被判无期》,《现代快报》2012 年 5 月 18 日。

见,在风俗成为问题之后,政府便通过文化、警察等行政部门进行管理。在民风淳朴、相对保守的中国农村,丧事上跳艳舞决不是老祖宗传下的旧风俗,而是近些年时兴的新风气,通过办丧事互相攀比,比财力、比人气。以跳脱衣舞的方式吸引人气,是这股攀比之风走到极致的畸形产物。

真正的礼仪和文化,是具有伦理底线和意义生产能力的活动,是一种艺术。显然孔白村丧礼上出现的这些不可思议的仪式是无任何艺术含量和文化含义的恶搞,是远离高雅、远离内涵的低俗文化。可是,为何孔白村的农民想尽花样地在办丧事上相互攀比?村里的农民坦言:"还不是为了一个'脸'字!现在办什么仪式一家办得比一家好,为吸引人来看,只能出别人家想不到的花招。"举办丧事不是为了悼念逝去的亡灵,而是为了博得自己的"体面"![①] 对老人去世的祭奠,转化为对葬礼排场的攀比,这与古代孝礼中父母去世,守孝三年、素食不喜的风俗完全相反,是传统丧俗在新的时代背景下的非正常变异。

子曰:"礼失而求诸野",是指国家礼仪和地方礼仪相互整合的取向,儒家思想之所以能根植于中国人的大脑和实践中,也是由于儒学者采取了儒家思想伦理化和礼仪化的方法,把只有读书人才能明白的精义外化为日常生活实践中去,通过礼仪规范和风俗习惯来影响人们的举止,达到教化的目的。其间,国家意志和地方习惯之间必须要经过一个相互因应、调教、整合的过程。尤其在"生"与"死"这样的关涉人生终极意义的环节上,要依靠"人随王法草随风"那样原始而简单的行政命令很难奏效,必须探寻礼俗流失变异的背后原因,然后寻求一种自下而上与自上而下相结合的文化生成和传播机制,使传统的孝文化在国家干预下良性发展。

另外,在很多中国人的眼中,丧葬显然不只是关乎花钱成本多少的问题,也不仅是节约土地与否的问题,从长远来讲,它涉及人生的价值与意义,关系到每一个中国人安身立命的根本。正是通过将有限的生命融入无限的子孙繁育之中,将短暂的生命变成长久建筑在那里的墓地,而使人们珍惜了现在的生命,并憧憬着未来的生活。所以新农村建设不仅是生产的发展、生活的富足,还需要关注农民的精神世界和文化生活,关心他们对生命意义和为什么而活的看法。转

[①] 董宏君:《好好研究葬礼艳舞"脱"出的丑》,《人民日报》2006年8月29日。

型社会,很多都带有不确定性,要在当前变动的世界中为农民创造一些永恒的可以寄托生命意义的东西。如果9亿农民有了村庄这个根,如果在外流荡的他们还时常想起家乡的人和物,还牵挂着埋在村头祖坟里的祖先,他们就会有一些历史感,就不至于过于虚无,就愿意对未来保留更多的信心,寄托更多的希望。

四、小结:尺度与再造——法礼情融合视野下的孝道

> 2009年4月21日上午,广州广园中路三元里古庙门口发生一起歹徒持刀劫持人质事件,重庆开县的张氏兄弟为给重病的母亲筹钱看病,在距三元里派出所不足50米处的闹市区持刀劫持过路女子。8月27日,广州白云区法院开庭审理此案,公诉人建议张方述有期徒刑5年以上10年以下,张方均是从犯,建议5年以下有期徒刑。①
>
> ——《兄弟救母抢劫案,哥哥力保弟弟令记者落泪》,
> 《南方日报》2009年8月28日

以上这则报道讲述的是,为帮重病的母亲筹款治病,来穗打工的重庆开县张氏兄弟当街劫持人质,并展示"筹钱"求助海报,"展示海报的动机是找公安人员帮忙贷款",希望引起媒体和社会的关注。最后,社会各界人士纷纷捐出善款,张氏兄弟的母亲谢守翠得到了及时治疗。但张氏兄弟仍然要为自己的冲动和非理性付出沉重的代价。②

---

① 这类为尽孝而不惧犯法的例子早已有之,官方有时为提倡孝道而不惜徇情枉法。如1934年在上海黄金大戏院发生了一起血案,贵州安南人钱绍丰为父报仇刺杀官员何尊甫。在法租界第二特区法院审理时,捕房律师暨检察官以被告预谋杀人,按刑法第二十四条第一项第一类判罪,但是考虑到被告为父雪仇,情殊可悯,复请从轻处断;而原告则要求依法判处被告应得之罪。双方辩论激烈。被告律师钱树声遂将该案事实及法律上理由分为甲乙两点,详呈法院,请求鉴核、减轻处刑,以"振纪纲而全孝道"。载《申报》1934年2月19日第14版。

② 其实,对于"情"与"法"的冲突,早在民国时期人们即已有了明确的认识和判断。笔者在《申报》上爬梳到一个民国版的"为救母尽孝而携带鸦片烟"的判决案例。谓某甲因携带烟土被逮,堂期既届,问官诘之。曰:"母素有病,非此不愈,故为之携耳!"问官曰:"然则汝乃有孝道,汝母果吸烟耶?"曰:"不,但我母吸此,父亦同嗜,顾均为母耳。"言次,意颇自得。如以情言,尚有可恕之道。然近世法律,犯罪以证据为原则。某甲携土,证据确凿,罪有应得。乃犹以父母吸烟为辞,图卸本身关系。孰知伊父母应得之罪,依法并科己身,谓之三罪俱备。此不知法律之害也!法律所以保障人权,乡愚无知,往往误罹法网而不自知,尚以为情属可悯,抑知"情"与"法"处于对等的地位。情有可原,而法实不可恕。世人昧乎此,以蹈危机者,比比皆是,兹举例以明法律之不可不知。参见《常识·法制:不知法律之害》,载《申报》1921年2月11日。

在中国传统孝道文化之中,强调"百善孝为先",在"忠孝两难全"的情况下,即便是儿女作出了违法犯罪的事情,只要初衷是为了尽孝,只要不危害国家安全,他们也会受到官方和社会舆论的同情和支持,甚至被誉为"孝子"。①

在张氏兄弟为救母而故意劫持人质以引起社会关注的案例中,尽孝、能力、亲情、法律、公共安全、社会保障等问题纠结在一起,突出表现为情与法、孝与忠、个人—家庭—社会—国家之间的张力和冲突。在社会转型期,养老与尽孝究竟是个人的家务事,还是国家大事,是徇情枉法,还是和谐社会,抑或是铁面无私,按照一般的抢劫案处理了事。从网民的观点和媒体的建言可以看出②,在中国愈来愈严重的"银发浪潮"中,由于计划生育对年轻人口增长的限制,养老和孝道要分合有道、区分对待了。对于养老应走社会保障的路子,政府要提供法律支持和财政援助,社会提供医疗和专业服务。而尽孝照料则仍可交给儿女去做,因为"无微不至的关照很难用钱买得来""为给母筹钱治病甘冒被警察击毙的危险",足见孝道的根基在农村某些地区依然如此深厚,孝道伦理至今仍然是一种可以

---

① 如古代社会中就有"亲属容隐制度",是一种为孝而屈法的制度,孔子即极力反对"其父攘羊而子证之",认为"父为子隐,子为父隐,直在其中矣"(《论语·子路》)。为从法律上体现父慈子孝的伦理关系,汉代创制了"亲亲得相匿"的律文。其后,历代皆有亲属相隐的律条。而且,北魏时还出现了"留存养亲(或曰留养承祀)"的做法,如北魏律规定,犯死罪者,若祖父母、父母年已七十以上,家中没有成年子孙或较近的亲戚,经上请准允后,可留下来赡养老人,即免死充侍。犯流刑罪者,也可处鞭笞之刑后暂时留下。此外,中国古代以孝治天下,还有"子孙代刑制度",对此法律虽无明文规定,但历史记载不绝于书。如汉代淳于公当刑,其女缇萦愿没官婢以赎父刑,汉文帝感其孝而废肉刑(《汉书》四,卷二三,〈刑法志〉,第1097—1098页)。北魏长孙虑"乞以身代老父命",尚书奏云:"虑于父为孝子,于弟为仁兄,究其情状,特可矜减。"孝文帝遂减其父死罪为流远。(《魏书》五,卷八六,〈孝感传〉,第1882页。)明代代刑案例尤多,如山阳有民父得罪当杖,子请代,明太祖认为今此人身代父母,出于至情,遂曰:"朕为孝子屈法"。(《明史纪事本末》,《四库全书·史部·纪事本末类》)。明宪宗时定制:"凡民八十以上及笃疾有犯,应永戍者,以子孙发遣。"(《明史》八,卷九三,〈刑法志〉,第2289页。)从此,代刑就从子孙的权力演变为子孙的责任和义务了。以上转引自朱岚:《中国传统孝道的历史考察》,台北:兰台出版社2003年版,第226—229页。

② 《中国老年报》发表《为救母持刀抢劫,愚孝何时终了》的评论文章,文中既有引述的批评者的声音,也有同情者的心声,引述如下:一、批评者:犯罪不可饶恕。◆即使有一万个理由,抢劫就是不可饶恕的犯罪!如果站在那个被挟持的女子家人的角度考虑,女子是无辜的,不能为成全自己的孝道而损害他人利益。◆不要以为救活病危老母就是尽孝、就可以什么都做,老老实实做人、平平安安养家更是比什么孝道都能安慰老人。法不容情,挟持人质应得到法律制裁。二、同情者:恨不起来,他们都是老实人。◆他们都是老实人,打劫只是万般无奈之下,想为自己重病的母亲做点什么。可能对兄弟俩来说,即使是坐牢,也比束手无策眼睁睁看着母亲因为无钱医治而死去要好。其实他们两个心里都明白,这个方法弄不来钱,也救不了母亲,但是他们不能忍受自己无所作为。◆在农村,小病拖着不看,大病又看不起,这种因没钱治病而耽误病情的事时常发生。这些脸朝黄土背朝天的普通农民,面对不堪重负的医药费时真的是被逼到了绝路上。

被发掘整合而重新运用于家庭养老的传统资源。这样在家、国、社会之间合理分界,并厘清各负的责任。现代的保障体制和传统孝道合理精神并行不悖的双轨模式,才可能杜绝此类为孝抢劫、情非得已的"愚孝"行为,感恩父母、感谢政府的新型"忠孝"才能两全,国家对生死的控制也要从限制人口的计划生育、丧葬礼俗改革逐渐转移到提高老人社会保障、免除老人"无儿防老"的后顾之忧,甚至是避免上述案例中有儿却无力养老尽孝的悲剧发生。

由于中国社会结构和治理模式的特点,在历史上曾经形成了礼主法辅、人情和法治交相为用、王法和家法并行不悖的格局。按照费孝通的解释,中国传统社会结构的特征是:以"己"为中心,像石子一般投入水中,和别人所联系成的社会关系,不像西方团体中的分子一般大家立在一个平面上的,而是像水波纹一般,一圈圈地推出去,愈推愈远,也愈推愈薄。在以"己"为中心的差序格局中,血缘成了联系这个格局的基本纽带。孝道适时地发挥作用,不断地给这种格局填充了稳固的基础。于是整个中国的传统社会,就变成了人情的社会、礼仪的社会。崇尚和重视人情,遵循礼制也自然而然地成为中国传统法律制度的主要特色。这种社会结构使得在解决矛盾的过程中,法律的力量屡屡受挫。曾经引起广泛反响的两部文艺作品《被告山杠爷》和《秋菊打官司》都生动地反映了这一事实。秋菊们的困惑和悲剧正说明了中国当代正式法律的运作逻辑在某些方面与中国的社会背景相脱节,也说明了传统的乡村秩序走向现代法治秩序之间的内在冲突,乡村治理从人治模式向法治模式转变的艰难与复杂。由法律蛮荒时代走来的本土背景下法律权威的树立非一朝一夕。

在快速变迁的后乡土社会,出现情理与法理冲突的情形也迅速增多。一个典型的例子就是,G村以往的男女青年订过婚后,双方就必须遵守婚约。如果男方毁约另寻新欢,女方家不但不必返还订婚的聘礼,而且还可以理直气壮地到男方家去大闹一场,打砸东西,并不会受到任何的惩罚。之所以可以这样做,就是因为在礼治秩序中,男方的毁约是没有"理"的,也即先违背了"礼"①,应该受到"礼"的惩罚。但是,随心所欲的"打砸抢"在现代法律系统里并不受到支持,相

---

① 古人云:"礼者,理也!"意思就是我们做人做事,要有条理,要有节制,要有正当合理的态度,符合规矩。否则,不能做人,更不能办事。《礼记》有:"不知礼,无以立。""礼者,事之治也。君子有事必有其治;无礼则手足无所措,耳目无所加,进退揖让无所制,田猎戎事失其策,军旅武功失其制。"

反,这是一种违法甚至受到法律惩罚的行为。所以,法理与礼俗道理并不完全一致,甚至还可能发生冲突。在乡土社会向后乡土社会的变迁过程中,礼治秩序也向法治秩序过渡,这一过渡过程需要礼治与法治的协调和巧妙衔接。如果法治秩序的建立过程带来的是过多的法理与情理的冲突,就有可能对乡村制度的维持造成不利影响。正如费孝通所看到的20世纪40年代法制建设中出现的问题:

> 现行的司法制度在乡间发生了很特殊的副作用,它破坏了原有的礼治秩序,但并不能有效建立起法治秩序。法治秩序的建立不能单靠制定若干法律条文和设立若干法庭,重要的还得看人民怎样去应用这些设备。更进一步,在社会结构和思想观念上还得先有一番改革。①

经验调查的结果说明,在推进法制建设和社会法制化的过程中,法律理念与社会现实、文本的法律(Law-in-book)与活动的法律(Law-in-action)之间往往存在较大的差别。正如昂格尔斯指出的:"对法律所进行的社会研究表明,它对现代社会思想中一种有关方法论现状的观点有特殊的重要性。"②传统礼义观念的削弱使得礼俗规范约束力降低,但法律似乎又离乡村的日常生活非常遥远,如果我们的法制建设过多地照搬西方的法律规则,而忽视乡村社会的本土文化传统,就会导致较多的法治秩序与民间实践规则的冲突。在这种情况下,完全依靠礼治或法治来维持乡村秩序都显得有些艰难。具有村庄生活经验的调解者都知道要在"情、礼、法"之间寻找到平衡点,作为调解的规则。所谓"情"指的是人情世故和人际关系,"礼"指的是社会生活中的道德伦理规范,"法"则主要指国家的成文法。情、礼、法之间的平衡点实际上就是地方性知识和国家法律"大传统"互动后形成的地方性规范、民间法。从此意义上说,法制建设向乡村的推进过程应该是"送法下乡"与"下乡取法"的双向过程:一方面,法制系统需要将其机构和原则向乡村扩展;另一方面,法律原则和实践模式又需要从乡村社会的实际需要出发。

传统时代的"孝"作为被人们所普遍认可接受的一种道德观念而被上升为法律规范,对社会秩序的稳定起到了积极作用。这也给我们一点启示:立法必须合

---

① 费孝通:《乡土中国》,上海人民出版社2006年版,第48页。
② [美]昂格尔斯:《现代社会中的法律》,译林出版社2001年版,第236页。

乎道德,法律应该是良法。法律真正的权威并非来自国家的强制力,而是来自法律内在的影响力和道德正当性,道德性已被公认是良法的一个重要标准。正如美国著名法学家朗·富勒指出:"真正的法律制度必须符合一定的道德标准。"也如法国思想家法里旦所说:"法律最终目标是使人们在道德上善良,为了求得众人所能得到的最大善良,世俗法律会使自己适应各种道德所认可的方法,……它应该始终保持走向道德生活的总方向,并使共同行为在每一个标准上面倾向道德法则的充分表现。"①

费孝通先生曾说,"中国的学者要有文化自觉的意识,要对自己生活其中的文化有自知之明,要加强对文化转型的自主能力,以取得决定适应新环境、新时代文化选择的自主地位。"②"传统从来就是一种现实的力量,它既记录在历代的典籍之中,也活在人们的观念、习俗与行为方式之中,并直接影响着各项制度的实际运作过程。"③具体到孝道上,在传统孝道转变的趋势中,如何整合发挥公众舆论和法律的力量,如何调和现代法律与民间法规之间的冲突,如何借助作为"本土资源"的民间法,进而使法律制度在变迁的同时能够获得人们的接受和认可,进而有效运作,并在社会转型的进程中保持长久的生命力和乡土性。无疑,这是法学家和社会学家们必须要走出书斋才能解答的新课题。④

---

① 法学教材编辑部:《西方法律思想史参考资料》,北京大学出版社1983年版,第869期。
② 费孝通:《文化自觉的思想来源与现实意义》,《文史哲》2003年第3期。
③ 曹锦清:《黄河边的中国》,上海文艺出版社2000年版,第2页。
④ 赵晓峰:《孝道沦落与法律不及》,《古今农业》2007年第4期。

第七章 新孝道与村社秩序重构

孝道既是一种家庭代际伦理规范,一种村庄共识的礼仪规范和人际交往与互信的基础,同时也是体现国家与社会关系的一个重要方面。国家的社会政策、养老保障、社会管理,乃至政治社会的治理理念,都在孝道的制度化设计中得到了充分体现。

在家国同构的传统中国,孝道担当的是维护社会政治秩序稳定的使命。[①]孝道的文化原型主要奠基于中国人家庭对宜农生态环境的适应策略,是为巩固家族结构来满足务农社会之实际生活需求,透过将家庭日常运作与其经济功能紧密连结,孝道规范逐渐从生计生活经验中演化成形,借以促进家庭体系之整合与延续;同时又在人为的政治力量作用下,将儒家特定的伦理阶序观强化为孝道规范的依据,使孝道意识型态从繁复细致的文化设计进一步成为华人首要的生活德性[②]。可见,孝道已经从原初的亲子代际情感交流,变为家族生存和发展的治理法则,并且衍化为"孝治天下"的道德政治观,即所谓"家和万事兴""忠孝传家""一等人忠臣孝子,两件事读书耕田"。静态的生产和生活方式,加上靠读书入仕的流动的社会结构,就形成了一种文化秩序——教育、德育和政治的关联,读书

[①] 《孝经》以孝为中心,将"孝"划分为五等,肯定了当时的尊卑等级秩序,并突破家庭伦理的限制,贯通亲亲与忠君,移孝作忠,体现了伦理孝道与王权政治的结合。"孝"上升为治国之条目,守社稷之纲领,天子通过从上到下的示范作用以"孝"化民,臣民以孝顺命尊君,达致"天下和平,灾害不生,祸乱不作",体现了一种"以孝(德)治国"的理想政治思维模式。参见王贞:《〈孝经〉"以孝治国"理想政治模式论略》,载《华中科技大学学报》(社科版)2011年第4期。

[②] 杨国枢、叶光辉、黄曬莉:《孝道的社会态度与行为:理论与测量》,《中央研究院民族学研究所集刊》(台湾),1989年第65期,第171—227页。

的士人上要为朝廷效力,时刻准备入仕,下要充当道德的楷模,教化民间礼仪。

近代以来,随着君权的旁落,民权的张扬,国家—社会关系发生转型,由个人—家庭(家族)—国家的臣民—国家到人权—社会—国家的公民—国家转变,孝道的社会功能和政治功能日渐分离,已经不能再"移孝为忠"了。近代以来的政府尽管也提倡尊孔读经,提倡仁义礼智信的德治文化,但由于民主意识和个性解放的冲击,政府已经不能像传统的国家那样"以孝治天下"了。例如五四运动时便出现不少力倡反孝论的声浪,其认为孝道传统对个人独立性格与思想自由会造成负面影响,使人无法克服专制思想,有碍民主体制建立[①]。但在由血缘和亲族纽带维系的村庄里,孝道依然起着维持人伦秩序和村庄社会稳定的作用。

中华人民共和国成立以后至改革开放初期,一方面党组织通过农会等群众组织改造旧有的家族组织,建立农村党支部和生产队等,"破四旧",走以生产队为单位的合作化道路,尤其是到了人民公社时期,国家实现了对农村社会的控制和改造,孝道不再被提倡,孝道所赖以维系的社会结构——家族制度逐渐式微;另一方面,落后的社会保障能力根本做不到养老社会保障,因此,孝道作为养老的职能仍然被肯定。而且由于土地公有化以后,族田、学田等家族公共土地已经被重新分配,家族承担养老恤孤的历史走到了尽头,家庭养老成为主要的形式,作为与家庭养老相匹配的那一部分"孝道"得到国家的提倡和支持。在这一时期,由于国家的强有力干预,农村的孝道纠纷并不多见。

随着20世纪80年代改革开放的逐步推进,党和政府工作的重心真正地从农村转移到城市,以经济建设为中心,于是农村出现了两个相伴而生的趋势:一方面农村劳动力大量外出务工,深刻地改变了生于斯、终于斯的静止社会结构;另一方面国家采取了放手让农村村民自治的管理方式,在农村社会转型期,出现了价值紊乱和社会失序的现象。这一时期的国家主要是提供扶农和惠农资金,而缺乏对农村良性社会组织和村庄优良习俗的培育与引导,致使农村出现了孝道异化、诚信流失、公权力不受监督等失序状态。站在乡村治理的角度,如何发

[①] 吴虞:《家族制度为专制主义之根据论》,《新青年》第二卷第六号,1917年2月1日;陈独秀:《陈独秀文章选编(上)》,生活·读书·新知三联书店1984年版,第74页。

掘传统的孝道资源,借鉴其他国家和地区的文化政策和机制,构建中国当代农村社会新秩序,理应成为社会主义新文化建设的题中应有之义。

一、传统孝道与家国同构的治理秩序

孝道不仅是传统社会养老的文化价值观念基础,承担了传统社会养老的任务,而且孝道文化与家族社会之间有着内在一致的自适性和高度的契合性,二者是一个相互支撑匹配的体系。换言之,孝道产生并根植于古代的宗族社会,而宗族社会则又借孝道而保持自身系统的有序和稳定,形成宗法社会。聚族而居的生产和生活方式又为孝道养老提供了空间、时间、责任归属、经济来源等诸方面的保障。孝道文化的社会化,孝治天下的政治化,求忠臣必出于孝子之门的意识形态化,以及举孝廉、省亲、三年守孝、存留养亲等相关的政治社会制度,"五刑之属三千,而罪莫大于不孝"的严惩入刑的法律制度,都从不同的方面保证了孝道养老的最大效力。[①]孝道的践行得到了自下而上和自上而下的双重支持,道德的社会化使其具备了社会心理的基础和行为规范的量化标准,道德的政治化又使孝具备了无须论证的至上合法性以及国家法律的支持。可见,孝道在家国治理中发挥着结构性的聚合作用,成为论资排辈、区亲别远、长幼有序的秩序维护者。

(一)"家天下"的治理结构与以孝治国

中国传统社会的家庭既不同于现代的中国家庭,也不同于西方社会的家庭,而是基于宗法封建制度的大家庭。在大家庭的基础上,人们聚族而居,形成了很多同姓的自然村落,血缘之根与地缘之脉相结合,聚合成了中国的乡村村落。国家对乡村的治理主要依靠的不是行政机构和国家官僚系统,而是借助于家族自身的管理制度来维护乡村社会的稳定有序运行。在小农经济基础上建立起来的王朝国家,为了维护大一统的天下,除了依靠军队和委派的官僚之外,皇帝还把

[①] 肖群忠:《孝道养老的文化效力分析与展望》,参见张志伟主编:《在人大听国学》,江西人民出版社 2009 年版,第 241 页。

家的伦理逻辑移植到国的治理中。也就是通常所谓的"修身齐家治国平天下"家国同构三位一体的治理方式。宗法血缘关系对于社会的许多方面都有强烈的影响,贯穿于人们经济社会生活的各个方面。比如人们习惯于把家庭伦理和处事方法迁移运用于职业关系、社会交往等非家庭的场域,按照差序格局,称兄道弟,师生关系也是师父和徒弟的称谓。"尤其是宗法与政治的高度结合,造成了家国一体、亲贵合一的特有体制",县官被称为父母官,皇帝更是被看作全国人民的衣食父母。这种社会政治传统的形成,对中国古代社会产生了极为深远的影响,使"整个封建时代都以家庭为社会的基本构成单位"。[①]

在传统的中国社会里,个人如果脱离了家族的支持很难得到发展,甚至生存都会成为问题。土地的耕作、农业生产的进行与维护、水权的争夺与控制等,都是个人力所不能及的,要依靠持久而稳固的共同体单位——大家庭来进行,家族成为农业经济生活和社会生活的核心。

此外,家族的发展壮大和个人的发展机会和空间紧密相关,寒门子弟和豪门子弟晋升的机会不可同日而语,"朝中有人好做官",同样个人的成功也会为家族争光添彩,"一人飞升,仙及鸡犬""光宗耀祖"。在对外交往中,每个成员都是本家族的门户,背后代表着家族的门面和家风。从古语中常见的"家门不幸""家道中落"等表述中,不难看出家族成员事业的成败与家族兴衰之休戚相关的程度。在家族之间的纠纷与争讼时,也是聚族而战,"打架亲兄弟,上阵父子兵""兄弟阋于墙外御其侮"。历史上的戚家军、曾国藩组建的湘军等都利用了父子兄弟齐心对外、报德复仇的血缘关系。包括在生老病死,及对鳏寡孤独的照顾方面,家族都发挥着重要的作用。

当然,家族的发展也要依靠横向与纵向的发展,横向的发展包括政治权力的获得和经济势力的扩张,纵向的发展包括家族人口的繁衍、男丁兴旺。

为了家族的生存和延续,和谐与团结、有序便成为家族结构内在的要求。在五世同堂的大家庭内,为了维护家族的和谐、凝聚,家族成员间有着森严的等级制度。族长手握大权,说一不二,晚辈必须要对长辈依顺服从,从财产分配到婚丧嫁娶,长辈都有一锤定音的决定权。"不孝有三无后为大",为了家族的香火不

[①] 张晋藩:《中国法律的传统与近代转型》,法律出版社 2005 年版,第 116 页。

断,必须要传宗接代。要奉养父母,要敬兄友弟,"父母在不远游"。为了维护这种有序互助单位的稳定,就要使子女自幼养成这些观念、心理和行为,这些行为经过社会化以后便演变为意识形态化的孝道。①

家庭一直被视为农户经济生产的重要单位和个体生活的主要来源,同时也寄托了中国人的情感。"无论是作为效忠的对象或个人幸福的源泉,家庭都比社会重要。"②所谓"家和万事兴",在传统的农本社会中,家庭承载着安民乐土固邦的独特作用。

家族作为传统农业社会的主要团体,自幼生活于其中的强烈经验和习惯,使中国人养成一种明显的心理与行为倾向,将家族以外的团体或组织家族化,也就是将家族中的结构形态、关系模式及运作原则前已推广到家族以外的组织(如社会性、经济性、宗教性、文化性或政治性团体或集体)中,这些非家族组织的管理方式和处事原则处处浸透着家族的温情和人情的逻辑。迄今为止,中国人还习惯于在各种职业或陌生人的场合以家庭成员称呼打招呼。并且,家国同构的国家治理模式,把国看做家的放大,把小农对家的认同延伸引导为对国的认同,作为政治统治机构的国嫁接于社会单位的家之上,官吏被尊称为"父母官",理想的皇帝应"爱民如子"如同慈父,皇后便是母仪天下的国母。③

儒家思想关于忠与孝的观念建构,其巧妙之处在于,由亲情奠基的父子人伦,被当政者置换为君臣之义,"家国同构"的社会格局造就了民众的广泛政治认同。在传统中国,家是国的微观胚胎,国是家的宏观成体,家与国成为全息的基础和放大体。"中国以父辈家长为中心的家族制和宗法组织,虽然是在专制——官僚的政体实现以后更加强化了,但在这以前,却显然存在着这样一个可供官僚政治利用的传统。国与家是相通的,君权与父权是相互为用的。"④国与家的共通性,使得"三纲五常"成为治国齐家的通用规范。它既明确了个人与家族的关系,也界定了个人

---

① 叶光辉、杨国枢指出:从文化生态学的观点来看,孝或孝道是一种复杂而精致的文化设计,其功能在促进家族的和谐、团结及延续,而也只有这样的家族才能有效从事务农的经济生活与社会生活,达到充分适应适农的生态环境。参见叶光辉、杨国枢:《中国人的孝道:心理学的分析》,台北:台湾大学出版中心2008年版,第40页。
② 费正清:《美国与中国》,世界知识出版社1999年版,第114页。
③ 冯崇义:《农民意识与中国》,中华书局(香港)有限公司1989年版,第16页。
④ 王亚南:《中国官僚政治研究》,中国社会科学出版社1981年版,第41—42页。

与国家的关系。这样由个人到家再到国,逐步放大,传统农民对家庭和家族的忠诚被牢固地转化为对国家的认同。正是看到了这一点,国家的统治者非常注重"在家族生活中灌输的孝道和顺从,这是培养一个人以后忠于统治者并顺从国家现政权的训练基地"。①国家的统治者也深刻意识到,乡村的治理不能单纯诉诸横暴的权力,伦理教化也须"春风化雨"渗入其中。要以《论语》《诗》《书》等建立社会道德规范,以德治国。于是孝便被置于"百德孝为本,百善孝为先"的重要基础位置。

(二) 忠孝传家的教化仪式和规范:村庄里的国家

中国古代的国与家以"家国同构"而相通。以血缘为基础的宗法制度,不仅是百姓家族维系的纽带,也是皇室家族稳定的裙带。家天下成为沟通皇帝与臣民的桥梁,率土之滨莫非王臣。聚族而居的村庄成为透视国家治理结构的一个窗口,而国家也就是建立在众多小农家庭基础之上的特权皇族。宗法家族制度与政治制度的结合,奠定了亲贵合一的体制基础。以君权为核心特征的政权系统和以族权为核心特征的家族系统,一直延续中国封建社会始终,成为保障社会秩序稳定和政治稳固的两条轨道。在这个双轨的社会治理系统中,代表"民间法"的家法族规与代表国家法的刑律相对应而存在,在长期的历史演进过程中,家法逐渐完善并向国家(官府)法靠拢,两者互为补充。这种二元并存的法律结构支撑了族权与皇权的双轨政治。

在"亲贵合一"的"礼治"时代,"为国以礼"与"为家以礼"是一脉相承的。春秋战国以来,随着大一统趋势的加强,尤其是秦朝的建立,为了适应中央集权的大一统国家的治理需要,单纯依靠礼治显然已无法做到"小国寡民"时代的统治,而且秦朝本身的统一就是依靠武力征战实现,焚书坑儒,重用法家,进入了"以法治国"的"法治"时代,自三代以来"为国以礼"的"礼"受到冲击。"自汉萧何因李悝《法经》增为九章,而律于是乎大备,其律所不能赅载者,则又辅之以令。"②《史记·郦生陆贾列传》:"陆生(陆贾)时时前说称《诗》《书》。高帝(汉高祖)骂之曰:'乃公居马上而得之,安事《诗》《书》!'陆生曰:'居马上得之,宁可以马上治之乎?且汤武逆取

---

① 费正清:《美国与中国》,世界知识出版社1999年版,第22页。
② 薛允升:《读例存疑》自序,时光绪26年,薛氏81岁。

而以顺守之,文武并用,长久之术也。昔者吴王夫差、智伯极武而亡;秦任刑法不变,卒灭赵氏。乡使秦以并天下,行仁义,法先圣,陛下安得而有之?"据此提出礼主法辅的治理思想,后来董仲舒进一步提出"罢黜百家,独尊儒术"的统治策略建议汉武帝实行,自此而后,儒士所能做的就是在承认大一统王朝律令体系的前提下援礼入律,以礼之原则改造秦制。随着国家层面律法的完备,而"为家以礼"的"礼"开始被纳入国家认可法律的轨道。西汉以后,宗法制度不断完善,家法族规也应运而生。尤其是在宋代,以知识分子(乡绅、儒士)为代表的地方精英以礼教为己任,在地方社会秩序的维护与运营中发挥了中坚作用。

在封建传统社会,家法被赋予了和国法相近的合法性。家法的完备,大大减少了社会犯罪率,节约了政府社会治理的成本,被历朝历代的统治者所看重而加以提倡。"家之有规犹国之有典也,国之有典则赏罚以饬臣民,家有规寓劝惩以训子弟,其事殊,其理一也。"①宋代的理学大家朱熹也非常注重"家规"和"家训"的重要性。他从实践的角度把修身、齐家与治国、平天下联系起来,"家政不修其可语国与天下之事乎。"②

在维护孝道方面,家法起着国法不可替代的作用。因为"天高皇帝远",传统的基层社会是士绅主导的自治型社会,村民与国家只有在交粮纳税和诉讼至官府时才接触,小政府和自治散漫的小农社会里,国家法律更多时候是悬挂在公堂里的权威符号,"清官难断家务事"说的就是执行的问题,单纯的对不孝行为的惩罚很容易做到,但"孝做到什么程度"还是要靠邻近资源的监督,国家监管在这里存在一个空白。家法族规便凸显出更强的有效性,如安徽《刑氏家谱·家规》记载:"若有不孝舅姑、不和妯娌,……必惩之。"《江西临川孔氏支谱家规条例》:"诛不孝。不孝之罪:游惰、博弈、好酒、私爱妻子、货财与好勇斗狠、纵欲,皆不孝之大。一经父母喊出、族长察出,重责革并,犯忤逆,处死。"③国法对家法的认可,或者说家法是国法的延续和细则化、实施机制化,在对礼教和道统的共识下的解读之后,孝道礼法成为沟通家与国的一个领域,借此伦理和政治进一步结合,家

---

① 安徽:《仙原本溪项氏族谱》卷一,《祠规引》,转引自张晋藩:《中国法律的传统与近代转型》,法律出版社1997年版,第115页。
② 《朱子文集》,《语类》卷六十八。
③ 转引自朱岚:《中国传统孝道的历史考察》,台北:兰台出版社2003年版,第238页。

（族）长既是家族内的立法者，又是裁判者和法律的执行者，家成为国的缩影，在这一意义上，我们可称之为"村庄里的国家"。

作为天下苍生的总家长，皇帝总是被期许着为其"子民"及其家庭立法的神圣使命，金口玉言、一视同仁地看顾其"子民"。因此，国家法层面上的"家法族规"，在古代中国有着不容置疑的地位。国家不仅通过颁发系列成文的法规法典来确立族长、家长的治家之权，而且还支持并认可族长、家长制定的具体家法和族规，家法的有效性得到官方保护。在维护社会秩序方面，家法发挥着与国法同样的职能，孝子忠臣，家固邦宁。

作为维护自然经济和封建宗法制度的产物，家法族规在某种程度上阻碍了商品经济和人们私有、交换、平等、自由等观念的发展，延缓了封建社会发展的步伐。但另一方面，它在某些具体问题上也带有一定的合理性。比如，供养鳏寡孤独废疾者，赈济灾民、流民，禁止溺婴弃婴，支持民间教育，养老敬老等，这些都是国家与法律力所难及之处。

（三）"孝"的大传统和小传统

人类学家、社会学家为了研究和叙述的方便，把传统分为两类：一类是社会上层、知识精英所奉行的文化传统，他们称之为"大传统"；一类是流行于社会下层（特别是农村）、为普通老百姓所遵行的文化传统，他们称之为"小传统"。① 两

---

① 大传统（great tradition）和小传统（little tradition）这对概念是美国人类学家罗伯特·雷德菲尔德（Robert Redfield）在研究墨西哥乡村地区时提出的。他认为："在一个文明中，存在着一个具有思考性的少数人的大传统和一般而言不属思考型的多数人的小传统。大传统存在于学校或教堂的有教养的人中，而小传统是处于其外的，存在于不用书写文字的乡村社区生活中。哲学家、神学家、文学家的传统是一个在意识上的培养的传统，并输送下去。而最大部分人民所属的小传统被认为是被赋予的，不用仔细推敲的或被认为要提炼和润色的文化。"（Redfield Robert. *Peasant Society and Culture*，Chicago：University of Chicago Press，1956. p.70.）"两个传统是相互依赖的，大传统和小传统之间有持续而长久的影响过程。"（同上书，pp.70—71）雷氏的大小传统概念提出之后，在学界引起广泛讨论。研究大众文化的欧洲学者用"精英文化"（elite culture）与"大众文化"（popular culture）对雷氏的大小传统概念进行了修正，认为在欧洲的地区历史上，两者之间的传播是非对称性的。这种非对称性跟两个传统的传播方式有关：一方面，大传统通过正规的、封闭的、不对大众开放的学校系统传播民众被排除其外；另一方面，小传统通过非正式途径传播，如教堂、小旅馆、市场等，向所有人开放。因此，实际上精英参与了小传统，而大众却没有机会参与大传统。从而，由于上层精英的介入，小传统被动地受到大传统的影响，而地方化的小传统对大传统的影响则微乎其微，形成了是一种非对称性的文化流动。（参见庄孔韶：《银翅：中国的地方社会与文化变迁（1920—1990）》，生活·读书·新知三联书店2000年版，第482页。）

种文化传统在中国的历史上是相互对流和影响的,"礼失求诸野",即是大传统或曰精英文化对小传统或曰草根文化的汲取和借鉴。知识精英对乡土礼俗的诠释和仪式主持则又是大传统对小传统的影响和演变。

对于孝道而言,在大传统中体现的是忠孝的观念及其意蕴;在小传统中则更多地表现为孝之亲情、面子、风俗、仪式、节日灯的集体记忆和实践。孝道观念之所以在中国历史上源远流长、根深蒂固,是因为大传统和小传统的共鸣和合奏。如前所述,国家以农立国,以孝治天下,忠孝思想渗透于国法和国策之中。然而,国家的意志能否灌输到"天高皇帝远"的自治性很强的村庄社会中,关键还要取决于国家和农民之间的代理统治阶层——乡村士绅。

士绅(又称绅士、缙绅、乡绅)是指地方乡里上的有文化、有社会地位的人,一般是指至少拥有基层的科举头衔(秀才或生员)、在野的并享有一定政治和经济特权的知识群体。包括科举功名之士和退居乡里的官员。他们不在野,但却享有一定的功名特权;他们没有政权,但却有势力能够影响政权。在中国传统社会中,以士绅为代表的精英层一头连着国家,一头连着民众,构成强社会、弱国家社会整合模式的基础。

士绅群体的壮大和唐朝科举制度的不断发展紧密相关,此后绅士-地主集团开始兴起,并逐渐取代了贵族-地主集团的地位,该知识群体对国家和皇权的依附性增强①士绅凭借所掌握的道统、声望、权力以及土地方面的文化、社会、经济多重资本优势,在分散的小农中,获取到巨大的影响力。②科举制度既是士绅阶层得以形成的制度凭借,"鲤鱼跳龙门"之后的士绅在科举制的核心思想主导下自觉接受国家意识形态的灌输,久而久之,形成"士大夫"的主导意识形态,并以多种形式转化为一般农民的共同意识,从精英文化普及为草根文化,从而为庞大帝国体系构架了相当完整的大众化的思想控制体系,并奠定了相对有效的合法性根基,国家的意识形态和庶民百姓的生活信仰相融合。③因此,民间统治精英与民众、民间统治精英与国家、国家与民众之间建立起一种较有弹性的关系④,

---

① 孙立平:《改革前后中国国家、民间统治精英及民众间互动关系的演变》,《中国社会科学季刊》1994 年第 1 期。
② 徐勇:《非均衡中的中国政治:城市与乡村比较》,中国广播电视出版社 1992 年版,第 56 页。
③ 贺雪峰:《乡村治理与秩序》,华中师范大学出版社 2003 年版,第 202 页。
④ 孙立平:《改革前后中国国家、民间统治精英及民众间互动关系的演变》,《中国社会科学季刊》1994 年第 1 期。

实现了国家整合与社会自我整合的统一性。

通过乡村民间精英的示范和教化作用,孝道的大传统实现了对小传统的整合,而小传统在保持地方性特色的基础上和秉承国家意志的大传统——统一的官方意识形态相接轨。这样孝道便由治国之本转化为士人立身行事之范,进而衍化为乡民生于斯终于斯的孝子故事和孝行仪式,成为村庄社会忠孝的民风。此之谓"民可使由之,不可使知之"的小传统化育之功能。

二、转型期的孝道与村庄秩序的异化

陈志武在《对儒家文化的金融学反思》一文中指出:当外部金融市场不发达或根本就不存在时,社会组织特别是"家庭"承担着最重要的经济交易(尤其是风险交易)和感情交易功能。为了保证家庭、家族内部的这种隐性契约交易能"安全"地进行,为了降低交易成本,"文化"就必须具备一些基本的保证契约交易能执行的内容,儒家的"孝道"文化以及相关名分等级社会秩序的作用也在此。[1]李金波、聂辉华在《儒家孝道、经济增长与文明分岔》中进一步得出:在信馈市场极不完备的古代,孝道作为一个独特的代际契约履约机制,能在一定程度上克服代际契约中的证实和承诺问题,从而以一种增加储蓄的方式有效促进古代社会的经济增长。"对于储蓄机制不发达而又频遭灾害和饥荒的古代社会而言,孝道的推行将有助于提高后代人对前一代人的回报水平,激励前一代人向其后代作出更多的代际转移,进而提高经济的总福利水平。换言之,孝道提高了'储蓄'的回报率,激励人们增加储蓄,从而提高了社会总产出。"[2]二者均从经济学的角度来阐释孝道的代际交换,或者以一种利益均衡或代际博弈的视角来看传统中国的孝道实质。其实,这种分析框架尽管具有新颖性和一定的解释力,但作为传统的孝道绝非只是一种制度经济学的安排,更是一种社会秩序的形态,乃至于沟通宗教与现世生活的精神状态。孝道的传承与国家的政策、市场的发育、社会变迁、家庭结构等诸多因素相关。

---

[1] 陈志武:《对儒家文化的金融学反思》,《中国新闻周刊》2006年11月21日。
[2] 李金波、聂辉华:《儒家孝道、经济增长与文明分岔》,《中国社会科学》2011年第6期。

1978年以来,中国实行改革开放政策,以经济建设为中心以及由计划经济向市场经济的转变大大推动了社会的整体性发展。1984年人民公社制度彻底废除,家庭联产承包责任制开始实行,行政共同体瓦解了,乡村社会随即出现了严重的转型期秩序危机。无论在村落内部还是在国家范围内,乡村都失去了可控制的秩序资源,乡村居民日趋个体化或"原子化"。①由于历史的惯性,农村中的各种风俗习惯依然保持,拜年、祝寿、腊八节、清明上坟、丧葬三日礼仪、出嫁女儿回门等习俗在今日的G村仍流行着,人情往来也并未减少,但礼物的交换背后所承载的道德责任和价值取向,隐藏着世态炎凉的真实背景。于是,一方面我们看到了乡村面貌的改善,大部分居民的生活水平得到极大提高;另一方面,"共同体的纽带日益变得可有可无了……随着民族联系、地区联系、共同体联系、邻里联系、家庭联系以及最后与某人自我前后一致的理念的联系的持续弱化,个人忠诚的范围也缩小了。"②从目前农村具体情况来看,这种"工具性差序格局"③不是在减弱,而是处在不断增强的态势中。

随着外部金融市场的发展,"家"作为生产分配和经济交易的功能逐渐弱化,市场化浸淫着人们的固有观念,"家"越分越小,对于常年外出打工者而言,"家"仅成为一个"回家过年"的感情栖留所。孝道也就渐渐沦落为一种历史记忆和不受监督的内在责任。在老人和年轻人之间、农耕文化和工业文明之间、村落共同体和外出的城市之间、父母的家庭教育和新闻媒体、电视节目社会化教育之间,呈现出孝道观念的多歧化趋向,社会道德价值标准紊乱,农村社会道德规范失序。

---

① 关于原子化(atomization)这一概念,柯恩豪塞(William Kornhauser)和弗里德里希(Carl J. Friedrich)曾做过解释。他们认为社会上个人与个人的联系很少,主要通过与一个共同权威的联系才得以建立,而不是直接发生联系,不是生活在一个互相依赖的群体之中。孙立平在此基础上确定了两个方面的内涵,一是个人间社会联系的薄弱,二是在追逐自己利益时,是以个人而不是以群体的形式行动的。参见孙立平:《关系、社会关系和社会结构》,《社会学研究》1996年第5期。

② [英]齐格蒙特·鲍曼:《共同体:在一个不确定的世界中寻找安全》,欧阳景根译,江苏人民出版社2003年版,第57页。

③ 原子化关系模式在很大程度上是以李沛良所提出的"工具性差序格局"而表现出来的。即社会联系以我为中心,从内到外、从亲到疏建立;人们建立这种关系的实质就是有利可图;关系越亲密,就越有可能被中心成员用来实现其利益目标(李沛良,1993)。这一理解相对淡化了"差序格局"中传统文化的因素,而强调个人利益的动机性。虽然李沛良用这样的关系模式解读中国香港地区社会关系,但事实上这同样适合解读当代中国大陆农村的社会关系。参见李沛良:《论中国式社会学研究的关联概念与命题》,载北京大学社会学与人类学所编:《东亚社会研究》,北京大学出版社1993年版。

(一) 静止走向流动:市场对孝道的侵蚀

市场是调配生产要素和经济资源的一个杠杆,也是民主政治赖以形成的一个母体。基于平等、自由、谈判、机动基础之上的交换能促进经济和社会的发展。但市场的等价交换是在交易的主题对等的情况之下且有契约和中间人、法庭、律师的存在为保障的。西方社会的代际关系属于接力型,父母把子女养育成人(年满18岁)责任即告完成,而且父母与子女之间都是相互独立的,是以亲情为纽带的有限责任的独立个体。父母年迈以后会从政府那里获得社会保障,无需子女养老。中国的代际关系则是互惠式反哺型,羊羔跪乳,乌鸦反哺,父母抚养子女是无限责任制,同样到父母年老之后,子女要回报养育之恩,父母和子女之间是负相互连带责任的不完全独立的家庭成员,对于每个上有老下有小的人来说都既要对上养老对下抚幼,父传子承,责任和权利相连。这种代际互惠关系根植于传统的小农经济社会,重农抑商,重义轻利,责任本位。市场经济潮流下,交换的趋利性增强,"天下熙熙皆为利趋,天下攘攘皆为利往",市场人关注现世、现时的利益,尽孝不再被传颂。子女也开始与父母在盖新房、娶媳妇、带孙子、帮干活等方面讨价还价,而且也在依照人情市场考核父母——谁家的爹娘给儿子资产多、谁家的爹娘用处更大、谁家的爹娘更有本事,据此确定应给父母的报酬如给多少生活费,给多少柴火钱,去看望老人几次。或者干脆以钱代役,给父母一点零花钱,就算是表孝心了。市场经济正日益侵蚀着维系中国数千年的孝道风俗。

近些年来,G村受市场经济的影响日显,尽管地理位置远离城市,但与外界频繁的交流使得村庄里的人们尤其是年轻人价值观念发生深刻转变,主要表现在如下方面:

首先,"金钱至上""交换主义""价值本位""享乐主义"等价值观念伴随市场汹涌而来,改变了村民原来"本分""诚实""以孝老爱幼为天经地义"的淳朴质性,以前的老人教导子女"狗不嫌家贫,儿不嫌母丑""吃水不忘掘井人",但现在很多村民对父母的孝敬潜意识里以能否获取利益来衡量,或者把父母提供自己的条件与别人的父母提供的进行比较,从而算出自己孝敬老人的"标准"。

其次,村里的许多人(特别是年轻人)常年外出打工,远离了家乡,也远离了固定的生活村落和群体,他们在不同的城市里打拼。相较而言,年轻人更向往和喜欢城市的流行文化,认为入乡随俗才能更好地生存,而且城市里的文化代表着现代化和时尚潮流,对传统文化认同感下降。调研中很多的年轻人对于二十四孝几乎全不熟悉,而很多的老年人却能按篇章典故娓娓道来。在20世纪80年代、90年代年轻人外出打工,一般都会把赚的工钱大部分交给在家务农的父母,用于减轻父母的家庭经济负担。时至今日,追求自我发展、积攒个人小金库的打工目的取代了侍奉父母和为父母分忧的传统美德,外出打拼赚钱娶妻生子成为第二代农民工人生的首要任务。而随着在外时间的延长和半径的扩大,他们很难顾及家里留守老人的饮食起居,更不要说为老人提供持续有效的生活照料和精神慰藉了。古人"父母在,不远游"的孝道理念在现代社会已被忽视和遗忘,为了个人的发展,很多农民工带妻携子远走城市,留下年老的父母在家打理农地,看家护院。现代的价值观和经济生活方式排挤了乡村中的温暖亲情,孤独留守的老人们开始困惑:活着到底是图个啥呢?调查发现,村里人普遍认为,那些"在外面当大官的人""能赚很多钱的人""在外面混得好的人"是最有本事的人,是大家都艳羡的人,至于是否孝顺父母及品德的好坏则不被考虑。十年以前村民还会以道德评论从村里走出去的楷模,"人家高某某当兵,后来做了团长,留在省城,前些年老父亲生了一场大病,在家里的3个儿子都不准备给老人家整治了,都已经给穿好了寿衣,准备入棺了。高某某从省城开车回来硬是把老爹拉到省城大医院救治,老头竟然又活过来了。这不身边的儿孙一群,不如一个知书达理、不忘报恩的在远方的儿子!孝子的楷模啊!"在今天的G村,笔者经常听到类似的评价:谁家的儿子厉害,能赚钱,是个人物;谁家的姑娘会赚钱,真了不起;等等,且提起来都是一脸的羡慕。这在过去的历史上是没有的。有些仅是道听途说,比如谁谁家儿子在外面一年好几万,但一传十,十传百,最后被传成几十万,成为村人教育儿孙学习的榜样。可见,价值观念的流于偏颇,重物质和能力,轻精神和品德,这些成为农村孝道变化的一个重要原因。

再次,农民传统价值世界的坍塌也是孝道衰落的主要原因之一,在传统的农业社会,以儒家思想为主导的宗族自治和乡村社会关系结构的特殊性之间形成了耦合机制,这种机制可以产生持续不断的整合力量,使生活在乡土社会中的人们任何行为都受到传统的礼制制约,但这种礼制的约束并非是外在的,而是自幼习得、经过内化的道德认同,在稳定的文化传统的熏陶下,从俗即是从心。①"村民在同一文化场景中体验并遵从村庄文化网络的张力"。②这一文化张力所带来的影响积重成习。但随着市场化力量对村庄生活冲击的加深,乡村社会传统文化的支撑力不断减弱,村庄文化网络的张力渐趋式微,文化关联不足以形成集体行动和社会整合。国家力量从农村的撤出,与此相应的是村民自治的提倡,试图以此来重构农民对村庄共同体的认同。但传统文化张力的丧失和新式自治的行政化、逐利化,使得村民交往活动中不再严格遵从他们曾经固守的共同规范,缺失文化关联的村庄社会难以形成集体认同。孝道问题不是一个单纯的社会行为问题,也不仅是社会失范问题,而是村民由于缺失文化关联难以建构起家庭伦理观念的共识,是一种价值观的坍塌,导致了原来村庄共同体秩序的解构。

原来在泛孝主义影响下的村民互助、互敬、互信的共同体碎裂化。在 G 村,以往都是按照血缘姻亲交织而成的亲属式称谓,村民见面都要打招呼,尤其是对长者(辈分高)要尊敬。不管你的社会地位有多高,经济能力有多强,进入 G 村都要"入礼"。但近些年随着村庄的社会分层加剧,"能人"与"头人"的交往固定化,强势的家族和边缘化的分支逐渐疏远,以至于"有本事"的年轻人已经不再尊称长者和老者,而是直呼其名。以往老人都会"管事",看不惯的不讲理的事都要管,比如邻居吵架、婆媳矛盾、羊啃了庄稼等日常纠纷大家都会劝阻和评理,一旦有外来入侵挑衅者,全村一条心。利益的分化,阶层的区分,村民开始考虑自己的利益而不愿得罪任何一方。原来同村人之间的借贷,小额都是君子之交,大额的找位年长而有威信的老人见证即可。现在的借贷都要立字为据,还要请保人。在村里也曾发生过借贷人作弊不肯归还贷款的经济案件,保人将其告上了法庭。足见,在市场化的今天,以往"亲戚连着亲戚"的熟人互信机制已经遭到破坏。村官也丢掉了传统时代"乡里乡亲,不敢胡作非为"的政治道德包袱,而是撕破了脸皮聚敛钱财,下台卸任后在城里买套好房摇身一变成为"城里人",也不怕村民说道。婆媳纠纷,几个儿子、儿媳之间因为养老问题而打斗甚至拼命的事常有发生。以往给儿子找媳妇或给女儿找婆家,都要调查对方父母的家庭条件和品性、

---

① 费孝通:《乡土中国·生育制度》,北京大学出版社 1998 年版。
② 曹海林:《村落公共空间:透视乡村社会秩序生成与重构的一个分析视角》,《天府新论》2005 年第 4 期。

人缘,其中一个重要参考便是对方父母是否孝顺,据此判断这家人是否忠厚诚实,是否可交。但随着 G 村的市场化进程,现在人们更多地关注婆家或娘家的经济条件或权势地位。市场是构建新型社会秩序的一个基石,但不加干预的市场并不会自动产生一个良性的社会秩序,反而会加剧转型社会的失序状态。

(二) 国家从强力介入到淡出

如前所述,孝治的实施,不仅要有道德的倡导和政治权力的推行,还要有法律的保护。如作为中国传统社会较为系统、完备的《唐律》,以"一准乎礼"而著称。无论在立法精神、原则,还是法律条文、法律适用、司法解释都体现出"引礼入法"的特点。宗法等级制度为基石的法律,保护孝道得以执行的社会经济制度,比如财产权是家长制的物质基础和行使父权的经济保证,古代的法律基本上剥夺了卑幼者支配家庭财产的权利,"尊长既在,子孙无所自专。若卑幼不由尊长,私辄用当家财物者",罪可杖一百。① 非但如此,法律还把"不孝"列为罪行。"五刑之属三千,罪莫大于不孝。"(《礼记·曲礼上》)对于打骂父母、祖父母,不尽孝道的行为予以极端严厉的惩罚,以保证孝道在社会上的落实与执行。在 G 村老人的历史记忆或曰符号观念中,"七十不打,八十不骂",老人会定期得到政府的粮食、鱼肉和被褥的资助和照顾,他(她)们在处理与儿孙的关系时,觉得有"王法"可依。

自清末以来,中国一直在进行现代化的历程。对于村民具体的家庭生活而言,现代化的深入意味着将宗族及其权威等要素逐步祛除。中华人民共和国成立后的基层政权和公社组织尽管对于传统孝道的代际尊卑秩序形成了彻底冲击,但也肯定并保障了孝道对于养老的积极作用,维护了单一化的乡村社会秩序。而新时期,随着国家政权逐步淡出乡村基层,乡村却并未实现真正意义上的有序整合。权威的缺失,政权的痞化,国家政权的收缩,一个类似于"真空"的地带在当今的不少乡村出现,它缺失了来自基层社会的自我管理能力,原来自上而下的全面管理又由于成本的因素而从农村收缩,除了维持治安和稳定的派出所、武装部以外,乡镇政府基本上形同虚设,而且也干预不了村委会的选举,原子化

---

① 《唐律疏议》卷十二,中华书局 1983 年版,第 241 页。

的农村只能是"劣币驱逐良币",社会黑恶势力相当程度上窃取了村委权力,产生了逐利性的村干部集体。对于村民的家庭生活来说,尤其是老年村民的家庭生活来说,它是很危险的。①村庄里养老纠纷中的暴力和老年人自杀等恶劣后果的发生,同国家在村民家庭生活中的淡出是密切相关的。在G村所有的养老纠纷中,没有被提交到法庭的,甚至没有被提交到乡政府的,这意味着G村养老纠纷的解决几乎不求助于村落的外部力量。

何为下层民众心目中的"国家"?曹锦清《黄河边的中国》在河南的调查得出了这样的结论:在村民的观念中,"国家/基层政府"与"清官/贪官"有某种特别的对应关系。在他们眼中,清官是可亲的,但他们却总在遥远的地方,只抽象地存在于人们的生活当中。②这种"抽象的清官,具体的贪官"与"国家"同基层政府相对应。"国家"以神圣光环加以装点,显示出凛然不可侵犯的样子,它关注农民的利益,制定了很多法律和政策来保护农民利益;而地方政府和地方官员却不尽力执行国家的政策,追求自身的利益,不把农民的利益当回事。因此,村民在与基层政府产生矛盾,受到冤屈和不公平对待时,如果不能忍受,他就会向基层政府之上的那个"国家"求助,这个"国家"既是抽象的,又是具体的。现在的问题是,国家一方面加强了社会控制力,在各个领域都存在"国进民退"的现象,同时,可能也正是由于国家的全方位扩展,挤压了社会自我管理的习惯和能力,导致诸如代际纠纷、社会不和谐因素的增多,政府的全能倾向一定程度上导致了社会管理处处依靠政府而表现出的无能。对于尊老敬老这一中华民族传统的"道",在抛弃了封建时代以尊亲忠孝为中心、以义务为指向的王道之后,现代中国的强政府该如何理顺乡村以孝为根基的人际关系?以何标准回归或重建中国乡村的伦理道德观念?用什么样的"器"来整合乡村社会秩序?

(三) 孝道失落与村庄失序

百善孝为先,百德孝为本。孝道不仅是一种代际伦理秩序,而且是以家族宗

---

① 陈柏峰:《暴力与秩序——鄂南陈村的法律民族志》,中国社会科学出版社2011年版,第74页。
② 曹锦清:《黄河边的中国》,上海文艺出版社2000年版,第70、210、645页。

亲关系为纽带的村庄社区生活秩序,当然也折射出国家在村庄的治理秩序。

从家庭角度而言,中国农村自20世纪80年代以来,在家庭伦理关系上呈现出错综复杂的矛盾和冲突。新式的男女平权观念和传统的男尊女卑的男权思想、父母至上和家庭平等的观念、婆媳关系从强势到弱势的地位、夫妇从夫唱妇随到媳妇当家、从"郭巨埋儿奉母"到宠子弃母,从大家庭到小家庭,G村的家庭伦理关系发生了天翻地覆的变化。如调研中所知,"80年代跳井自杀以死抗争的多为儿媳妇,2000年后不堪媳妇虐待,上吊自杀以死鸣冤的多为老人"。老年人从餐桌的上首位子,到沦落至角落,从招待迎接客人,到被儿子虐待、吃客人走后的剩饭,从卧室居堂屋的东上房,到被逼迫到偏房里的小屋子里,从老人主持并决定家庭大事,到被指斥为"插大事、乱操心"而失去参议权。更有甚者,打骂公婆,当街撒野,家庭代际秩序严重失衡,传统家庭结构秩序被异化。

从村庄伦理秩序来看,几百年以来所形成的G村共同体在称谓和行事逻辑等各方面都以血缘辈分为准则。见面都是家族称呼,诸如"大爷""二叔""大娘""婶子""哥嫂"等。即便你做了村干部,只要你的辈分低,见了辈分高的老人也要毕恭毕敬,称呼得当,否则便是没规矩、没教养。"没大没小",德不孚众。而且,当不孝儿子儿媳打骂父母时,德高望重的老人当众会指斥她们的不孝行为,而不必担心受人非议。在各种村庄红白喜事的大聚宴中,长者的地位要高于尊贵者,村长在席间的座位也要次于家族长者,按照五服制度,里外亲疏,合理确定位次,否则便可能会为此大动干戈,主持人要熟谙乡俗规矩。街坊邻居在聊天甚至开玩笑时,也要注意自己的辈分和身份,避免以下犯上。老人借助其在村庄政治中起到参政议政的作用,借助于丧葬、婚礼、迎神赛会等传统仪式的解读和主持,以及带头修碾补路等村庄公益事业等方式,保持着老人的不可侵犯的地位以及对于村庄社会秩序的维护者身份。但随着市场的冲击,政府的退场,老人的社会支持资源日渐稀少,老人自身难保了,也就失去了对村庄秩序的干预能力。现代化专业化的婚庆公司也已流行于G村的方圆几十里,现代的通信和网络已经将老人一辈子的经历浓缩为互联网上的几个字,时空流转,老人的经验不再被重视,老人的专长已被替代,无位无为的老人逐渐成为村庄边缘化的自在自为的弱势群体,"说话没人听,不管用了!"。

从家国同构的视角来分析,村庄某种意义上即代表了国家的一部分,对于村庄里的国家老人有着自己的理解。由于孝道在中国历史上的王朝国家中都是一项国策,或者说孝道不仅是个人的行为而且关联着政府的行为和形象。"人随王法草随风","以前都是七十不打八十不骂","现在可倒好,儿媳妇打老人,邻居打骂老人,甚至村干部也敢打骂老人,我们这些老人找谁去评理。哪里还有王法?!"老年人对国家的理解是通过自上而下的政府政策和民生措施而加以认知的,比如2011年市政府下文件督办60岁以上的老人在儿孙每年交200元的前提下,可以每月从政府手里领到50元生活补贴。老人交口称赞,"国家好,想着我们这些老人"。由于老人悠久的阅历和经历,他们经常会把现实生活和历史记忆比较,以他们的观察和感受来认同或否定村庄里得出来的"国家"形象。尽管他们没有理论思考的能力,但是市场化时代,农村老人谁来养老,构建怎样的村庄秩序以维系良性孝道的运行,已成为乡村小传统议论之事。

三、后乡土时代孝道的重建与村社秩序的重构

如第一章所述,以G村为代表的中国一些乡村正在经历着一种向"后乡土时代"的过渡。尽管农村的经济地理环境没有大的改变,但农民基本上不再以务农为主业,青壮年劳动力和有些一技之长的村民常年在外打工,很多年轻人连农活都不会干。这些打工者根据自身条件和能力的不同,有的留在了城市里,有的返乡后用打工所积攒的资金做本钱,在乡里或村里经营各种作坊或商店。他们把土地转包给专门种地的同村人或亲戚,自己成为不种地的"农民"。目前G村60岁以上的老农民对种地还情有独钟,尽管也知道种地收益不高,但他们对经营一生的职业有着深厚的感情,不舍得丢掉一寸土地,不愿抛荒。但50岁以内的新农民对种地则未有如事业一般的感情,他们多数会选择理性的种植方式,种粮不如种菜,种菜不如种树,种树不如打工,反正怎么省力省时省成本就怎么干。土地对他们而言只是一份口粮,不再具有安身立命的本业意义。

从G村的经济结构来看,家庭收入的70%主要依靠非农收入而来,村里办起了几家花生加工运销厂,壮劳力、年轻男女都外出打工,老人和一些带孩子在家的妇女便到这些加工厂里"帮忙"(打工)。以前农忙季节,地多劳动力少的农

户会请人帮忙收割庄稼,一般就是好酒好菜招待,再送包香烟即可,是一种乡里乡亲的人情互助。时至今日,市场化已经卷入了农民的日常生活,很多人为了节省农忙时间,花钱雇工种植、管理、收割。在村庄以往的生活中,钱只是对外交流和交换的媒介,用钱来从城里的商场里买电器、家具和衣物,在村内和家族亲属圈内,人情和面子依然是用钱买不来的,换言之,人们更倾向于以实物和人情来互帮互助。但现在"钱"成了人际交往的一个必需品,村内的各种劳务和经济交往都离不开钱的开支。只不过,熟人之间按照市场价"让一部分",保留一些人情的痕迹。在这样的一个后乡土时代,经济生活、社会交往方式以及价值观念都发生了变化,传统以孝为本的社会整合模式是否还有生命力?乡村的文化社会秩序如何融合而良性发展?这都成为构建乡村未来新秩序的前瞻性话题。

(一) 孝道之道,非"常道"——宗教替代与村庄共同体维护

"儒家提倡的孝道,是纯就人情事理而言的,它的目的和意义就在行为的本身,丝毫不涉鬼神。但是,在民间,孝道显然是与对天的信仰结合起来了。道理很简单,老天爷是奖励善行的,而百善孝为先,他对于人子的孝行怎会不有所照顾呢?于是就有了种种上天对孝子特别帮助的传说。"[①]这些大孝感动上天的故事,长期而广泛地在民间流传,对民众必然产生暗示性很强的示范作用。历代帝王劝孝,对"割股疗亲""郭巨埋儿"之举会加以褒扬,并免征徭役和赋税以示奖励。直至明朝,明太祖觉得不妥,遂提交礼部讨论,朝廷对此就不再旌表鼓励了。嘉靖年间,何孟春撰《余冬序录》,对此有所论述,并引礼部之议,其文曰:

> 夫孝所以事亲也。苟不以礼,虽日用三牲之养,犹为不孝,况俾其亲以口体之养,杀无辜之幼子乎! 放麑不忍,君子美之,况子孙乎? (郭)巨陷亲于不义,罪莫大焉。而谓之孝,则天理几于泯矣。其孝可以训乎? 或曰:"苟为不孝,天何以赐之金?"吁! 设使不幸而不获金,死者不复生,则杀子之恶

---

① 金荣华:《中国的民间信仰与孝道文化》,载"中央研究院"民族所图书馆:《民间信仰与中国文化国际研讨会论文集》,台北:汉学研究中心1994年版,第27页。

不可逃,以犯无后之大罪,又焉得为孝乎?俾其亲无恻隐之心则已,有则奚以安其生?养志者固若是欤?徼幸于偶耳。好事者遂美其非义之行,乱名教而不察,甚矣!人之好异哉,岂其然乎?或者,天哀其子而相之欤。不然,则无辜之赤子不复生矣。然则宋文帝敕榜表(郭)世通(道)门为孝行,非可为法者也。韩退之云:"不腰于市而已幸,况复旗其门?"国初,青州日照县民江伯儿者,母病,刲胁肉以食。不愈,祷于岱岳,愿母病愈,则杀子以祭。已而母愈,遂杀其三岁子祭。事闻,太祖怒曰:"父子天伦至重,《礼》父为长子三年服。今百姓乃手杀其子,绝灭伦理,宜亟捕治之。"遂逮伯儿,杖百,谪戍海南。命礼部详议旌表孝行事例。礼部议:"子之事亲,居则致其敬,养则致其乐,有疾则拜托良医,尝进善药。至于呼天祷神,此恳切之至情,人子之心不容已者。若卧冰割股,前古所无,事出后世,亦是间见。割肝之举,残害为最。且如父母止有一子,割股割肝,或至丧生,卧冰或至冻死,使父母无依,宗祊乏主,岂不反为大不孝乎?原其所自,愚昧之徒,一时激发,及务为诡异之声,以惊俗骇世希求旌表,规避徭役。割股不已,至于割肝。割肝不已,至于杀子。违道伤生,莫此为甚。自今,人子遇父母病,医治弗愈,无所控诉,不得已而卧冰、割股,亦听其为,不在旌表之例。"诏从之。太祖之识,所以立教于天下者高矣。(《余冬序录》卷一)

可见,儒家基于"不陷双亲于不义"为孝的原则。所以事父之道,"小棰则待过,大杖则逃走";郭巨埋儿是陷亲于不义;割股割肝更是于医无补,反贻亲忧。儒家思想中的孝完全是基于人情事理的考虑,就连父母去世,也劝人节哀。"敬鬼神而远之""未知生焉知死?"但是,经过历代统治者的宣扬和民间社会的神灵化而渐趋于一种宗教性的孝道信仰。

孝道之于中国古人,几乎相当于宗教,以孝为本的儒教成为中国农民安身立命的精神寄托①。在史书和经典记载里,祖先与宗教信仰里的"天"常常联系在一起。如《礼记·郊特牲》:"万物本乎天,人本乎祖,此所以配上帝也。"《礼记·祭义》云:"身也者,父母之遗体也",《孝经·开宗明义》即云:"身体发肤,受之父

---

① 在传统儒家观念里,神圣礼仪并不是一种全然神秘的精神抚慰,那种精神抚慰外在于人类和世俗的生活。精神不再是一种受到礼仪影响的外在存在;恰恰是在礼仪之中,精神得以生动表现并获得了它的最大灵性。

母,不敢毁伤。"可见祖先父母乃生命之源,"是故仁人之事亲如事天,事天如事亲。此谓孝子成身。"(《礼记·大昏解》)对祖先的崇拜也是一种对生命的崇拜。"不孝有三,无后为大"(《孟子·离娄上》),"父母生之,续莫大焉"(《孝经·圣治章》)。孝以中国文化特有的方式解决了生命之所源、所存、所续的问题。①其实,先人对生命延续的重视,其意义远远超越了"孝的三种基本含义均是以生命崇拜和延续以及代际群体互养为价值基础"的哲学内涵,而是与古人对于存在的体验和死亡的应对有关,与他们对此岸与彼岸的理解有关,与先人对过去、现在和将来的思考有关。

人生若蜉蝣之在世,白驹之过隙,人生下来就要面临死的威胁,猝死、老死终要一死,这便是人生的悲剧。为了应对这种心理层面上的危机感,宗教的来世轮回、精神不灭、灵魂托生等教义和仪式,纾解了人对存在意义和人生苦短的惶惑。不管是佛教、基督教、伊斯兰教,都要解救这个生与死的终极关怀问题。不同于佛教生死轮回对极乐世界的追求,也不同于基督教对现世的救赎以求成为上帝的选民,中国儒教提出了不朽的观念以应对"夕阳无限好,只是近黄昏"的悲剧意识。

何者而称不朽乎?盖书名竹帛而已。"人生自古谁无死?留取丹心照汗青"。青史留名,成为中国古人孜孜以求的境界。要想在史书上流芳百世,皎同星汉,就要有所作为,或立德或立功或立言,载入史册或地方志或族谱家书,实现生命的不朽。而对于芸芸众生来说,儒教教导人执着于现世,自强不息,厚德载物,建功立业,赢得生前身后名,由此实现精神上的不朽。

此外,敬天法祖,光宗耀祖,成为中国人的精神追求。家族的传承非常重要,不孝有三,无后为大,香火绵延不绝,是对祖先最好的祭祀。血脉的传承实现了上承祖先下启后代的连贯,在过去、现在、将来之间搭起沟通的桥梁,在今生和来世之间找到了衔接和依托。自然也就消除了那种"前不见古人,后不见来者"而带来的"念天地之悠悠,独怆然而涕下"的孤独感。当然,除了血脉相延之外,还有事业的延续、家业的传承,秉承父志,光宗耀祖,成为根植于后代子嗣的头脑中的强烈的成名意识。这种基于祖先崇拜之上的孝道,在修身、齐家、睦邻、治国中

---

① 肖群忠:《孝道的生命崇拜与儒家的养生之道》,《哲学与文化》2011年第6期。

都发挥着重要作用,成为具有宗教意义的孝文化信仰。

孝道作为村庄社会的精神支柱和行事逻辑,在当代农村已经外化为面子、人情和风俗。"老吾老以及人之老,幼吾幼以及人之幼",对父母的孝推己及人,转化为对同族老人的孝,衍化为对整个村庄老人的尊敬。在村庄日常生活中,见面要主动称呼长老,老人优先。共同的价值关联,使得村民在评价一个人的德行时,往往把是否孝顺父母作为首要的标准。尽孝之人尽管生活穷苦,但会得到村民的赞赏从而心安理得。反之,不孝之人尽管可能过得富裕,但由于为富不仁、不孝,也得不到村民的赞赏。而且,一旦这样的不孝之徒遭遇不测,人们便会讥讽说:"善有善报,恶有恶报。"在出殡时,如果逢阴雨天,村民也会议论纷纷,"老人死得屈啊!看看老天爷都掉泪了。对老人生前不孝,死了以后装孝顺的,哭啥哭啊!等他自己死的时候还会下冰雹。"

"为孝而生的各种因应之道,便使儒家提倡之孝成了孝道,也使儒家提倡之孝成为一项生活的艺术。"①在村庄共同体的文化关联中,人们按照共同的逻辑为人处世,个人的家庭和睦直接导致街坊邻居的相安无事,整个村庄按照人情的熟人社会规范运行。人之所以为人的意义在此种逻辑中被放至时空连续体中加以理解。"在时间上,人的生命是从祖先那里传递下来的,并通过子孙继续传递下去,生命因此而不朽。在空间上,人们按内外远近之别区分人与神、祖先与鬼,沟通自然与超自然,将日常生活中的人情伦理规则由近推远,由人的世界推之于神的世界,从而强化了这些规则在凝聚社区共同体中的作用。"②拉德克利夫-布朗指出,人类有序的社会生活依赖于社会成员头脑中某些情感的存在,这些情感制约着社会成员相互发生关系时产生的行为。仪式可以被看作某些情感的有规则的象征性体现。他进一步推导出:宗教是人们对自身以外力量的依赖的种种表现,这种力量可称为精神力量或道德力量。③

然而,近年来,随着 G 村孝道的衰落,老年人普遍失去了安全感,中年人也对未来的预期不敢奢望。原来以家为轴心、以村落为共同体、以京城为国家的孝

---

① 金荣华:《中国的民间信仰与孝道文化》,载"中央研究院"民族所图书馆:《民间信仰与中国文化国际研讨会论文集》,台北:汉学研究中心 1994 年版,第 26 页。
② 黄娟:《社区孝道的再生产:话语与实践》,社会科学文献出版社 2011 年版,第 243 页。
③ 拉德克利夫·布朗:《原始社会的结构与功能》,潘蛟等译,中央民族大学出版社 1999 年版,第 75 页。

道生存环境变化了,村民的孝道信仰体系瓦解。在村民空心化的精神结构中,基督教抓住空隙,深入农村基层,以其中国化、乡村化后的教义和仪式占领了村民的信仰世界,教导人们孝敬父母、友爱兄弟,戒毒戒赌,不打架骂人,讲求博爱。在900多人的G村,目前已经发展到50~60名基督教徒。孝道所起的宗教替代使命已经让位于基督教等正式的宗教,G村村民尝试在异教教义和仪式中寻找失落的精神家园,试图依靠宗教引领和回归村庄良性的社会秩序。

(二) 村庄资源整合与秩序内生——兼论礼法秩序对民情的因应与互动

包括中国在内的发展中国家,老年人面对着三重负担:衰老带来非传染的、退化性疾病的高峰,家庭支持系统水平下降,缺乏足够的社会福利支持系统。①这其中,不单单是个孝道衰落的问题。养老成为一个问题及老年人处境不好,深层次反映了人与人之间的关系。在家庭层面,是权利义务关系的模糊化,以及家庭观念、家庭情感的淡化;在村庄层面,是从熟人社会到半熟人社会乃至陌生化的村庄,人与人之间关系的松散化、疏远化,共同体性质的规范在瓦解,群体约束力在减低,这种变化的关系也将促使整个乡村的社会结构发生根本改变。

传统时代中国礼与法的关系在律中体现的一大特点,在于事实上的以法为基础与知识精英所倡导的礼主法辅原则共存。至于礼与人情、民情之关系,儒家学者认为前圣先贤流传下来的《礼经》是在反映民情的基础上而作。在儒学经典中,礼之生乃是"圣人缘民情"而作。但需指出的是所谓"民情"并非指人性,而是做人的规范和要求,孔子谓"克己复礼为仁"。对于礼法,断狱理讼的最高追求为"无讼",人人克己复礼,遵循做人的规范,符合礼教,自然也就不会有诉讼发生了。

礼与法也并非对立的两极,而是可以在礼教的"亲亲、尊尊"原则中找到沟通之处。家天下的治理方式,将君权之尊与民情之亲勾连起来,也即忠与孝的共通之处。《论语》有言曰:"其为人也孝悌,而好犯上者鲜矣;不好犯上,而好作乱者,

---

① Patel V, Prince M, "Ageing and mental health in developing countries: who cares? Qualitative studies from Goa, India", *Psychological Medicine*, Vol 31, 2001, pp.29—38.

未之有也。"尊亲二者构成了礼治秩序的核心,在国家法律中尊尊亲亲原则得到了方方面面的体现。可见,在传统中国的民情、礼教、法律中,既有所区分,又相互沟通。这也就是现实生活中民情大于法、执法不徇私情、合于礼俗却违法、大义灭亲把父亲供出来等法礼情所表现出来的张力与冲突。

至清末民初时,修订律例,并研究西方法学。俞廉三等在民律编辑宗旨中指出:"求最适合于中国民情之法则。立宪国政治几无不同,而民情风俗,一则由于种族之观念,一则由于宗教之支流,则不能强令一致,在泰西大陆尚如此区分,矧其为欧亚礼教之殊,人事法缘于民情风俗而生,自不能强行规抚,致贻削趾就履之讥。是编凡亲属、婚姻、继承等事,除与立宪相背酌量变通外,或取诸现行法制,或本诸经义,或参诸道德,务期整饬风纪,以维持数千年民彝于不敝。"①1948年曾来中国任南京国民政府司法行政部与教育部顾问的美国法学家庞德,在其来华任职之前曾说:"我们在中国需要的是中国的宪法,而不是输入一部美国的、英国的或法国的宪法到一个完全没有美国、英国或法国的宪法所赖以成长与适应的历史与政治背景的地区去。"②再如托克维尔曾言:"自由视宗教为民情的保卫者,而民情则是法律的保障和使自由持久的保证"③。所以就制度与民情关系而言,托克维尔所谓"美国的民主"成功之处亦在于——指点给予民情的方式让其制度治理形式成为一件"美丽的艺术品"④。这一艺术品正如布莱克斯通对普通法的赞美,"我们之所以自由,是因为治理我们的法律是我们自己的……我们的自由不是因为我们拥有它,支配它,有权使其为我所用,而是我们感觉完全与之融汇在一起,它成为我们内在生活的一部分,我们完全参与了它"。可见,法律并不是冷冰冰的法条,而应是奠基于民情风俗之上的制度体系。

礼俗人情与法律是疏离,还是相互依存?这在传统中国礼主法辅的治理模式下,以及西方英法美等欧美国家的治理体制下都体现了统一性。然而在近代中国急剧而漫长的社会转型期中,国外法律体系的引进和移植,国家以现代法治精

---

① 俞廉三进呈《大清民律草案》折,见故宫博物院编:《清末筹备立宪档案史料》,中华书局1979年版,第912页。
② See Rosoe Pound, *The Chinese Constitution*, New York University Law Quarterly Review 22 (New York): Law School of New York University, p.196.
③ [法]阿历克西·德·托克维尔:《论美国的民主》,董果良译,商务印书馆1988年版,第49页。
④ [法]阿历克西·德·托克维尔:《论美国的民主》,董果良译,商务印书馆1988年版,第168页。

神和现代法制来改造中国的人情和礼俗社会,来规范国民的行为,培养对国家的忠诚、对党的热爱以及遵纪守法的素质。时至今日,法、理、情、礼在孝道问题的处理上,依然各行其道,难以互通,凸显了现代中国乡村社会治理过程中的困厄和紧张。

中国传统礼法之治,在完成了君权向国权的转化之后(尊尊),并未保留亲权的地位,所以不同于危害国家安全罪,现行法律中对不孝行为并没有惩戒措施。熟人社会的消失,礼俗制约的式微,法制保障的缺失,孝道伦理的解构,使得农村老人失去了赖以自尊的各种社会支持网络,而本身作为村庄公共舆论和道德高地的老年人也失去在村庄政治和经济决策中的话语权和监督权。村庄社会进入了一个弃老、尚武、逐利的无序状态。

国家的现代化进程已经发展到由城市优先到城乡兼顾的阶段,社会主义新农村建设作为国家现代化战略之重点已经提上日程。中共十六届五中全会提出建设"生产发展、生活宽裕、乡风文明、村容整洁、管理民主"的社会主义新农村的目标,全面体现了新形势下农村经济、政治、文化和社会发展的要求。但问题是目标的实现方式是什么?国家拥有技术、人才、资金、行政等资源,通过资源的输入来改造乡村提升农村发展水平。但中国农村如此众多,单靠资源的输入只能造就一批典型的模范村,而于广大的农村则力难从心。而且资源的输入一旦离开村庄内部系统的支持与配合,也会流失损耗或事倍功半。如果转换视角,乡村也拥有发展的资源,尤其是乡村的发展借助于国家的政策、资金、技术等"外用"的部分,整合村庄自身的各种社会资源以及软实力,培育出农会、合作会、老人协会、妇女协会等社会中间组织,承接国家对口支援的各类项目,发展农村经济和社会事业,改善乡村社会秩序。

中国传统的礼教不可恢复,但法、礼、情融合的思维值得借鉴。古代的国家与社会在治理对策上颇多良策,比如"出乎政入乎俗""礼失求诸野",及地方士绅主导的乡村自治等实践。我们以社会主义新农村建设为指标的农村现代化单靠法制现代化或财政拨款无法进行,必须依靠村庄内部资源,各种合作社、农会、乡村精英等,借助于文化与习俗的力量,移风易俗,改造乡村,实现农村转型,确立村庄社会的内生型秩序,才能有效化解农村养老纠纷,才能实现法、礼、情在村庄治理层面的分合有道,各得其所。

国家在农村治理中,单纯依靠党和政府的行政力量,采取自上而下的改造或输入资源,很难持久,而且管理成本很高。鉴此,不妨把新农村建设的落脚点放在农村固有资源和资本的挖掘和整合利用上,培训、引导、重组农村的各种社会经济资源和人力资本,使他们成为新农村建设的主体和载体。而且农村社会的长治久安,依靠警察和维稳力量显然是加剧问题本身的,农村的各种矛盾和纠纷,依靠现行的乡村治理体制已经失灵,在此情况下,要树立农村社会的组织权威性,对传统的人伦关系准则"仁义礼智信"作现代性的阐释与转化,构建新时代的村庄熟人社会内生秩序,完成村庄的自治和国家援助性的发展,也使得法治(国家)与礼治(村规民约)之间在基于"民情"本位的支点上寻求到平衡,有利于实现从"大政府小社会"向"强政府大社会"方向的转型与过渡。

(三) 乡村孝道秩序的制度保障:基于中西比较的视野

1. 他山之石,或可攻玉:国外"孝政"与老年人境遇

受中国儒学的影响,孝成为韩国传统思想的核心内容。时至今日,老人处处受到尊敬,无论在家庭还是在社会,年轻人见到老人还保留了鞠躬行礼的传统。英国著名历史学家阿诺德·约瑟夫·汤因比(Arnold J.Toynbee,1889—1975)曾对韩国的孝道做出高度评价,他认为将来韩国能对人类文明作出巨大贡献的资产就是孝思想。为了能使孝思想在现代生活付诸实践,韩国多方位地展开实践运动。政府层面,韩国国会 2007 年 7 月制定《有关奖励并支援孝行的法律》,这是世界上唯一的、也是最早的有关孝行的法律。此法律从国家的角度奖励优良的传统文化遗产——孝,通过孝行以解决高龄社会面对的问题。内容包括树立孝行奖励基本计划以促进保健福利部和中央行政机关奖励孝行,对国家和地方自治机构以及所有教育机构和学校支援实施孝行教育,掌握父母长辈等扶养家庭实态并予以支援,设置运营孝文化振兴院;对孝行突出的模范人物的表彰,对赡养父母所需的必要费用支助,对必要的父母居住设施的供给,对民间社会团体交流活动的支援等内容。社会层面,韩国孝学研究学会在世界上是独一无二的,学会多次召开全国性的学术大会和讨论大会,集全国优秀论文发行学术论文集和以教育弘扬孝精神为目的的单行本,还展开奖励孝学研究论文、选拔孝学学者等活动。社会团体层面,韩国孝运动团体联合会于 2007 年结成,共有 26 个团体加入。此外,韩国对国内中小学校开发以孝为主的人性教育课程;对大学开设

研究学科等,其中圣山孝道大学院作为孝的专门特殊大学,设置孝学硕士、博士课程,专门培养高水平的孝学学者。①

新加坡堪称西方市场经济制度与东方家庭价值观成功结合的典范。作为人口老龄化较快的亚洲国家之一,新加坡在解决老年人照顾问题上的先进经验值得我们借鉴。政府大力宣传和倡导尊老敬老的社会风尚,制定了赡养老人和为老服务的社会政策,对不孝的行为进行法律的制裁,从而营造了良好的养老文化氛围。如此重视孝德建设,缘于新加坡政社各界的认识。他们认为,"孝道"伦理既是治国安邦的大计,又是人类文明程度的体现。为了扭转不良的社会风气,政府十分强调"忠、孝、仁、爱、礼、义、廉、耻"八种美德,特别重视孝道和敬老尊贤。1994年新加坡政府制定了世界上第一部"赡养父母"的法典——《赡养父母法》。法律规定:如被告子女未遵守《赡养父母法》进行有效赡养,法院将对其判决10 000新加坡元的罚款或判处一年有期徒刑。在该法案的基础上,1996年6月政府又设立了赡养父母仲裁法庭,由律师、社会工作者和公民组成,从法律义务、社会责任和公民道德不同的角度对不孝的行为进行谴责和综合制裁。政府鼓励儿女与老人同住,推出了一系列的津贴计划,强调购房靠近父母住所的,可以优先照顾,与年迈父母同住的纳税人还享有纳税方面的优惠政策等。新加坡卫生部关于老年人问题的报告说,对老年人政策的重要内容是,强调通过道德教育并反复灌输孝顺的美德,在家庭中和社会上都要"尊敬和尊重老年人"。1996年2月21日,新加坡《联合早报》撰文指出:"加强东方人的家庭伦理关系,灌输亚洲人所共有的传统价值观,已经逐渐成为新加坡人的共识。这是新加坡独立以来,物质建设以外的另一重大成就。我们必须在这方面继续坚持和努力下去。"

在日本,老人与子女的同居率非常高,日本"至今还存在着一种社会习俗,即只有父母与已婚孩子共同生活才被认为是正常的、能给人以安宁的生活形态"②。儒教的"孝"伦理和佛教的"不孝因果报应"理念在日本社会养老历史上起着重要的舆论和精神支柱的作用。若对父母不孝,将会得到应有的果报。这种观点在道义上和舆论上起到了维护和强化直系子孙赡养老人的家庭养老体系

---

① [韩]南宫勇权:《韩国传统社会"孝"思想的意义和现代的实践运动》,参见四川省民俗学会编:《孝道文化新探》,巴蜀书社2010年版。
② [日]上子武次、增田光吉:《理想家庭探索》,北京国际文化出版公司1987年版。

的作用,通过这些恶有恶报的故事在民众中的传播,形成了有利于家庭养老的舆论和社会环境。在重视传统的社会中,上述伦理成为一般百姓养老的精神依据,在维持家庭养老和社会秩序稳定方面起到了重要作用。

当然,日本养老的理念和舆论环境通常还会以固定的习惯和习俗的形式反映在现实生活中。在正式婚嫁丧娶的宴席上,一般是根据年龄长幼的不同,有着严格的席位区别,老人被安排到上席。节日的聚餐和聚会,实际上成了尊老教育的重要场合。各种尊老礼仪和习俗通过社会生活的不同场合得到体现,并在不同世代的人们之间代代承传。①

与东亚儒家文化圈的家庭养老不同,欧美老年人的家庭养老是独立型的,无论有无配偶,单独由老年人构成的家庭占有较高的比例。老年人愿意独立居住,这是欧美社会强调个人在尽量少地依赖他人帮助的情况下独立生存的价值观的体现。当然,这并不意味着亲情的缺失,一些研究材料表明,通常老人有一名或数名子女住在附近,保持着所谓"有距离的亲近",每逢周末和节日儿女会来探望父母。同时,欧美国家都着力强调社区在老年人支持中的重要作用,即以社区为基础提供正式服务,特别是上门服务来增强老人在家庭里的生活能力,以生活起居料理的社会化来取代子女的"尽孝"。如美国推出的"社会服务社区补助计划"为各州的老年人提供较多的服务项目,如家政服务、运输、供给膳食、上门医疗等,所有住在家里的老人都能获得这样的服务。②德国也推出了"多代屋"的互助模式,不同年龄和家庭的人真正生活在同一个屋檐下,大家按照预先约定的规则共同使用厨房、浴室、兴趣室和会客厅等,也分别承担起打扫卫生、收拾房间、照看老人儿童等不同义务,生活在一起其乐融融。③政府补贴、个人分担、非盈利社会组织提供服务,免除了老年人的后顾之忧,同时减轻了子女的负担,反而增进了父母与子女之间的代际融合。

之所以不同于中国的"养儿防老",主要是因为国情的差异。英美国家子女没有突出的赡养老人的义务,尤其是进入工业社会以后,养老主要是国家通过社会保障制度来完成的。年轻时通过个人积蓄和投资收益、养老保险等,为自己的

---

① 宋金文:《日本农村社会》,中国社会科学出版社 2007 年版,第 16—17 页。
② 陈洁君:《国内外养老模式的比较与借鉴》,《经济与社会发展》2006 年第 4 期。
③ 童建挺:《创造更多的代际交流》,《人民日报》2010 年 6 月 7 日。

养老做了准备。再加上欧美国家的高福利社会保障制度,养老主要依靠社会而不是家庭,这种养老模式被称为"接力式"的社会养老,区别于中国传统的"反哺式"家庭养老模式。

2.基于社会文化差异之上的中西养老制度比较

不同的文化背景,形成不同的社会结构。西方社会结构注重团体和个人,家庭结构历来未发展到超过团体和个人的程度。相反,中国社会结构内核中,家庭处于极重要的核心地位,而团体和个人所扮演的角色则要相差很多。对此,国学大师梁漱溟在《中国文化要义》中对中西社会结构作了形象的图示阐述。①

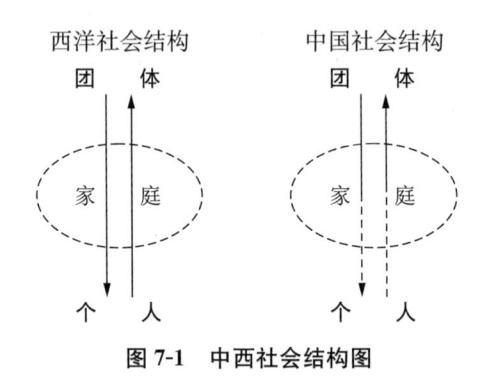

图 7-1 中西社会结构图

说明:①字体大小表示位置的轻重;②简形线一往一复表示其直接互相关系;③虚线表示其关系不甚明确。

梁漱溟认为:团体与个人,在西洋俨然两个实体,而家庭几若为虚位。中国人却从家庭关系推广发挥,而以伦理组织社会,消融了个人与团体这两端。由此,西方社会历来非常注重个人权利观念和公共观念。在中国的社会结构下,则是十分注重家庭伦理关系,并且以此为核心产生了社会制度的演进和发展。在其中个人和团体关系远不如西方社会结构那样明显和突出。值得注意的是,个人和团体的关系及协调在很大程度上服从家庭伦理规范,并受长期历史传承而形成的礼仪规范、心理沉淀、制度规定的影响约束。因此,公共观念、权利义务观念、法制观念等,受中国传统社会结构及人们心理定势的影响较之于西方是相当薄弱的。②

---

① 梁漱溟:《中国文化要义》,上海人民出版社 2005 年版,第 71 页。
② 杨复兴《中国农村养老保障模式创新研究——基于制度文化的分析》,云南人民出版社 2007 年版,第 90 页。

表 7-1 东亚文化与欧美文化差异

	东亚文化	欧美文化
主要特征类型	集体主义	个人主义
中心价值	集团中心	自我中心
被重视的价值观念	家族、民族和谐、共生、同苦同乐、集体的共存共荣	个性、创意、独立、尊重私生活、独立自主,依据契约的社会发展
心理倾向	集体本位、从属的需要、重视人情和感情	个人本位、独立的需要、重视能力和理性
社会构成原理	依据义理、人情、人伦的人际关系	依据权利、义务、契约的人际关系

资料来源:金日坤:《东亚的经济发展与儒教文化》,大修馆书店1992年版。转引自李文著:《东亚社会变革》,世界知识出版社2003年版,第116页。

表 7-1 可见,与西方的基督教文化相比,东亚的儒教文化更注重家庭观念,强调家庭及由此确立的家庭家族基础上的社会秩序和等级,并据此形成以血缘关系为中心,内外里表、亲疏有别的"差序格局"。[①]与此相反,基督教文化则十分强调个人的地位,把个人看成是一个个"社会原子",每个人都有自己的权利、自由和独立性,人权神圣不可侵犯。

制度文化的差异,影响到一个国家的社会治理和社会保障建立,也导致了欧美和东亚国家在创建农村社会保障制度和城市社会保障制度时的时间差,如表7-2所示:

表 7-2 欧美和东亚农村社会保障制度和城市社会保障制度时间差及经济水平和政策动因

国家	建立社会健康保险制度的时间(年)		建立社会养老保险制度的时间(年)		建立农村社会养老保险时的农业产值占GDP的比重(%)	建立农村社会保障制度的主要政策动因(健康保险或养老保险)
	城市	农村	城市	农村		
德国	1883	1887	1889	1957	5.7	社会控制
法国	—	—	—	1952		
美国	1965	—	1935	1990	2.0	缓解政治与保障资金的压力

[①] 费孝通:《乡土中国》,生活·读书·新知三联书店1985年版,第25页。

(续 表)

国家	建立社会健康保险制度的时间(年)		建立社会养老保险制度的时间(年)		建立农村社会养老保险时的农业产值占GDP的比重(%)	建立农村社会保障制度的主要政策动因(健康保险或养老保险)
	城市	农村	城市	农村		
英国	—	—	1946—1948	—	—	—
日本	1927	1961	—	1957—1961	—	全民健康保险
韩国	—	—	1988	1995	—	—
新加坡	—	—	1955	—	—	没有单独农保

资料来源:杨复兴:《中国农村养老保障模式创新研究——基于制度文化的分析》,云南人民出版社 2007 年版,第 94—95 页。

表 7-2 可见,文化差异像"一只无形的手",是影响制度安排的一个重要因素。西方国家个人主义文化特质发达,注重横向的风险分散机制,并首先在城市创建了社会保险机制;而东亚国家和地区深受家庭家族文化特质影响,注重纵向的风险分散机制,社会保险机制相对不发达。特别是家庭养老被称为"不灭的火焰",体现着东亚制度文化的特征,并因此形成东亚国家特殊的家庭养老保障体系和道德规范。①

3. 存异求同的启示与借鉴

在对中西孝文化比较分析之后,笔者总结了 3 点共通之处:(1)尊老敬老是跨文化的共同追求,渴望得到子女和社会的尊敬是老人共同的诉求;(2)养与孝区分对待,如曾子说:"孝有三,大孝尊亲,其次弗辱,其下能养。"可知,孝有不同的层次和要求,中国的孝道文化重建理应区分层次,参酌世界各国优秀的做法,把养与孝分开来做,探索以社会化养老为主体、以居家或社区养老为载体、以子女孝亲为追求的多层次梯级养孝机制。(3)老年人养孝问题不是老年人自身的问题,更不是单纯子女的问题,而是国家政策和社会结构的问题。社会结构的变

---

① 19 世纪末 20 世纪初日本概括出 10 条"家庭信条":(1)对佛表示敬意或者景仰上帝和尊重你的祖先。(2)永远不要忘记忠诚和孝道。(3)努力工作,避免放纵。(4)在家庭里维持简单和安静的生活,但在工作上要表现积极和进取。(5)只要工作符合国家目标和公众利益,就永远承担责任。(6)尽你最大可能去承担责任,就像大自然让你去承担的那样,并接受任何自然发生的补偿。(7)永远不要懒惰。(8)总是善待别人胜过自己。(9)总是试着去帮助那些需要帮助的人。(10)对待你的雇员就像对待你的家人。这些又被称为"明治家庭信条"。

迁是底层原因,但国家的社会政策会对养老社会问题纠偏或补充。而且老年人问题也绝不单纯是老年人的问题,它会影响年轻人和整个国家人口的生产力和创造力。因此,古今中外,都会对老年人的衰老进行社会扶植和补偿,尤其是近代以来,老年人在很多国家都有经济地位和政治权利,他们人数众多,对国家和地方领导选举时的投票起着重要作用,在良好的社会支持系统里"老"并非一个累赘,更多表现为一种人力资源。

要转变老人由社会负担到人力资源的观念,需要建立老人本位视角下的保障机制,让他们有位才能有为。在农村有条件的地区,可以成立老人自己的组织——老年协会。开展各种既能锻炼身体又能为老年人所喜闻乐见的文化娱乐活动,营造关爱老人、尊重老人的社会氛围;提高老人参与社区治理的积极性,提升本社区的福利,弥补国家在福利安排上的不足。[①]

据笔者的调研,福建福州渔村的老人享有较高的社会经济地位,养老不成为问题。在该村有一个强大的社会组织——老人会,老人会由全村老人自愿参加,缴纳一定的会费,选举产生管理委员会,为老人的自治和为老服务团体。老人会之所以享有较强的影响力和老人会的职能、业务分不开。老人会会在每年的迎神赛会和祭海节日时活动活跃,组织成员挨家挨户集资,筹办组织祭典和各种仪式活动。作为村庄传统宗教仪式活动,村委和村干部既无力参与,也不愿干预,而由老人会自我管理运作。老人会由于德高望重,成为村里的信誉担保,从而经常参与一些经济交易活动。比如,买卖海鲜的双方都愿意用老人会提供的秤来称重,在村际之间的经济交往中,比如赊账、欠账交易双方都愿意到老人会处做信誉担保,为此,需缴纳一定数额的中介担保费以作为老人会活动经费的收入。还有在福建福州下面的渔村中,个人之间的借贷非常盛行,作为民间融资的一种主要形式。那么高利贷的风险如何防范?很多也是经由老人会担保而进行的。获得固定收入的老人会在村庄自治管理中具有很大的发言权和建议、监督权,在村庄社区养老事务的管理中处于核心地位,成为弥补政府为老服务不足和管理不到位的地方社会组织。

---

① 董海宁:《现代农村社区福利的产生与促进——对浙江宁波 L 村老年协会个案的考察》,《社会》2003 年第 11 期。

无独有偶,孔德永在《传统人伦关系与转型期乡村基层政治运作》中也提到:曲阜所辖南镇的几个村,成立了道德评议委员会,评道德,评良心。大到遵章守纪,小到婆媳矛盾,都在评议之列。由村老干部、老党员、老模范担任会长,按照为人正直、办事公道、威信较高、办事能力强等要求,由群众推荐,村党支部和村委会审查确定评议会成员,并发给证书,评议会一般由6~8人组成。评议会把开展家庭道德评议活动作为主要任务。什么评选好媳妇好婆婆啦,什么文明家庭啦,全村参加,人人投票。评选结果出来后,村支两委选个好日子,在南镇集贸市场,趁着四方八邻赶集的人多,隆重进行表彰奖励大会。以德治村,效果十分明显。南镇东村王老太太含辛茹苦把3个儿子拉扯大,却不料他们谁也不愿意照顾老人。就在王老太太绝望时,村里的道德评议会对此进行了专门评议。弟兄三人羞红了脸,当场向评议会保证按时供应老人的粮食及生活零用钱。从2001年起,曲阜市在40个行政村尝试建立了道德评议会。2002年年初,市文明委专门下发文件,制定了道德评议会章程,明确了道德评议的内容及形式。到目前为止,全市农村已建立起310多个道德评议会,使"以德立身、以德兴家、以德治村"成为该市农村的时尚。①

华中科技大学中国乡村治理研究中心的贺雪峰,自2002年以来一直在湖北四村进行建设老年人协会的实验,主要是建立老年人活动中心,让老年人有一个进行公共活动的场所。结果是,老年人之间的交往增多了,精神面貌也随之改观。用老年人的话来讲是三个变化:时间过得快了,心情舒畅、身体变好了,上吊自杀的少了。②

在一个相对封闭的社区中,社会性价值不仅生产着人生的意义,而且服务于村庄秩序的生产。③在以上的几个案例中,村庄中有了保障老年人权益的组织,有了舆论力量的监督和制约,村民有了正确的社会性价值引领,有了正确与错误的判断标准。正是正面导向的社会性价值使得村庄内部形成了道义经济,形成了美与丑、善与恶的评价标准,形成了正当的以互惠为基础的人际交往,形成了

---

① 孔德永:《传统人伦关系与转型期乡村基层政治运作》,中国社会科学出版社2011年版,第161—162页。
② 贺雪峰:《中国农村的"低消费、高福利"实践》,《绿叶》2009年第12期。
③ 王习明:《乡村治理与老人福利互动模式研究——河南安阳吕村调查》,《中州学刊》2006年第2期。

村庄"守望相助,疾病相扶"的最低限度的合作,村庄便构成了一个道义乃至行动的共同体。

四、小结:国家-社会变动视阈下的孝道再生产——兼论社会转型期的"孝道之争"

> 父之于子,当有何亲?论其本意,实为情欲发耳!子之于母,亦复奚为?譬如寄物瓶中,出则离矣!
>
> ——《非孝论》①

> 父母养儿女,恩情重如山。人老年纪大,千万不能嫌。衣被勤洗换,饭菜要煮烂。生病请医生,侍奉在床前。入冬添衣被,老人怕天寒。入夏蚊子多,挂帐睡得安。看戏看电影,接送勤扶搀。凡事想得细,给点零花钱。老人心中乐,益寿又延年。儿女在跟前,自己是样板。为人不尽孝,老来又何堪?
>
> ——《劝世良言》五字歌

孝道是一种国家建构、社会生成的文化心理及其制度,它源于特定的经济社会形态,作为文化制度被生产出来以后,又与经济、政治、社会、文化相依附捆绑,成为一种结构性的内生机体,经过数千年的发展,已经超越了它所依附的政治和社会制度而成为一种独特的文化传统和心理定势。这种传统无论对于国家的政治发展,还是乡村治理均有至深的影响。孝道之于乡村治理,譬如人和衣服的关系,人的生长需要衣服的跟进,而衣服反过来也会制约人的身心发育。

站在国家与社会的视角来看,孝道从一种父系氏族的血亲意识过渡到小农经济基础上的宗族社会,孝道成为维护家族本位的精神纽带,而家国同构的社会政治结构又把孝作为治国经邦的重要道统,汉代以来的"孝治天下"便是国家重视孝道的明证。孝道的倡导既有利于家庭的稳定和社会的和谐,又有利于国家的统治。孝道在社会与国家层面都得到认可和支持,尽孝不再被简单地看作是个人的私事,而是一种社会风尚;不仅是社会行为,而且是国家行为;不仅是外在

---

① 子展:《蓬庐絮语:最古之非孝论者》,《申报》1933年4月6日。

要求,而且是内在意识。从最初的孝意发展到孝行孝规,再到孝德孝风,孝子模范的建构,国家对孝道的意识形态化。在由孝行到孝道的观念建构和知识再生产过程中,国家起到引导、示范和合法性保护的重要作用。而社会则在解读、诠释孝经的过程中,体现地方社会和等级社会的一些特点,并与地方风俗相结合流变,产生了庆寿、祭祀、拜年、给老人送节等礼仪和节日文化,借助于这些具体的生活实践反复地向儿女们输入敬老和孝老的自觉意识,使孝由经典转化为实践,久而久之,演变为孝子贤孙头脑中的惯习和符号。对于不孝的行为,家庭、社会、国家三个层面都会有管控和惩戒的机制措施,国有国法,家有家规,严厉的惩罚使不孝之子望而生畏。在由家族和邻居构筑的熟人社会里,亲族监督和邻居见证是保障不孝之子就范和笃行的外部环境,而且赡养父母不被看作是家务事,而是关乎社会风尚与天子正义的大事、公事。官府过问,社会关注,家族严惩,使得不孝的代价很大。

孝道在家国同构的社会形态下保持了形神兼备的发展空间,以至于由"以孝治家"扩展至"孝治天下"。但需要特别指出的是,古代中国是一个大社会、小政府的形态,国家政权控制到县一级,城墙以外的地方都是广大的农村,正式的国家公务员(受皇帝派遣、吃皇粮的官员)数量很少,县官在地方上的派役、征赋、催粮、断案都离不开当地社会的胥保和士绅。因此,包括孝道的维护实际上也主要是由社会(家族)督导实践,国家重在提供孝道入法的合法性依据,对孝道的系统化和学理化乃至神圣化的经典编撰,以及孝子模范的表彰和孝治天下的理论建构。而民间孝道的践行则主要由社会力量所型构的社会场保障其在轨道内运行。国家与社会在孝道的运营上体现了互动合作、错位互补的关系,国家在对于养老敬老的社会管理中采取了抓大放小的策略,在社会导向、价值体系建构、国家立法等最高层面宏观顶层设计,而对于具体的规范和操作则交由社会层面来完成,即社会事务由社会来管理的思路。

晚清以降,中国遭遇四千年未有之奇变。中央政权面临多重危机,既有自下而上的权威威胁,也有由外而内的异质文明的挑战,在外力的冲击和影响下,中国进入了从传统封建社会向近代资本主义社会的过渡和转型期。在这一转型期中,经济、社会、思想的转型并不同步,于是新旧交替、西学东渐,思想文化领域在守旧、趋新、重建中徘徊。孝道在国家层面和民间基层保持不变,但在社会中间夹层却出现了变动,知识分子精英开始对孝背后所承载的道产生怀疑,甚至主张以西方社会的代际接力关系来取代中国的反哺式互惠关系。对于孝道的依据提出了质疑,"大凡做父亲的当然希望子女能尽孝道,可是在父亲本身方面,也得时时反省,自己是否确尽了父道?在上海这个社会里,骄奢淫逸,达于极点,男子总希望女子能做'贤妻良母',希望儿女能做'孝子淑女',却并不约束自己做个'贞夫慈父',又怎样能使做子女的人竭诚尽欢于这个'父亲节'而了无遗憾呢?"①《申报》编者则直接以《有不是的父母》为题,在"自由谈"栏目中针对"天下无不是的父母"而指出:天下不但有不是之子女,也有不是之父母。要解决现代家庭的纠纷,我们必得先把家庭中的人,老老实实地都看作人,看作有缺点的人;不论吾做父母的,做子女的,都要虚心自省,都承认自己会"有不是"的时候,这是解决家庭纠纷的先决条件。②民国时期人们开始谴责单方无条件的愚孝:"孝经现在没有人读了,烈女传大概也没有人看了,《二十四孝》的图我们也好久没有看见了。但最近坊间又刊印了一种《二十四孝暨女子二十四孝》的'图传汇编'小册子,比先前增加了一倍,计四十八孝。'父亲节'的时候,据说销了不少,家长们大概是买给孩子看的,希望孩子们学习这种中国'古有孝道'……如果这书是印给中年的一辈看,我以为他们自己已是做父亲的人了,只希望儿子来孝顺他们,倘要他们照《二十四孝》去孝顺六十岁以上的老人未必高兴吧。假使是做给少年的一辈看的,我不敢愿他们看这种书。因为这书里的故事,若以现代的眼光来分析,其中有不少非但没有裨益于少年,并且还包含着迷信的残忍的无智的等等毒素在内。"③

由此,引起了中国道德思想界的轩然大波。1933年时人直接发出了"孝道衰矣"的感叹:"时至今日,纲纪丧矣。伦常废矣。无所谓父子,无所谓兄弟。嚣嚣然如犬豕牛马焉。推原祸始,自是归诸现代新潮。盖现代新潮,突防破隔,有甚洪水猛兽。青年子弟,世故未谙,智识菲薄,一染新潮,为之变化气质,为之改换心肠,由之颠倒醉狂。百弊丛生,故弑父戕兄之惨剧,演遍全国。鸠母害弟之

---

① 康屯:《自由谈:父亲的责任感》,《申报》1946年8月8日。
② 编者:《自由谈:有不是的父母》,《申报》1940年7月27日。
③ 丁页:《自由谈:感孝篇》,《申报》1947年10月3日。

悲景,布满人寰。孝弟之道,直抛云外。"①中国文化本位者秉承中国文化优越论,援引《孝经》圣治章曰:"不爱其亲,而爱他人者,谓之悖德。不敬其亲,而敬他人者,谓之悖礼。""人子孝亲之念,亦随有生以俱来。人同此心,心同此理,此固毋庸或疑者。慨自夷教风行,邪说云涌,一般醉心欧化者流,竟尔丧心病狂,蔑弃中国固有文化之特长,倡其所谓父子平权之谬说,甚且实行自由多角恋爱,……举千古之纲常名教,所恃以范围人心者,势必一扫而空之,岂不坠入于禽兽之域也乎?"②再如张奠原在《尊崇孔子论》一文指出的那样:"吁嗟乎孔道衰矣,邪说起矣,中国危矣,若不速行设法拯救,而一切原有高尚无加之道德,学术,经济,文章摧残净尽,变为洋化,尤甚于亡国也。现今求知于士大夫庶民人等,其能深识孔子者,几何人;求知于学校,其读孔子之书者,几何人;求知于历代君相,能行孔子之道者,几何人;能识孔子博大精深之说法者,几何人。熟思计较,而国家何怪衰弱,……愚敢认定,必须首先恢复孔教,以孔教为治国安民之标准,否则,虽有欧美之科学,均无有济于事实。"③蒋介石推崇传统文化,提倡仁义礼智信,在多种场合以身行事,表现出孝子形象。如《良友》画报所载:"(蒋)总裁是一个最重孝道的中国人,他生辰那天发表的《报国与思亲》对蒋太夫人推崇备至。总裁每次回奉化,一定和夫人同去扫墓"。④有学者从道与治的关系着眼论述孝道的重要意义,"孝亲为人类亲子间情感之自然的表现,其于人生之情趣上,社会之秩序上,东方之文化上,占有极重要之价值。故古圣先朝,莫不甚重孝道,欲以孝治天下,使民日徙善于亲亲默化之中,其道至善,我们遵行勿替者,久矣。惟自西风东渐,孝义日霾,国之不治,症亦在此。……使孝道与治道,化而为一。孝子与忠臣,相依不悖,又以丧祭之事,出于人之慎终追远之情,如善诱之,亦可化民性于至善,故制丧祭之礼而感之,设神道而畏愚之。我国之家族主义,实即先王以孝治天下之遗法也。治国者,诚能本孝慈之道,敦家庭之谊,使之由家族而民族,由民族而国族,亲爱精诚,万邦协和,王道天下,自可立而待矣。"⑤

---

① 张健华:《孝道衰矣》,《扬善半月刊》1933年第1卷第5期。
② 汤连起:《东西文化:孝道须知》,《道德半月刊》1936年第3卷第8期。
③ 张奠原:《尊崇孔子论》,《道德半月刊》1936年第3卷第8期。
④ 《蒋总裁画传:世界元首画传之一》,《良友》1939年第146期。
⑤ 坚明:《孝治与孝道》,《新东方》1940年第1卷第11期。

可见,晚清至民国时期,随着传统国家形态的碎裂,中央政府权威的急剧下降,原来由天子代表的国家对孝道的立法和意识形态随之崩解。由于近代化所导致的城市化进程加速,城乡二元社会开始形成。乡村社会的孝道依然在自我运转,而城市社会则由于出国留学生的增多、口岸接受新式教育人群的增加以及新的社会经济生活方式的影响,欧风美雨动摇了传统的家庭伦理观念,男女平权、自由婚恋、离婚、父子平等的思想逐渐通过媒体和名流示范效应而渗透至市民社会生活中。在这样一个"礼崩乐坏"、中西冲突和价值真空的社会大转型、大变革时代,无论是国家的统治者,还是社会文化领袖,都要重新建构以孝道为核心的伦理观,于是出现了文化保守主义、激进主义和整理再造的新儒家学派。随着民国政府的建立,自袁世凯以后,中国又掀起了尊孔读经的浪潮,各种经学会、保教会纷纷成立。蒋介石、戴季陶等基本上代表了用传统文化拯救中国的思路,在文化复兴的旗帜下,孝道得到了官方政治合法性的确认,从而没有断根。

1949 年以后,以共产主义、集体主义、合作化取代家族主义、小农思想,用马克思、斯大林来代替孔子在民众中的影响,从经济基础上完成农民私有土地的集体化,生产工具的小组化,甚至家庭生活的社会化和思想的共产主义化。孝道成了断根之木、无源之水。

当然,由于当时国家财政困难,也没有专门的社会保障部门,人民公社和单位成为接替家族组织履行对其成员生活保障的大管家。作为解决养老问题的孝道依然得到公社体制的认可与支持,不孝的行为会得到组织上的严惩。这样,原来的国家和家族结构就演化为国家—单位—群众的三维关系,进入了单位化社会,对于孝道的治理增加了多维合力的倾斜度,家的弱化彰显了国家的强力介入和单位的干预力。对于农民而言,政社合一、政教合一的"公社""大队"便成为其求助的对象,单位承载了原来由国家担负的舆论引导和组织保障功能,换言之,国家层面摒弃"子为父讳""父为子隐"的传统家庭伦理,倡行大义灭亲和父子划清界限。在中层,单位虽然要执行国家的意志,但作为家庭养老载体的孝道依然得到伦理合法性的默许和认可,这样传统社会国家承载的"孝政"便下移至单位,单位(公社)成为对上(国家)和对下变通的缓冲地带,上有政策下有对策并不一定总是政策执行有问题,有时也可能是政策本身有问题,毕竟国家对基层社会的整合要有前瞻性和可行性,否则破坏了原有的生态文化系统,却未建立起新的有生命力的价值信仰体系,出现由价值紊乱导致的社会机制运作失灵,转型陷入失控的风险之中。

20世纪80年代,政治挂帅的时代让位于经济驱动的发展模式,农村联产承包责任制的推广与落实,使得人民公社这样"一大二公"的超前体制悄然终结。国家的重心由社会主义改造转移到发展的轨道上来,而且从此启动了国家工业化、城市化的现代化,国家政治资源、经济资源、文化资源乃至人力资本迅速从农村撤出,转移到城市,以农村支援城市,以农业支援工业优先发展。在这样的大背景下,兴起了乡村自治、裁撤乡镇政权、加强县一级政权建设的呼声和讨论。最终结果是村民实现了制度上的村委会直选,乡镇政权在县政权和村委会自治的夹层中基本被架空,乡人民公社逐渐在村民的头脑中成为一个历史的代名词,乡镇合作社早已失去农民经济生活的垄断权,遍布乡村的代销点、商店使农民足不出村便可直接与城区甚至省城的商品生活相连接。与此同时,公社的消解,农会的消亡,村委会的行政化,以及家族组织的式微等,使农村社会出现了高度原子化状态,民国时期的网格化社会结构瓦解。孝道的纠纷与处理一般要求助于村委会的调解员,而原子化后的农村社会分层严重,缺失村庄舆论背后支持的调解员的权威远远不能化解各种纠纷。孝道在国家行政干预不强、社会支持力度不够的双重困境中成为老人自在自为的状况,于是乡村老人少了对子女的抱怨,多了对自己不中用的自责;少了对公家的抱怨,多了对时代的无可奈何的指责。见怪不怪的不孝行为已得到街坊邻居的默认,甚至老人自杀的悲剧也不去追究儿女的责任。如此,不孝由默认演化为默许。家庭伦理道德的沦丧,也标志着村庄社区伦理道德底线的崩坏,乡村的社会秩序和精神信仰处在混乱失序的状态。

第八章　文化重构与乡村治理

"秩序在本原的意义上是指事件的发生多少具有规律的顺序与模式"。对秩序的解释有两个重要的方面：一个是结构，即具体的秩序事实在特定的社会结构中的位置；另一个是文化，即什么东西在编织秩序，什么价值观念取向与习惯在支撑或引导着一种秩序的发展。结构中的秩序，依赖特定的价值观念的内化。由是观之，孝道无论从社会结构的视角，还是文化的视角来看，都是与秩序紧密关联的。孝作为家庭伦理的重要部分，既体现了家庭代际结构的特点，亦折射出广泛的社会交往模式及社会结构的底色。孝道作为乡村中国"整体性"的一部分，是一个"活的文本"。对包括孝文化在内的乡村文化进行重构，以促进乡村治理的长期稳定向好发展。

一、传统孝道生存的文化土壤：乡土中国

在各种伦理关系和道德之中，"孝"在传统社会中以文化的形态发挥着维系世道人心的中轴作用。由家到村社再到乡里，整个乡土社会的运转主要靠道德、乡约和惯习起作用。道德的外化就是乡约规范，规范的执行也主要靠惯习，而不是国家法律。家在这个乡土社会场域中处于关键性的位置，家庭的代际关系、权力结构、资源交换方式、管理架构、家规家风等直接影响家族间的平衡，影响村落社区的稳定。孝贤文化成为熟人社会中的交往名片，人们把孝放在贤之上，把德置于能之首，形成了一种德治的模式，这是就乡土社会而言的。

对于国家来说,致力于建构家国一体同构的治理体制,为孝立法,为孝定制,为孝示范。以化育万民德性,培养忠臣孝子。因此,每当异教传入,引起思想和道德紊乱之时,国家便会重整诗书,阐发微言大义,且干预宗教和地方礼俗。譬如佛教的传入,经过"中国化"而逐渐儒释道融为一体。再如基督教在中国的传播,其不祭拜祖先"非圣无法"的仪式和教规,引起了中国教民的反对,而后基督教会改变策略,主张敬老孝老,对于虐老弃老的不孝子孙施以诅咒,其实也是对中国儒教敬天法祖思想的一种因应。而历代统治者也会不失时机地对这些当时看来的"新思潮""新风化""新动向"进行整合,在意识形态领域树立"孝治天下"的绝对权威,并对儒学进行时代化的发展和诠释,引导知识分子对经学正统的研究,并把研究成果随时吸收补充到国家礼仪之中。然后,皇帝再通过臣子、读书人这些掌握知识的群体把国家礼仪推广至乡土社会,实现国教的地方化和人情化,以作为国家统治的"三纲五常",而以德为内核的礼仪即成为国家对乡村社会治理的法宝,士绅便自然而然地成为礼教的诠释者和维护者,当然也就是孝道的卫道士。

近代以来,现代化国家的建设步伐加快。国家改变了原来对乡村治理的理念和定位。以现代法治取代传统礼治,以农会取代士绅,后来又以(党)村干部委员会取代农会,以优秀大学生补充改善村官队伍,以人民公社对基层社会的管控到乡镇政府机构的建立,以国家对乡村社会的进驻到撤离再到乡村自治,从农业支持工业、乡村支持城市发展到反哺农村、农业,从以经济建设为中心到"五位一体"的新农村建设……国家驱动的自上而下的现代化进程加速,在牵引力作用之下,社会转型也在加剧。

二、乡村社会转型中"事实的秩序"

"事实的秩序",是指"人们已经在一定的时间内赋予了事物一定的物质格局"[①],但还没有充分地被界定,还没有走到一种成熟的理性的秩序的状态,但已经是一种事实秩序的现实。中国乡村社会经历了几十年的社会转型之后,形成

---

① 哈耶克曾经提出过"事实的秩序",强调客观或事件"在一定时间内所具有的或人们赋予它的一定的物质格局"。转引自童星主编:《现代社会学理论新编》,南京大学出版社2003年版,第233页。

一种新的社会现实,凸显了"事实的秩序"。

呼啸而来的城市化和工业化进程不断解构着传统乡村文化的秩序价值。"村庄",成为"从城市回来的人"与"去城市打工的人"经常往来的"空间"。乡村文化经历着"碎片化"。如大家庭结构已经基本解体,敬老养老观念开始松弛。婆婆们在家庭中已无从前的地位。体力较好的婆婆会到城里当保姆,为自己挣一份收入,这样反而能与媳妇维持好关系。大规模打工带来了空前的社会流动,很多媳妇进城打工了,或者丈夫出去打工,妻子、孩子留在乡村,农村中婚姻关系也变得脆弱,并出现了留守儿童的问题,呈现出道德习俗水平的混杂和失范。原有的传统村落社会网络被打碎。今天的中国农民已不再是一个个同质性群体,而是具有了异质性的分化的结构性群体。乡村文化失去了认同的基础,传统道德日益碎片化。

乡村陷入被工业文明、城市文化等强势文化形态所冲击和改造的境地。城市文化通过各种方式和途径不断向乡村社会灌输自己的文化理念与精神,改变着乡村文化的价值理念与存在状况。农民原有的生活方式、思维方式、居住状态、人际关系甚至语言习惯都在潜移默化地发生变化,使乡村社会原有的符号,如农田里谁家的杂草最少、中午太阳暴晒的时候看谁锄草坚持到最后,打麦场上飞扬的丰收果实的喜悦,农村集市的欢闹和熟人社会里的诚信交易,"开轩面场圃,把酒话桑麻"农民怡然自得的农家小院,蛙声和星空交织的寂静的夜晚,母亲纳的鞋垫和做的点心,媳妇织的毛衣等,这些包涵着朴素、勤劳、节俭等古老价值的东西贬值了。它被电视和电脑网络所传导出的新的城市生活方式所打乱,并代之以对城市繁华的高楼大厦、霓虹灯,超市中的虾条、薯片、早餐奶、T恤衫,电子网络游戏的新的向往,智能手机也已在农村青年人中普及,包括对快速挣钱、一夜成名,摆脱底层地位的渴望。城市化背景下不断扩展的生活方式的符号,渗透在生活的细节中,它在颠覆乡村秩序。

乡村社会的消费结构和符号开始转换了。"当追求富裕成为乡村人压倒一切的生活目标,经济成为乡村生活中的强势话语,乡村社会由玛格丽特·米德所言的以年长者为主导的前喻文化迅速向以年轻人为主导的后喻文化过渡,年长者在乡村文化秩序中迅速被边缘化。更为关键的是乡村文化价值体系的解体,利益的驱动几乎淹没一切传统乡村社会文化价值,而成为乡村社会的最高主宰。"①

此外,由于传统道德的权威在乡村社会日渐衰落,道德舆论控制渐渐失去作用,再加之现代乡村社会存在着多元道德观念,农民陷入了主流道德文化和多元道德观念尖锐冲突的两难境地,导致乡村社会道德评价标准失范。正如孟德拉斯所说,劳动者不再仅仅依赖于自己的良心、干劲和劳动观念,父辈的道德观念也不再是评价劳动者的主要依据和人们从事经营管理的标准。人们不再有共同的对荣辱、是非、对错和善恶的判断标准,不再有地方性的伦理共识和道德规范,对人与事的道德评价往往只依赖于个人的喜好及与当事人的亲疏等主观认识,道德评价的参照体系混乱而且缺乏规范,导致乡村社会陷入紊乱无序状态的风险迅速上升。②农民已经无法在乡村社会找到家园感、归属感和依赖感。同时,受传统习惯、受教育程度、村落环境等因素的影响,城市文化中的高雅艺术难以在乡村社会立足、扎根,而其中的浅薄、低俗文化却在乡村肆意泛滥,极大地冲击着乡村社会淳朴、敦厚的文化根基。

乡村文化的失调和自信的丧失,引起了乡村社会的失序。在一些乡村中,赌博等快速发财的非法陋习见怪不怪,土地不再被视为农民的命根子而不惜抛荒,同时由于农业税费的废除村干部失去了借机敛财的机会,于是把目光转向出卖出租村里集体所有的水库、果园、林场等集体资产。由于农民得到的合法性秩序资源有限,且成本很高,风险很大,于是他们对法院和警察不太信任,而是相信生意场上的保护人。此外,外出打工诱惑的增多,处于叛逆期留守儿童的辍学误入歧途,以及离婚率上升,犯罪率增加,弃老不孝之风的蔓延……很长一段时间,老龄化的加剧与传统孝道的衰落两个过程同时在中国,在中国乡村发生。处在社会转型期的中国乡村,一方面传统的道德价值观日渐衰微,另一方面新的伦理秩序尚未建立,正面临以孝道式微为明显特征的"伦理性危机"。

三、礼失求诸法？——从礼治向法治转型的困境

梁漱溟认为,传统中国社会是伦理本位的社会;费孝通则认为,乡村社会的

---

① 刘铁芳:《乡村的终结与乡村教育的文化缺失》,《书屋》2006年第10期。
② [法]孟德拉斯:《农民的终结》,李培林译,社会科学文献出版社2009年版,第289页。

生活形式表现为"差序格局"。无论两位学者认识的角度有何不同,但都承认同一个事实:传统的中国乡村社会是礼治社会,是一个以"近距离"为特征的、给人以充分的"在家"感的乡村世界,是以人伦关系为依托建构起来的共同体。在这个共同体中,农民的道德主张及社会的伦理关系约束着人们的交往行为,维系着乡村社会生产生活的良序进行。①

随着流动增加、就业多样化、社会经济分化,农民间异质性大为增强,村庄私人生活和公共生活发生了重大变化,家庭日益私密化,村民之间陌生感增加。这些加剧了村庄的半熟人社会化,原先的亲密群体正在逐步解体,村民对村庄共同体的依赖和认同下降,村庄内生权威生成的社会基础不断遭到削弱。②传统"熟人社会"中国的乡土逻辑正在丧失,村庄共同关系、合作与互动体系趋于瓦解,农民理性化程度上升,彼此间的相互期待与依存度下降,关系淡化,互动减少,集体组织对社区的整合能力下降等。以往农村社会中的各种交往关系,比如房屋买卖、两家结亲、民间借贷、兄弟分家、婆媳劝和、民事赔付等社会经济活动,一般都有街坊邻居或家族热心人主动出面调停,现在这种活跃于乡村人脉之中的"中间人"愈来愈少。农村社会中邻居之间的冲突"打架"少了,同时"帮忙打架"的人和劝和的"老娘舅"也少了,"众口铄金、积毁销骨"的村庄舆论趋于沉默,多了"看热闹"的旁观者。传统的乡村共同体并非没有矛盾,而是对待和处理个体之间矛盾的知识凭藉、方式方法和最终结果都离不开共同体的参与和礼俗社会的制约。

按照杜赞奇的解释,中国传统乡土社会普遍存在着"权力的文化网络"(culture nexus of power),国家对乡村的管理和汲取,都是通过这一"文化网络"而实现。这一文化网络包括了不断相互交错影响作用的等级组织(hierarchical organization)和各种非正式相互关联网(networks of informal relations)。这些等级组织包括市场、宗族、宗教和水利控制组织,以及诸如庇护人与被庇护者、亲戚朋友间的相互关联,一起构成了施展权力和权威的基础。③而"文化网络"中的"文化"一词是指扎根于这些组织中、为组织成员所认同的象征和规范

---

① 赵霞:《传统乡村文化的秩序危机与价值重建》,《中国农村观察》2011年第3期。
② 董磊明:《结构混乱与迎法下乡:河南宋村法律实践的解读》,《中国社会科学》2008年第5期。
③ [美]杜赞奇:《文化、权力与国家——1900—1942年的华北农村》,王福明译,江苏人民出版社2006年版,第3页。

(symbols and norms)。这些规范包括宗教信仰、内心爱憎、共同体价值等。上面的组织攀援依附于各种象征价值(symbolic values),从而赋予文化网络以一定的权威,使它能够成为地方社会中领导权具有合法性的表现场所。而文化网络中制度与网结交织的地方,便是乡村精英或乡村领袖活跃的平台。这便是中国乡土社会自我运作的内驱机制和动力系统。20世纪以后,国家政权试图抛开,甚至毁坏乡村文化网络以深入乡村社会,但结果发现,离开或缺失乡村文化网络支持的"乡村自治"往往陷入"痞化"的状态,在乡村治理中遭遇了进退两难的境地——既不可能恢复传统的礼治,也未真正走上法治的轨道。

在社会的大转型中,传统的礼治秩序难以维持。包括孝道在内的传统文化式微,家族组织及其活动场所(宗祠)所剩无几,水利组织、生产组织、宗教组织乃至血缘关系都不同程度地消解了,乡村头人要么外出打工然后移居城市,要么随着"文化"的转型和"网络"的解构而失去了话语权,依礼而治的"保护性经纪"已经退出了历史舞台。与此同时,1949年后依靠革命话语而建构的乡村基层政权组织体系,亦由于国家行政权力的收缩而"悬浮"。黑色势力和灰色势力趁机填补由于秩序危机而出现的权威中空,甚至公然渗透进乡村基层党政机构,成为乡镇政府也无力改变的地方秩序代理维持者,也就是杜赞奇所谓的"赢利性经纪"。乡村社会各种纠纷的调解,开始诉诸各种营利性的灰色组织的"斡旋"和"摆平"。在利益化和市场化浸淫着的农村社会,"没用"的老人成为弱势群体,遭遇养老危机——儿女嫌弃,村干部嫌烦,家规已经失传,乡规民约名存实亡,国家法律高高在上:一是对于"不孝"行为语焉不详,无法追究子女责任;二是需要举证,利益化时代的乡民学会了理性计算举报的得失。尊老养老既是社会文明和进步的标志,也是社会失序和紊乱的最后一道警戒线——英国学者卡·波兰尼强调,一种社会变迁,包括社会灾难,"首先是一种文化现象而不是经济现象,是不能通过收入数据和人口统计来衡量的。……导致退化和沦落的原因并非像通常假定的那样是由于经济上的剥削,而是被牺牲者文化环境的解体"。①

对于当代乡村的治理,在礼失之后最自然的选择便是求诸法。苏力认为,

---

① [英]卡尔·波兰尼:《大转型——我们时代的政治与经济起源》,浙江人民出版社2007年版,第134页。

"由于种种自然的、人文的和历史的原因,中国现代的国家权力对至少是某些农村乡土社会的控制仍然相当松弱;'送法下乡'是国家权力试图在其有效权力的边缘地带以司法方式建立或强化自己的权威,使国家权力意求的秩序得以贯彻落实的一种努力"①。处于"自治"和"自为"状态的乡民渴望国家输入一种代表着公平和正义的新的法理权威,与其说是借此化解各类纠纷,不如说更希望借此来以正压邪,重树地方社会的良性秩序。

正是在这一意义上,国家要抓住新农村建设的契机,在农民"迎法下乡"的期盼中,以国家法律为天下之"公器",以对乡情民约的吸收和官方解读为途径,培养新时代的乡村社会组织,重建当今乡村权力的文化网络,重塑乡村治理的常规性力量,推行反映现代公民精神的制度文化。国家的农村政策和家庭政策要调动社区和家庭的积极性,使得养老敬老成为精神上受褒扬、物质上得补助、国法村规上得保障的可行之"道"。决不能让"劣币驱逐良币",让乡村社会在国家权力收缩之时呈现灰色化或扶持型秩序。

四、城镇化和乡村治理坐标下文化建设的方向

按照滕尼斯的观点,现代化过程中,社会将从礼俗共同体转向法理共同体。我们常常把这个过程看成城市组织对乡村共同体的替代,其实它的另一个过程是原来的乡村共同体自身走向城镇化、理性化过程。这是应该在中国今天和未来要持续发生的。因而,不能把乡村文化建设简单归于从前那种静态的家庭伦理建设。在新的时代,应该是新的制度文化、公民素质发展来支撑着未来的乡村文化的发展,在取消了农业税后的农村更应该是这样,即我们只能在推进公民普遍素质建设的总题目下加强家庭伦理与职业伦理的发展。②事实证明,现在的乡村已经不可能再孤立于城市体系之外了,农民成为维持城市经济和生活正常运转的不可或缺的部分,农村成为城市工业文明的延伸体,农业具有了比以往任何时代都重要的位置——城市人对无公害粮食、蔬菜和瓜果的需求日益彰显,而且

---

① 苏力:《送法下乡——中国基层司法制度研究》,中国政法大学出版社 2000 年版,第 30 页。
② 扈海鹂:《乡村社会:"秩序"与"文化"的提问》,《唯实》2009 年第 7 期。

城市化的进程使得城乡日益一体化。在这样的背景下,建设乡村文化也要置于城乡统筹规划的坐标之中。

自上而下靠国家政策推动和投资拉动的新农村建设,大大加快了农村现代化的步伐。但是,由于缺乏对农村内生资源及其秩序系统的深入研究,未能建立起自下而上的耦合接口,使得国家与社会在乡村建设的场域难以缝合起来。单纯依靠权威和经济资本驱动农村的现代化,而缺乏文化资本的建设和积累。长期以来它带来诸如农村知识阶层、教育资源的流失、众多非商品化、非时尚的乡村生活方式符号的贬值。农村每年培养输送了很多的大学生,但真正叶落归根的却很少;农村中年富力强又富有开拓精神的农民也多在城市打工;乡村教师队伍也在向上流动,有能力的千方百计地从村小学调往乡镇小学,由乡镇调往城区学校,为了收入的增加和自己的下一代具有较好的教育和医疗条件。农村中的精英和成功人士大多数选择了在家乡附近的城区买房,而且一般是买在学区房,体现了农村人对文化资本的被压抑的强烈的渴望,比如外语,农村小学前两年根本就没有外语教师,乡镇小学从三年级开始学,而城市小学则从一年级就开始学,这样当来自边远农村、乡镇中心、城市不同区位的孩子同时进入初中和高中以后,英语基础迥然有异,成绩不可同日而语,农村地区的孩子输在了起跑线上。无怪乎从事教育研究的学者在经过长期的调查以后发现,近20年来农村学生考上北大清华的愈来愈少,考上重点大学的比率也在逐年下降。[①]这也暗示了城乡文化资本随着单向的流出而差距越来越大。

在"区隔"的城乡二元结构和城市新二元结构中,农民即使离开了土地,生存依然需要大量的能够合法得到的社会资源。农民缺少经济资本,更缺少文化资本,所以,在他们被拉进城市工业化、市场化的劳动大军后,很快遇到消费时代新的分化情境下被区隔的痛苦,他们无法在市场结构中获得较好的地位,又经历了消费时代的种种难题与新的分化。同时,农民的孩子如果在城市或乡村得不到

---

① 北京大学教育学院副教授刘云杉统计1978—2005年近30年间北大学生的家庭出身发现,1978—1998年,来自农村的北大学子比例约占三成,20世纪90年代中期开始下滑,2000年至今,考上北大的农村子弟只占一成左右。清华大学人文学院社科2010级王斯敏等几位本科生在清华2010级学生中做的抽样调查显示,农村生源占总人数的17%。那年的高考考场里,全国农村考生的比例是62%。不仅仅是北大清华。教育学者杨东平主持的"我国高等教育公平问题的研究"课题组调研得出,中国国家重点大学里的农村学生比例自20世纪90年代开始不断滑落。参见《重点大学农村学生比例不断下降 寒门子弟无缘保送加分》,新华网·新闻 http://news.xinhuanet.com/local/2011-08/06/c_121821039.htm,2011年8月6日。

良好的教育条件,将失去获得体面生存的文化资本。①中国新一轮的民生问题直接关系到农民、农民工、农村居民能否真正获得合理的教育、医疗、养老、住房方面的公共资源。按照布迪厄的思路,在开放的市场竞争时代,"为了社会区隔而进行的斗争,是所有社会生活的基本维度"。市场化要求城乡一体化和秩序资源获得的平等化,尤其在涉及个人发展的起点公平方面,比如教育,政府要在实施制度公平方面承担更多的责任。

秩序的基础是制度,制度的背后反映的是文化。"人们为之工作和奋斗的目标是由文化决定的"②,传统社会中的孝文化曾经是我们珍视的道德价值,是做人的基本标准。虽然每个人都会最终衰老,但是当人们预见到自己晚年可以受到家人和社会很好的照料时,我们不会不安、焦虑。而现代生活中,我们扔掉了曾经珍视的尊老敬老的价值,我们依然感受到来自衰老的威胁,于是我们心神不安。

孝道重构的根本目的,是要保障老人"老有所养"。观念和经济能力的限制,中国相当数量的农村家庭,目前仍然依靠家庭养老而非社会养老,这应该引起国家和社会的重视。国家应该是加强主体行为及行为机制的稳定与运行,从发掘乡村孝道文化的内生性资源角度去优化养老问题,而不是打破主体互动的关系去急于建立新的秩序。

笔者认为,不论是对传统文化的再认同,还是对新的乡村文化进行建构,中国新的乡村建设,理应成为"文化中国"的一部分。近期,从国家文化建设与新农村建设战略的交集中,不难管窥国家对包括农村在内的文化建设与秩序重构的意志。③

作为发展战略目标的社会主义现代化,包括了经济、社会、文化、政治各个层面。其中,社会的现代化既应包括精神生活的丰富,也应内含人际关系的协调。我们所要的乡村现代化,绝不是物欲横流的现代化,而是人际关系和谐、仁爱和

---

① 扈海鹂:《乡村社会:"秩序"与"文化"的提问》,《唯实》2009年第7期。
② 波兰尼:《大转型:我们时代的政治与经济起源》,浙江人民出版社2007年版,第135页。
③ 2020年11月,党的十九届五中全会审议通过的《中共中央关于制定国民经济和社会发展第十四个五年规划和二〇三五年远景目标的建议》,首次提出"实施乡村建设行动",把乡村建设作为"十四五"时期全面推进乡村振兴的重点任务,摆在了社会主义现代化建设的重要位置。2021年2月,中央一号文件《中共中央 国务院关于全面推进乡村振兴加快农业农村现代化的意见》正式公布。文件提出要持续推进农村移风易俗,推广积分制、道德评议会、红白理事会等做法,加大高价彩礼、人情攀比、厚葬薄养、铺张浪费、封建迷信等不良风气治理,推动形成文明乡风、良好家风、淳朴民风。

有序的现代化。1982年9月,联合国第37届大会通过的《老龄问题维也纳国际行动计划》声言:"孝敬和照顾年长者是全世界任何地方人类文化中的少数不变的价值因素之一,它反映了自我求存动力同社会求存之间的一种基本相互作用,这种作用决定了人种的生存和进步。"

如何在这个文化价值多元的"天下",重拾传统文化里的一些精神,研究传统文化对社会秩序所担负的使命,在汲取和借鉴世界各国的合理的经济社会制度的基础上,整合出中国本位的开放的中华文化。以应对社会与经济发展的不均衡,救治失于偏颇的自我中心观和民族虚无主义,以制度化建设的路径重塑文化对经济社会秩序的型构作用,成为亟待国人重新再思考的重要命题。

本书抛砖引玉,希冀通过对孝道在当代中国乡村实践的考察,从孝道与社会秩序的角度来分析孝之于家庭、村庄、国家三个场域的运作及其特点,试图整合出法、礼、情三维一体的分析框架,为孝文化的研究和建设提供一个现实的案例分析文本。注重从国家与社会的多维互动角度破解孝道重建的理论难题,在实践层面提出,构建国家倡导、媒体监督、企业参与(如孝工资)、社会介入、社区支撑(如道德评议委员会、居民道德档案)、家庭奖惩等错位分工合作的孝文化网络运行机制,建立家庭养老和社会养老的互补并存机制,鼓励个人或民间资本投资农村社会化养老,政府研究出台管理和购买服务的具体政策,高校加快培养适应于中国乡村养老课题的社工人才,探索具有"孝意"的符合时代精神的"孝行"标准。

当然,需要指出的是,对传统孝文化的再认同和开发利用,绝不是全盘的接受,而是要借鉴中国传统孝道建构的历史经验,吸收国外养老尊老的政治、经济和社会制度设计理念及其策略,根据中国当代的社会经济制度及中国人的生活需要,同时又要以前瞻性和引领性的高度来顶层设计孝文化的内涵建设及其实施路径,在批判中继承、取舍中借鉴、创新中重构。

参考文献

(一) 中文著作类

[1] 费孝通:《乡土中国》,上海人民出版社2013年版。

[2] 梁漱溟:《中国文化要义》,上海人民出版社2005年版。

[3] 梁漱溟:《乡村建设理论》,上海人民出版社2011年版。

[4] 叶光辉、杨国枢:《中国人的孝道》,重庆大学出版社2009年版。

[5] [美]杜赞奇:《文化、权力与国家》,王福明译,江苏人民出版社1995年版。

[6] 杨国枢:《中国人的心理》,江苏教育出版社2006年版。

[7] 翟学伟:《人情、面子与权力的再生产》,北京大学出版社2005年版。

[8] 郭于华:《死的困扰与生的执著——中国民间丧葬仪礼与传统生死观》,中国人民大学出版社1992年版。

[9] 郭于华:《仪式与社会变迁》,社会科学文献出版社2000年版。

[10] 骆承烈编:《中国古代孝道资料选编》,山东大学出版社2003年版。

[11] 骆承烈编:《天经地义论孝道——中华孝文化研究集成系列》,光明日报出版社2013年版。

[12] 肖群忠:《孝与中国文化》,人民出版社2001年版。

[13] 阎云翔:《礼物的流动——一个中国村庄中的互惠原则与社会网络》,李放春、刘瑜译,上海人民出版社2000年版。

[14] 阎云翔:《私人生活的变革:一个中国村庄里的爱情、家庭与亲密关系》,龚小夏译,上海书店出版社2006年版。

[15] 张德胜:《儒家伦理与社会秩序》,上海人民出版社2008年版。
[16] 黄光国、胡先缙等:《人情与面子:中国人的权力游戏》,中国人民大学出版社2010年版。
[17] 王先明:《变动时代的乡绅——乡绅与乡村社会结构变迁》,人民出版社2009年版。
[18] 徐复观:《中国孝道思想的形成、演变及其在历史中的诸问题》,载徐复观:《中国思想史论集》,上海书店出版社2004年版。
[19] 徐剑艺:《中国人的乡土情结》,上海文化出版社1993年版。
[20] 孔德永:《传统人伦关系与转型期乡村基层政治运作——以南镇为中心的考察》,中国社会科学出版社2011年版。
[21] 李亦园:《中国文明的民间文化基础》,载马戎等主编:《二十一世纪:文化自觉与跨文化对话》,北京大学出版社2001年版。
[22] 谢幼伟:《孝与中国社会》,见《理性与生命——当代新儒学文萃》,上海书店1994年版。
[23] 王沪宁:《当代中国村落家族文化》,上海人民出版社1991年版。
[24] 薛亚丽:《村庄里的闲话》,上海世纪出版集团2009年版。
[25] 季庆阳编:《孝文化的传承与创新——基于大唐盛世的考察》,西安电子科大出版社2015年版。
[26] 秦永洲、杨治玉:《以孝治国》,中国国际广播出版社2014年版。
[27] 聂莉莉:《从小传统看儒家文化的影响——对东北地区的实地调查与分析》,载潘乃谷、马戎主编:《社区研究与社会发展》(中),天津人民出版社1996年版。
[28] 裴晓梅:《传统文化与社会现实:老年人的家庭关系初探》,载清华大学社会学系主编:《清华社会学评论》(特辑),鹭江出版社2000年版。
[29] 杨联陞:《报:中国社会关系的一个基础》,段昌国译,载杨联陞:《中国文化中报、保、包之意义》,香港中文大学出版社1987年版。
[30] 杨念群:《民国初年北京的生死控制与空间转换》,载杨念群主编《空间·记忆·社会转型——"新社会史"研究论文精选集》,上海人民出版社2001年版。

[31] 岳庆平:《孝与现代化》,载乔健、潘乃谷主编:《中国人的观念与行为》,天津人民出版社1995年版。

[32] 陈功:《社会变迁中的养老和孝观念研究》,中国社会出版社2009年版。

[33] 朱晓阳:《罪过与惩罚:小村故事》,天津古籍出版社2003年版。

[34] 何勤华、陈灵海:《法律、社会与思想——对传统法律文化背景的考察》,法律出版社2009年版。

[35] [英]苏珊·特斯特:《老年人社区照顾的跨国比较》,中国社会出版社2002年版。

[36] [美]玛格丽特·米德:《文化与承诺:一项有关代沟问题的研究》,河北人民出版社1987年版。

[37] [美]劳拉·斯马特、莫利·斯马特:《家庭——人伦之爱》,延边大学出版社1988年版。

[38] [美]李怀印:《乡村中国纪事——集体化和改革的微观历程》,法律出版社2010年版。

[39] 熊培云:《一个村庄里的中国》,新星出版社2011年版。

[40] 陆益龙:《农民中国——后乡土社会与新农村建设研究》,中国人民大学出版社2010年版。

[41] 杨复兴:《中国农村养老保障模式创新研究——基于制度文化的分析》,云南人民出版社2007年版。

[42] 许卫国:《远去的乡村符号》,凤凰出版社2011年版。

[43] 潘鸿雁:《国家与家庭的互构——河北翟城村调查》,上海人民出版社2008年版。

[44] 黄海:《灰地——红镇"混混"研究》,生活·读书·新知三联书店2010年版。

[45] 刘中一:《村庄里的中国——一个华北乡村的婚姻、家庭、生育与性》,山西人民出版社2009年版。

[46] 陈柏峰:《暴力与秩序:鄂南陈村的法律民族志》,中国社会科学出版社2011年版。

[47] 谭同学:《桥村有道——转型乡村的道德权利与社会结构》,生活·读书·

新知三联书店 2010 年版。

[48] 李银河:《后村的女人们——农村性别权力关系》,内蒙古大学出版社 2009 年版。

[49] 张佩国:《财产关系与乡村法秩序》,学林出版社 2007 年版。

[50] 王志民、张仁玺:《传统孝文化在当地农村的嬗变——山东农村孝文化调查》,山东文艺出版社 2005 年版。

[51] 李庆真:《变迁中的乡村知识群体与乡村社会》,光明日报出版社 2010 年版。

[52] 张鸣:《乡村社会权力和文化结构的变迁》,陕西人民出版社 2008 年版。

[53] 贺雪峰:《什么农村,什么问题》,法律出版社 2008 年版。

[54] 李霞:《娘家与婆家——华北农村妇女的生活空间和后台权力》,社会科学文献出版社 2010 年版。

[55] 萧楼:《夏村社会》,生活·读书·新知三联书店 2010 年版。

[56] 张岭泉:《农村代际关系与家庭养老》,河北大学出版社 2012 年版。

[57] 严军兴:《多元化农村纠纷处理机制研究》,法律出版社 2008 年版。

[58] 黄雪梅:《大化无形——云南大理白族祖先崇拜中的孝道化育机制研究》,广西师范大学出版社 2009 年版。

[59] 黄娟:《社区孝道的再生产:话语与实践》,社会科学文献出版社 2011 年版。

[60] 于建嵘:《岳村政治——转型期中国乡村政治结构的变迁》,商务印书馆 2001 年版。

[61] 贺雪峰:《乡村社会关键词——进入 21 世纪的中国乡村素描》,山东人民出版社 2010 年版。

[62] 唐晓腾:《中国乡村的嬗变与记忆——对城市化过程中农村社会现状的实证观察》,中国社会科学出版社 2010 年版。

[63] 刘志军:《乡村都市化与宗教信仰变迁》,社会科学文献出版社 2007 年版。

[64] 舒大刚、彭华:《忠恕礼让—儒家的和谐世界》,四川大学出版社 2008 年版。

[65] 徐勇:《现代国家乡土社会与制度建构》,中国物资出版社 2009 年版。

[66] 彭大鹏、吴毅:《单向度的农村——对转型期乡村社会性质的一项探索》,湖北人民出版社 2008 年版。

［67］王跃生:《中国当代家庭结构变动分析——立足于社会变革时代的农村》,中国社会科学出版社2009年版。

［68］杨晋涛:《塘村老人》,中国社会科学出版社2011年版。

［69］孙立平:《重建社会——转型社会的秩序再造》,社会科学文献出版社2009年版。

［70］谢迪斌:《破与立德双重变奏——新中国成立初期乡村社会道德秩序的改造与建设》,湖南人民出版社2009年版。

［71］李友梅、黄晓春、张虎祥等:《从弥散到秩序——"制度与生活"视野下的中国社会变迁(1921—2011)》,中国大百科全书出版社2011年版。

［72］曹锦清:《黄河边的中国:一个学者对乡村社会的观察与思考》,上海文艺出版社2004年版。

［73］苏力:《送法下乡:中国基层司法制度研究》,中国政法大学出版社2000年版。

［74］陈功:《社会变迁中的养老和孝观念研究》,中国社会出版社2009年版。

［75］王树新:《社会变革与代际关系研究》,首都经济贸易大学出版社2004年版。

［76］陈锋:《乡村治理的术与道:北镇的田野叙事与阐释》,社会科学文献出版社2016年版。

［77］刘儒:《乡村善治之路:创新乡村治理体系》,红旗出版社2019年版。

［78］李万忠:《乡镇干部手记——中国乡村治理中鲜为人知的实况(1990～2017)》,知识产权出版社2018年版。

［79］温铁军:《居安思危:国家安全与乡村治理》,东方出版社2016年版。

［80］柏莉娟:《乡村治理方式变迁与创新方法研究》,中国商务出版社2019年版。

［81］周少来编:《乡村治理——结构之变与问题应对》,中国社会科学出版社2018年版。

［82］任路、李博阳、方帅等:《清远改革:以治理有效引领乡村振兴》,社会科学文献出版社2018年版。

［83］高利华编:《乡村治理与文化重构》,中国社会科学出版社2019年版。

［84］刘锋、靳志华、徐英迪:《地方文化资源与乡村社会治理》,社会科学文献出版社2018年版。

［85］国务院办公厅:《关于加强和改进乡村治理的指导意见》,人民出版社2019年版。

［86］张英洪:《善治乡村—乡村治理现代化研究》,中国农业出版社2019年版。

［87］王天鹏:《孝道之网:客家孝道的历史人类学研究》,中国社会科学出版社2015年版。

［88］郭德君:《传统孝道与代际伦理:老龄化进程中的审视》,中国社会科学出版社2018年版。

［89］韦雪艳:《青少年孝道研究》,南京大学出版社2017年版。

［90］李银安、李明等:《中华孝文化传承与创新研究》,人民出版社2017年版。

［91］赵宏宇:《儒家孝道伦理的历史变迁》,广州出版社2019年版。

(二) 中文期刊类

［1］费孝通:《重读〈江村经济序言〉》,载《北京大学学报(哲学社会科学版)》1996年第4期。

［2］费孝通:《家庭结构变动中的老年赡养问题》,载《北京大学学报(哲学社会科学版)》1983年第3卷。

［3］郭于华:《代际关系中的公平逻辑及其变迁:对河北农村养老事件的分析》,载刘东主编:《中国学术》2001年第4期。

［4］胡鸿保、黄娟:《反观中国古代思想的人类学研究价值》,载《中央民族大学学报(哲学社会科学版)》2008年第1期。

［5］李博柏:《试论我国传统家庭的婆媳之争》,载《社会学研究》1992年第6期。

［6］刘君达:《试论中华民族孝的传统美德的批判与继承》,载《学术论坛》1984年第5期。

［7］韩恒:《法规的运行——以G村的殡葬改革为例》,载《中国农业大学学报(哲学社会科学版)》2007年第3期。

［8］刘英:《中国农村核心家庭的特点》,载《社会学研究》1990年第4期。

［9］麻国庆:《分家:分中有继也有合——中国分家制度研究》,载《中国社会科学》1999年第1期。

[10] 刘学林、王楠:《〈孝经〉思想论评》,载《陕西师范大学学报》1993年第1期。

[11] 宋金兰:《"孝"的文化内涵及其嬗变——"孝"字的文化阐释》,载《青海社会科学》1994年第3期。

[12] 王金玲:《非农化与农民家庭观念的变迁——浙江省芝村乡调查》,载《社会学研究》1996年第4期。

[13] 王雅林、张汝立:《农村家庭功能与家庭形式》,载《社会学研究》1995年第1期。

[14] 孙立平:《"过程—事件分析"与当代中国国家—农民关系的实践形态》,载清华大学社会学系主编:《清华社会学评论》(特辑),鹭江出版社2000年版。

[15] 王跃生:《集体经济时代农民分家行为研究——以冀南农村为中心的考察》,载《中国农史》2003年第2期。

[16] 魏英敏:《"孝"与家庭文明》,载《北京大学学报(哲学社会科学版)》1993年第1期。

[17] 郁有学:《近代中国知识分子对传统孝道的批判与重建》,载《东岳论丛》1996年第2期。

[18] 阎云翔:《家庭政治中的金钱与道义:北方农村分家模式的人类学分析》,载《社会学研究》1998年第6期。

[19] 阎云翔:《差序格局与中国文化的等级观》,载《社会学研究》(2006a)第4期。

[20] 翟学伟:《中国人际关系的特质——本土的概念及其模式》,载《社会学研究》1993年第4期。

[21] 张琳:《漫谈"孝"的道德》,载《孔子研究》1988年第4期。

[22] 张荣华:《文化史研究中的大、小传统关系论》,载《复旦学报(社会科学版)》2007年第1期。

[23] 郑萍:《村落视野中的大传统与小传统》,载《读书》2005年第7期。

[24] 潘剑锋等:《孝文化与农村精神文明的调查研究》,载《文史博览》2006年第4期。

[25] 关瑞煊、张宇桥、伍锡洪:《老、中、青三代在北京、广州、南京、上海、厦门、西

安及香港的孝道实践研究》,载《中华孝文化与代际和谐》国际论坛论文,2003。

[26] 严旭:《先秦儒家孝道伦理对后世法制文化的影响》,载《法制博览》2017年第36期。

[27] 钟涨宝、李飞、冯华超:《"衰落"还是"未衰落"？孝道在当代社会的自适应变迁》,载《学习与实践》2017年第11期。

[28] 孙晓冬:《孝道风险感知:子女性别有影响吗？》,载《人口学刊》2018年第2期。

[29] 王向清、杨真真:《孝道的形上之维》,载《湖南社会科学》2018年第1期。

[30] 卢勇、潘剑锋:《两汉时期孝道尊老养老举措及其历史价值》,载《史志学刊》2018年第2期。

[31] 胡仪美、丁成际:《家风建设与新孝道文化波及》,载《重庆社会科学》2016年第11期。

[32] 王向清、杨真真:《我国农村地区孝道状况分析及其振兴对策》,载《北京大学学报》2017年第2期。

[33] 文雅:《古今之间的"孝道"——兼论传统孝道的现代转换》,载《道德与文明》2017年第5期。

[34] 王翠绒、邹会聪:《独生子女农户代际互动脆弱性的镜像、归因与消解》,载《湖南师范大学社会科学学报》2018年第1期。

[35] 张建雷:《家庭伦理、家庭分工与农民家庭的现代化进程》,载《伦理学研究》2017年第6期。

[36] 阎云翔、杨雯琦:《社会自我主义:中国式亲密关系——中国北方农村的代际亲密关系与下行式家庭主义》,载《探索与争鸣》2017第7期。

[37] 李俏、马修·卡普兰:《老龄化背景下的代际策略及其社会实践——兼论中国的可能与未来》,载《国外社会科学》2017年第4期。

[38] 李俏、陈健:《变动中的养老空间与社会边界——基于农村养老方式转换的考察》,载《中国农业大学学报(社会科学版)》2017年第2期。

[39] 熊波:《孝道观念与成年子女的代际支持——基于中国三地农村的考察》,载《山东社会科学》2016年第4期。

［40］张耀天：《中国传统孝道的陨落与救赎》，载《中共成都市委党校学报》2017年第5期。

［41］韦宏耀、钟涨宝：《代际交换、孝道文化与结构制约：子女赡养行为的实证分析》，载《南京农业大学学报（社会科学版）》2016年第1期。

［42］傅绪荣、汪凤炎、陈翔、魏新东：《孝道：理论、测量、变迁及与相关变量的关系》，载《心理科学进展》2016年第2期。

［43］李俏、姚莉：《父慈还是子孝：当代农村代际合作方式及其关系调适》，载《宁夏社会科学》2020年第1期。

［44］王跃生：《社会变革中的家庭代际关系变动、问题与调适》，载《中国特色社会主义研究》2019年第3期。

［45］周飞舟：《慈孝一体：论差序格局的"核心层"》，载《学海》2019年第2期。

［46］苗卉、赵智敏：《〈人民日报〉（2002.1.1—2017.12.31）孝文化报道的文本分析》，载《新闻爱好者》2018年第11期。

［47］周海生：《家训中的孝道及其价值意蕴》，载《理论学刊》2019年第5期。

［48］房秀丽、朱祥龙：《论儒家孝道里的终极关怀意识》，载《孔子研究》2018年第1期。

［49］樊浩：《孝道的文化之重》，载《江苏行政学院学报》2017年第6期。

［50］郑玉双：《孝道与法治的司法调和》，载《清华法学》2019年第4期。

［51］刘玲霞：《农村孝道式微的政治经济学分析》，载《湖北工程学院学报》2019年第4期。

［52］田北海、马艳茹：《中国传统孝道的变迁与转型期新孝道的建构》，载《学习与实践》2019年第5期。

［53］杨莉、刘媛婷：《新时代农村青年的孝道缺失问题及对策》，载《沈阳大学学报（社会科学版）》2019年第6期。

［54］曾天雄、曾鹰：《善治视域下的"新乡贤"文化自觉》，载《广东社会科学》2020年第2期。

［55］徐勇：《乡村文化振兴与文化供给侧改革》，载《东南学术》2018年第5期。

［56］王小章、冯婷：《从"乡规民约"到公民道德——从国家—地方社群—个人关系看道德的现代转型》，载《浙江社会科学》2019年第1期。

[57] 周少来:《乡村治理:制度性纠结何在》,载《人民论坛》2019年第3期。

[58] 邓大才:《走向善治之路:自治、法治与德治的选择与组合——以乡村治理体系为研究对象》,载《社会科学研究》2018年第4期。

[59] 甘雪慧、风笑天:《孝道衰落还是儿女有别——子女视角下中青年人养老孝道观的比较研究》,载《中国青年研究》2020年第3期。

[60] 刘婷婷、俞世伟:《乡村德治重构与归位:历史之根和现代之源的成功链接》,载《行政论坛》2020年第1期。

(三) 英文类著作与论文

[1] Hsu, Francis L.K., *Under the Ancestors' Shadow: Chinese Culture and Personality*, New York: Columbia University Press, 1948.

[2] Aldous, J, "New View on the Family Life of the Elderly and Near Elderly," *Journal of Marriage and the Family*, 1987.

[3] Cohen, Myron, *House United, House Divided: The Chinese Family in Taiwan*, New York: Columbia University Press, 1976.

[4] Feuchtwang, Stephan, "Domestic and Communal Worship in Taiwan," in Arthur P. Wolf, ed., *Religion and Ritual in Chinese Society*, Stanford: Stanford University Press, 1974.

[5] Freedman, Maurice, "Ancestor Worship: Two Facets of the Chinese Case," in Maurice Freedman, ed. *Social Organization: Essays Presented to Raymond Firth*, Chicago: Aldine, 1967.

[6] Ikels, Charlotte, *The Return of the God of Wealth: The Transition to a Market Economy in Urban China*, Stanford: Stanford University Press, 1996.

[7] Blau, P.M, *Exchange and power in social Life*, New York: Wiley, 1964.

[8] Blustein, J. *Parents and Children: The Ethics of the Family*. Oxford University Press, 1982.

[9] De Certeau, M., *The Practice of Everyday Life*, Berkeley: University of California Press, 1984.

[10] Potter, Jack M. and Sulamith Heins Potter, *China's Peasant: The Anthro-*

pology of a Revolution,Cambridge:Cambridge University Press,1990.

[11] Turner,Bryan S.,*The Body and Society*,Newbury Park:Sage Publication,1996.

[12] Margaret Mead,*Culture and Commitment—A Study of the Generation Gap*,Natural History Press,1970.

[13] Myron L.Cohen,*Kinship,Contract,Community,and State:Anthropological Perspectives on China*,Stanford:Stanford University Press,2005.

[14] Addison,J.T.,"Chinese Ancestor Worship and Protestant Christianity",*The Journal of Religion*,Vol.5,No.2,1925.

[15] Kyu-Taik Sung.,"An exploration of actions of filial piety," *Journal of Aging Studies*,No.4,1998.

[16] Tong-chang Liu,"Generation Harmony and China's Filial Piety Culture:a Sociological Thinking on Establishing the Regardless of Ages,Everyone Has a Share Society," *Cross-cultural Communication*,No.3,2010.

(四) 其他类别

[1]《FM乡志》,1989年版。

[2] FM乡人民调解委员会卷宗。

[3] 中国重要报纸全文数据库。

[4] 各省市统计局网站。

后　　记

本书是在我的博士论文的基础上修改而成的。10年前,在理想与现实之间徘徊良久,我终于决定读博。30岁之前为生活而读书,30岁之后我开始选择为读书而生活。路途或许会崎岖坎坷,但人生总需不断挑战自己。

首先要感谢我的导师张文宏教授。张老师是我的社会学专业启蒙导师,承蒙张老师不弃,我从原先的历史学学科一头闯进了博大精深的社会学。一路走得跌跌撞撞,但张老师从未有过抛弃和放弃,从题目的选择到章节的确定,从论文的写作到最终的完成,凝聚了导师的心血。犹记得论文开题在即,导师改签了机票只为能及时赶回;犹记得论文写作过程中,导师一遍一遍地修改和叮咛。严谨踏实的治学风格,精益求精的工作作风,宽容豁达的处事风格,这些都是吾师留给我终身受益的财富!

其次要感谢参加我论文预答辩和答辩会,并给予我指导意见的诸位老师。他们是复旦大学的桂勇教授,上海交通大学的张佩国教授,华东理工大学的何雪松教授,以及上海大学社会学院的仇立平教授、张海东教授、张敦福教授、张江华教授等诸位老师。师者,传道授业解惑也。诸位老师在我博士论文答辩时给出的宝贵意见使我豁然开朗,受益良多,同时也推动着我后续不断对论文进行思考与修改完善。

读博期间,有幸工作在上海工程技术大学马克思主义学院这样一个温暖的大家庭中。读书工作,工作读书,学院领导关照有加。除却日常的忙碌,我和我的同事们经常在一起谈学论道,纵论古今,张扬思想的力量;我们经常在一起互相勉励,守望相助,见证岁月的成长。一路同行一路歌。友谊,地久天长。

还要特别感谢我挚爱的家人们。年迈的父母亲,在我一边工作一边读博的时刻,毫无怨言地帮我担负起照顾下一代的重任;我的先生,多年来始终如一为我坚强后援,陪伴我在人生的道路上不停向前,不断成长;我的儿子钧钧,在他幼年的成长历程中,我因为学业和工作繁忙缺失了太多的陪伴时光。唯岁月长情、爱意永恒。成长和生活在一个具有强大凝聚力的大家庭中实属幸运,也正是在"上有老,下有小"的人生体验中,我对孝道有了更多的感悟。

本书的出版得到了上海工程技术大学学术专著出版基金资助,特此致谢。同时,上海社会科学院出版社为本书的出版提供了平台,特别是出版社的温欣编辑耐心细致,认真负责,为本书的出版付出了诸多努力,在此表示诚挚的感谢!

已是夜深,在我即将结束这篇后记写作之际,我的思绪又回到了那片我牵挂着的乡村。能言、爽朗、闯过世面,总是有很多见解的东屋大叔,勤劳、淳朴,一边劳作一边与我交谈的西屋阿婶,孤独、无助,总是一脸愁容的后屋阿婆和他的智障儿子,还有,那个拄着拐杖步履蹒跚,但非要坚持站在门口目送我访谈离开的慈祥老伯……他们和她们,生活得可安好?岁月的车轮缓缓驶过,这些年,村子里有些老人故去了,更多的人老去了。远隔千里,每每听到有关村里老人的讯息,我的心仍止不住悸动。我离开了村庄,但我从不曾忘记他们。对所有的人,我都心怀敬意,心存感激。他们,都是我人生成长道路上的领路人。在村庄的日子里,我感受着他们的快乐,体味着他们的悲苦,思考着他们的未来。我深深地爱着那片土地,爱着那片土地上劳作着的善良质朴的人们。现代化的路程中,我默默地期冀他们的生活明天会更好。

令人振奋的是,在本书出版之际,2021年2月中央一号文件重磅发布,这也是21世纪以来党中央连续发出的第十八个"一号文件"。文件提出集全党全社会之力加快农业农村现代化,让广大农民过上更加美好的生活。改革,一直在路上。相信不久的将来,一个个"产业兴旺、生态宜居、乡风文明、治理有效、生活富裕"的崭新乡村将屹立在中华大地,中国农民也将与全体社会成员一起继续共享改革发展新成果。

结束,也是下一个征程的开始。谨以这本不太成熟的著作,抛砖引玉,邀更多的社会学者关注我们的乡村,关注我们赖以寄托情感的家园。

——继续前行。

刘　芳

2021 年 2 月

图书在版编目(CIP)数据

社会转型期的孝道与乡村秩序：以鲁西南的 G 村为例 / 刘芳著 .— 上海：上海社会科学院出版社，2021
　ISBN 978-7-5520-3592-6

Ⅰ.①社… Ⅱ.①刘… Ⅲ.①孝—传统文化—研究—山东 Ⅳ.①B823.1

中国版本图书馆 CIP 数据核字(2021)第 140373 号

社会转型期的孝道与乡村秩序——以鲁西南的 G 村为例

著　　者：刘　芳
出 品 人：佘　凌
责任编辑：温　欣
封面设计：璞茜设计-王薯聿
出版发行：上海社会科学院出版社
　　　　　上海顺昌路 622 号　邮编 200025
　　　　　电话总机 021 - 63315947　销售热线 021 - 53063735
　　　　　http：//www.sassp.cn　E-mail：sassp@sassp.cn
照　　排：南京理工出版信息技术有限公司
印　　刷：上海颛辉印刷厂有限公司
开　　本：710 毫米×1010 毫米　1/16
印　　张：16.5
插　　页：2
字　　数：260 千
版　　次：2021 年 6 月第 1 版　2021 年 6 月第 1 次印刷

ISBN 978-7-5520-3592-6/B・304　　　　　　　　定价：78.00 元

版权所有　　翻印必究